钢笔建筑室内环境技法与表现

SKILLS OF PEN SKETCH AND RENDERING IN ARCHITECTURAL AND INTERIOR DESIGN

吴卫 著

中国建筑工业出版社

图书在版编目（CIP）数据

钢笔建筑室内环境技法与表现／吴卫著. －北京：中国建筑工业出版社，2002
ISBN 978-7-112-04960-8

Ⅰ. 钢…　Ⅱ. 吴…　Ⅲ. 室内装饰—钢笔画—技法（美术）
Ⅳ. TU204

中国版本图书馆CIP数据核字（2001）第098711号

责任编辑：杨　虹
装帧设计：黄同梅

钢笔建筑室内环境技法与表现

吴卫　著

中国建筑工业出版社出版、发行（北京海淀三里河路9号）
各地新华书店、建筑书店经销
北京嘉泰利德有限公司制版
廊坊市海涛印刷有限公司印刷
*
开本：889×1194毫米　1/16　印张：$14\frac{1}{2}$　字数：460千字
2002年6月第一版　2020年9月第十三次印刷
定价：35.00元
ISBN 978－7－112－04960－8
（10463）

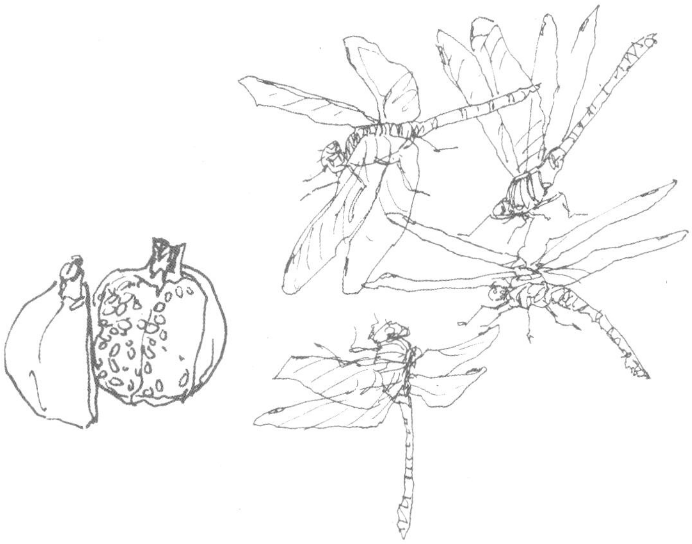

本书简介

会画画的人未必能画好空间感较强的建筑或室内设计效果图，不会画素描的人通过本书的学习却能学好钢笔设计预想图。此书是作者通过多年的教学实践及设计体验，总结出的一套室内设计快速钢笔表现实用技法。通过本书的学习能够解决两个问题：第一，帮助读者科学有效地学好钢笔画的技巧、快速掌握钢笔画的基本要领；第二，培养读者较强的空间思维能力，从认识上帮助读者画好徒手透视预想图。需要强调说明的是此书与其他钢笔技法类书最大的不同是作者对如何将钢笔技法运用到设计表现中去进行了大胆的尝试，以理性的思维方法探讨感性的绘画技巧。此书对非设计类的艺术学子如何从平面思维转向空间思维有很大帮助，只要循序渐进地按书中的步骤坚持下去，钢笔画技法将会大有长进。更重要的是利用作者独特的徒手画透视靶心理论，读者将随心所欲地用钢笔画表现设计构思，画好设计预想草图，驰骋于透视效果图的三维世界中。本书适合于从事建筑设计、室内设计、工业设计及相关专业的人员，作为工作或学习的技法参考书。

自　序

——这本书将告诉你什么?

这本书是作者通过多年的教学实践及设计体验总结出的一套设计徒手钢笔画表现技法。是从实践中来，又到实践中去，经过作者十多年的设计实践磨合而成的点滴体会，同时也具有一定的理论性。作者运用了一系列科学的教学方法，能够帮助初学者在较短的时间内掌握钢笔画的基本技法。

本书的特色:

1. 系统性: 本书从钢笔基础到设计草图，一环紧扣一环，读者既可以循序渐进地学习，也可根据自己的实际情况跨章学习。书中既包括了钢笔画最基本的线条训练，又传授了较难掌握的设计草图的表现方法。

2. 时代感: 本书的重点是讲述用简洁明快的单线捕捉设计构思的方法，目的是利用钢笔画表达设计思维。作为辅助电脑效果图的设计表达草图，摆脱了传统钢笔画教学的复线、排线素描绘制法，此传统西洋钢笔画法耗时、费力，使设计师的创作灵感在精疲力竭地、机械地绘制中受到抑制，这与信息时代不合拍，我们这个时代急需传授快速表现草图的钢笔技法书。

3. 民族性: 在吸收外来文化的基础上，本书试图汲取中国白描技法的精髓，用钢笔尝试“新版”的白描界画，即绘画语言借鉴传统的东方线描，但传达的是一种当代的设计理念。

4. 实战性: 在本书设计草图一章中提供了目前流行的设计草图表达方法，读者可在较短的时间内掌握此法，并应用于实际设计之中; 书中还介绍了许多钢笔画的技巧，特别是作者的“模糊透视”——靶心理论能让初学者迅速掌握透视技巧，轻松愉快地绘制透视草图。

本书的优势:

1. 时代优势: 本书是时代的产物，是在继承传统的基础上，推陈出新，根据现代设计的要求，赋予钢笔画以新的生命。本书一方面在素描、速写等基础章节上，要求学生必须扎实地打下基本功; 另一方面，在设计草图、模糊透视等章节又侧重体现出快节奏、快思维、快表现的时代感。

2. 交叉优势: 本书适应的读者群较广，作者本科毕业于工业设计专业，并在日本千叶大学进修了两年工业意匠。后从事过八年室内装修工作，又苦读了三年获得建筑学硕士学位，现为清华大学美术学院设计艺术学博士生。本书的钢笔画适合于室内设计、建筑设计、工业设计人员绘制设计草图，因为三个专业的设计师都必须具有扎实娴熟的钢笔技法，才便于为设计创作服务。

3. 信息优势: 由于作者毕业于20世纪80年代末，工作于90年代，成书于21世纪初。一方面，作者在传统的教育体系下打下了一定的基本功; 另一方面，顺应市场竞争的需要，作者在1993年就开始利用电脑研究如何绘制效果图，通过研究电脑软件，更加深了对效果图绘制的理解，因此，书中很多技法心得来自于对电脑三维软件的感悟。

读者对象:

如上所述本书适用于室内设计、建筑设计、工业设计等建筑学、设计艺术学领域的学生、设计人员及爱好者，可作为教学参考书; 对于有多年工作经验的设计师来说也是一次笔墨交流的机会，希望会有许多共鸣和借鉴的地方。

吴　卫

于清华大学美术学院

二〇〇一年初秋

目 录

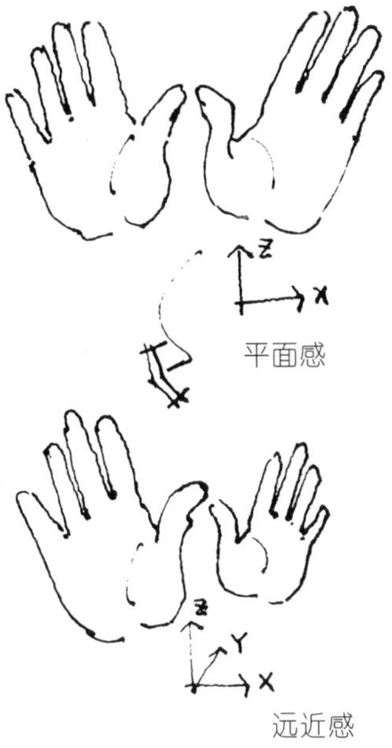

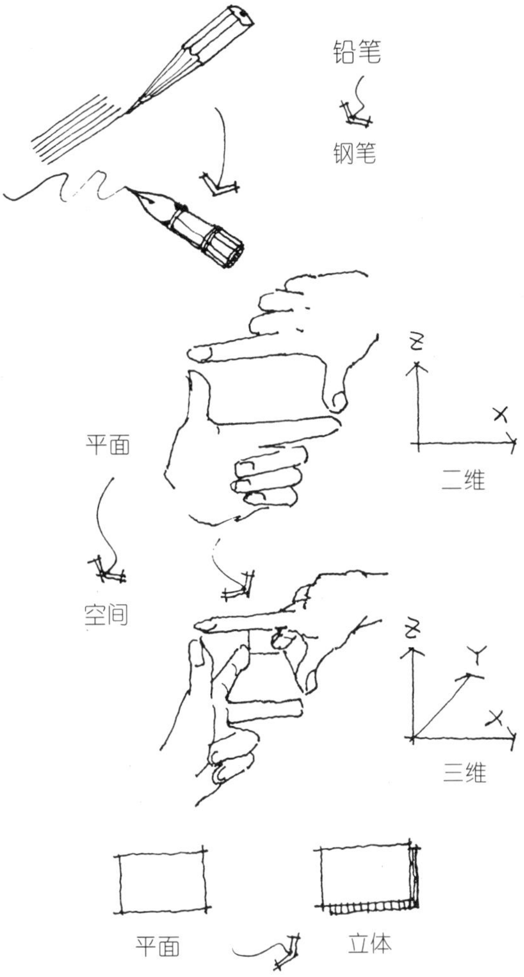

导 言

1. 写此书的起因

促使我写这本书的直接原因是由于在教学过程中，发现学生较易掌握平、立、剖等正投影图，而绘制起透视图来就愁眉不展，甚至需要借用电脑来建模，然后再根据建模后的电脑图像去绘制透视草图。而我似乎已经摆脱了这种透视图恐惧症，可以挥洒自如地绘制草图。基于上述，我觉得有必要把我这十几年来对设计草图的一些心得写出来，希望对读者有益。如何用钢笔画这种表现手段在最短的时间内将设计意图表现在纸面上，是本书研究的重点。快速表现是业内人士谁都想具备的杀手锏，本书在这方面进行了各种尝试，让读者通过对本书的学习，练就既快又好的作画能力，能熟练快捷地绘制透视效果草图。此书的特色在于不是为谈钢笔画而谈钢笔画，而是将钢笔作画与设计融会起来。书中不仅仅讲授钢笔画技巧，而且花了很大篇幅谈如何用它来表现设计构思。对设计而言，任何一种绘画形式都只是表现手段而不是目的。希望读者不仅从这本书中学到钢笔技法，而且得到更可贵的东西：正确的空间思维、良好的透视习惯及快速的表现能力。

2. 思想是“本”工具是“末”

钢笔表现也好，电脑效果图也罢，都只是手段而不是目的，可以说钢笔画是目前最易于快捷表现设计思维的方法，同时便于复印和保存。在设计方案的过程中，钢笔画是记录设计构思，使构思形象化的一种重要表现形式，钢笔画能够迅速准确地捕捉瞬间形象，记录设计构思过程中形象思维的灵感火花，也是表达和推进设计构思的一种重要方法。钢笔正如音乐家的琴键、武术家的刀剑，是建筑师在方案构思阶段所赖以表达其设计意图的一种表现工具。任何画种的特点都与其工具、材料有密切的关系，世界上每出现一种新的绘画材料与工具，都会给表现图的技法带来一次新的革命，从水粉、水彩到马克笔、喷笔，现在又出现了电脑效果图。随着电脑产业的迅猛发展，彩色电脑效果图已开始扮演重要的角色，逐步取代了过去的手绘效果图，但对于设计草图阶段目前还无法替代。我们刚开始只是利用图形思考问题，从线条混杂的形象，到量化形态的产生，是从无序到有序的过程。大家很有必要在闲暇时多练习钢笔画基本功，设计时先不用电脑而改用钢笔快速勾草图，然后再用电脑去完善、去量化。初学者在绘画过程中由于对工具性能生疏，不熟悉钢笔画技法的特点等方面的原因，常常会被许多困难和问题所困扰。因而刚开始学时线条不流畅、形不准，这都不要紧，坚持画下去。要大胆地用钢笔去表现，只要能捕捉住自己的设计灵感，那么学习钢笔画的目的就达到了，画到一定数量时则功到自然成，你的线条也会生动起来，表现设计构思也就更加容易。

3. 草图是设计师的代言者

一个想法被接受与否，在很大程度上取决于建筑师的表现能力。一个设计师最大的满足莫过于自己的设计被人理解和采纳，然而闪烁于设计师头脑中构思的火花是看不见摸不着的，只有通过草图把它表现出来，构思才能得到认可，才能形成方案。“一个好的设计师必须具有一双和头脑一样灵巧的手”，以便随时记下头脑中的设想和构思，草图可以形象地把思想中的符号呈现在纸上。“设计师是贩卖高级劳力和想像的人”，设计师是通过一种形象语言进行交流、利用图形符号表达思维的人；设计师也应该是善于用图形表达思维的人。徒手画草图是设计师的基本功，可用以迅速表达思维和记述思维。画钢笔草图的好处是可以把一刹那的思维用概括的线条记录在纸上，同时纸上的草图形象刺激我们的大脑中枢会产生新的形象思维，从而启发我们绘制第二张草图，如此下去直至满意为止。表现草图是建筑师在设计过程中思想的浓缩，它随着创作的深入而贯穿于工作始末。特别是在时间紧迫，需要用形象语言与甲方或同行研讨切磋时，与其他表现形式相比，钢笔草图的直观视觉效果更便于与业主（甲方）进行沟通与交流。人们常以为设计表现图是专为业主或外行观众所画的，其实受益的还有建筑师、设计师自己以及更多的同行。从心理学角度出发，用钢笔表现图进行设计和创作，符合思维发展的规律，是一个从局部到整体，由模糊到清晰的过程。

4. 设计表现图不同于艺术绘画

作为设计师，其创作的主要对象是建筑或室内空间而不是绘画作品。此时的效果图主要讲究形似，不像一般纯艺术绘画作品讲究神韵。对设计师而言，效果图是表达设计构思的一种媒体，是小说家笔下的文字，是作曲家纸上的音符。设计师的钢笔画只是把设计构思如实地预先展现于画面，这就要求建筑画更倾向于写实，让人们一眼即能看个明白。设计表现毕竟不是艺术绘画，它最基本的特征应该是真实可信地表达人们在现实生活中所看惯了的三维景象，通俗的说就是要画得像真的一样。当然，设计大师们的草图是一种艺术作品，因为它已经完成了物质层面的使命，给世人留下了更珍贵的精神层面的内容，已跳出了设计草图的功能范畴。

5. 透视定势的变迁

过去为画好一张效果图，用一点、两点透视法，求点作辅助线追求准确的透视效果，使我无暇多考虑设计。而一幅效果图最重要的应是设计构思，但是有时为了迎合业主需要；为了争标，不得不在画面效果上花费很多功夫。我读本科时，透视学是由土木工程类的教授传授的，教授要求我们作图要严谨，按部就班、一丝不苟地去绘制每张透视图。参加工作后，为画好一幅室内效果图要花费两三天时间（当时用喷笔绘制），挣来的设计费是用严重的腰肌劳损换来的。而一次偶然的机会改变了以上局面，那是到日本的友人家中做客，看到了一件刻有中国《清明上河图》的工艺品。在外国人家中看到国粹别有一番滋味在心头，与友人一起非常感慨中国古人所描绘的意境。张择端的《清明上河图》是中国画散点透视的杰出代表，“步移则景异”。由此，我想起自己画的那些效果图，花了太多时间在透视求点上，而在设计构思的“意”上花得时间太少，过于“匠”气。这之后便尝试用散点透视的“意”结合西方中心投影法的“理”去画草图，将主要精力花在设计推敲上，不再计较有几个透视点，只要看上去像那么回事，能表达自己的设计意图即可。经过多年的探索，发现此法不错，因此把这种模糊透视法也编入这本集子中，希望对读者有所帮助。

6. 摆脱透视的羁绊

由于多年来大学的传统教育，西方的画法几何及阴影透视理论牢牢禁锢了设计人员的创作思维，现在的学生苦于求透视，往往因透视复杂而望纸兴叹，不愿动笔（好在目前的电脑软件给学生解了燃眉之急）。加之一些专家常以设计方案中的透视线准确与否来衡量一幅设计作品的质量好坏，反而忽视了设计创意这一更重要的因素。其实透视方法多种多样，如果仅以文艺复兴后形成的西方透视理论作为惟一的透视方法，难免有失学术风范。建筑表现作为一种手段是为表达设计目的服务的，当前在设计思想、设计手法提倡多元化的背景下，建筑表现也应该允许百花齐放。特别是在本科生教学中发现很多同学不将时间精力用来推敲设计方案，而是费很大气力去研究透视阴影变化和繁琐的图面表现，这是误区。读者应该自觉摆脱透视的束缚，主要把精力放在如何表达自己的设计构思上，可以从一个局部设计作为突破口，习惯于使用三维空间的草图形象（而不是平、立、剖）去推敲设计，最后综合起来一定会是一幅设计精彩、效果丰富的好作品。

本书第1章是对中国线描艺术的溯源，目的是借鉴中国白描画法研究钢笔画；第2章在室内授课，进行钢笔素描训练，通过线条构成、结构素描、静物写生和临绘照片四个环节的分项练习，培养学生过硬的钢笔线条本领；第3章速写则是到户外进行写生，培养学生取舍概括三维对象的快写能力，练就过硬的线条功夫和速写能力；第4章视觉笔记则是为今后搞创作设计收集意象素材，同时也是练笔的延续；第5章模糊透视是绘制设计草图入门前的必修课，学习靶心说，学会徒手勾透视图的能力；第6章设计草图从平面到三维透视，开始进入初步设计阶段，是综合考查学生对前几章学习的掌握情况和大练兵的好机会。

书中的图稿只要可能都注明了艺术家及建筑师们的姓名、身份、作画时间、纸张大小和种类。本书的一些理论观点是我的尚不成熟的研究成果，希望能得到前辈师长及学界同仁们的批评指正。由于行文仓促，一定有许多不妥之处敬请读者见谅。

第 1 章 钢笔画溯源

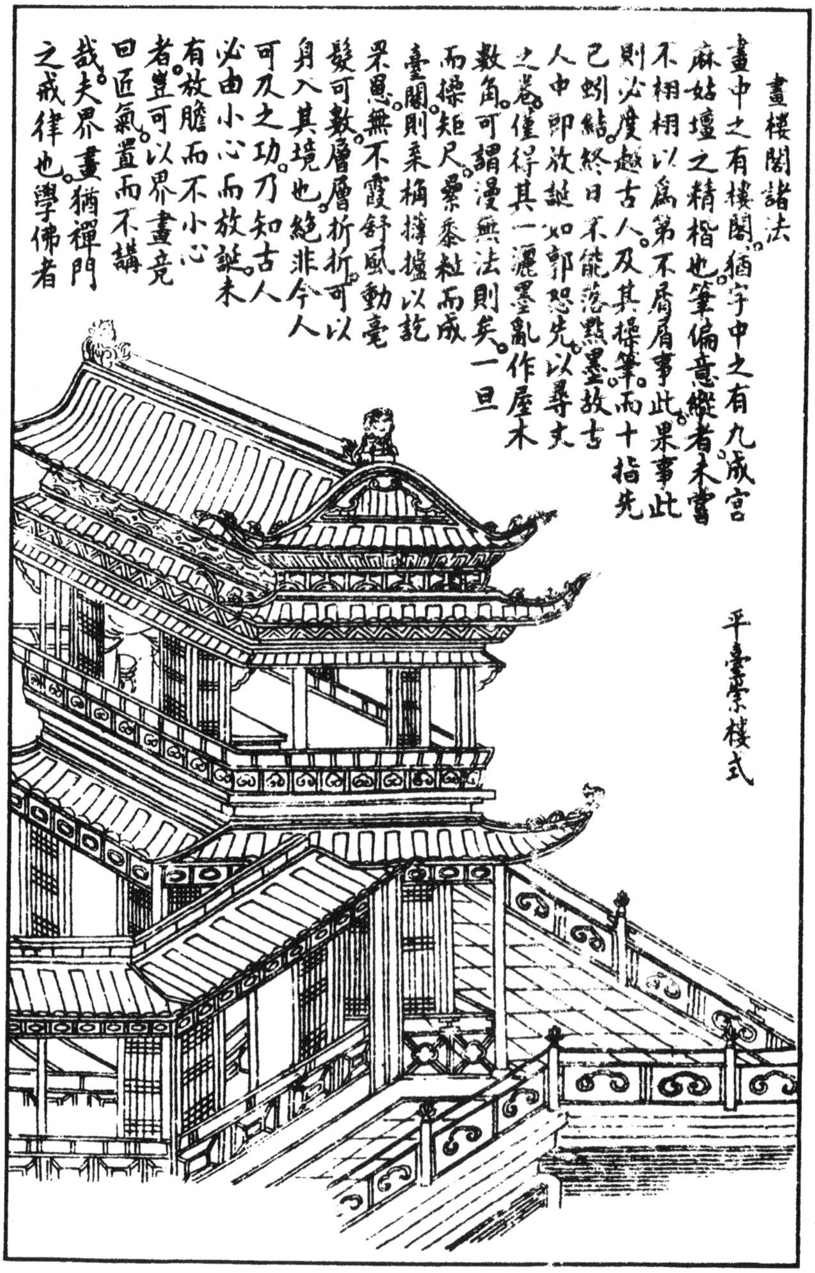

图1-1 清代《芥子园画传》中的一幅界画

此图为三百多年前清代《芥子园画传》中的一幅界画。今天的钢笔画大部多是学习西方的钢笔画，其中受西方版画的影响较深，而本书则向中国的国画：白描、界画取经（毕加索、马蒂斯两位西方大师也曾向东方艺术学习线描）。本书中的许多钢笔画技巧非常明显地带有中国画白描的特点，并要求学生逐步从影调素描走向单线白描。

很多人一谈到钢笔画就条件反射般地认为钢笔画即为用钢笔记述的画，但如果从钢笔画的形式分析，它是一种用线条变化来描绘对象的画法，因此从表现形式上讲与中国画中的白描和界画一样也都同属于广义上的线描画。

那么何谓线描呢？运用线条的变化表现对象的方法称线描[1]。本文所指线描画包括以下两类：①软笔类：以中国为代表（包括日本、朝鲜），以极细毛笔绘制的线描画如白描、界画等[2]。②硬笔类：以西洋钢笔画为代表，由钢笔、针管笔、竹笔、芦苇笔、羽毛笔[3]等硬笔绘制的线描画。

1. 中国的线描

西方人用飞禽羽毛的根管尖蘸水写字，而东方人用其另一头细毛蘸水写字，形成两种不同的文化、不同的艺术。如果说西方的钢笔字造就了西方的钢笔画，那么中国的毛笔字则造就了中国的白描、界画。中国的线描没有西洋钢笔画的素描概念，多以单线来表示，在构图上也没有文艺复兴后西方的焦点透视学理论，而是一种非常朴素的斜平行线作图法，如中国界画中的建筑物表现（图1-1）。作为一名中国设计工作者很有必要了解一下中国古人对这方面的研究和贡献。以线造型是中国艺术的主要表现形式，表达了东方人的审美情趣。而且中国的线描画在世界美术史上占有特殊的一席之地，中国线描画的指导思想是力求形的高度概括，追求神似，讲究“意到笔不到，睹之不见，思之有余”，其绘画工具是中国的毛笔，表现形式主要是线描如白描。

中国画对线描的研究已有1000多年的历史，我国的线描画过去以汉墓壁画为最早，自长沙陈家大山楚墓出土的《人物龙（夔）凤帛画》（图1-3）之后，线描人物画可前推至战国时期。著名的十八描就是对古今衣纹线描的归纳总结。十八描指：1）高古游丝描；2）琴弦描；3）铁线描；4）行云流水描；5）马蝗描；6）钉头鼠尾描；7）橛头钉描；8）混描；9）曹衣描；10）折芦描；11）橄榄描；12）枣核描；13）柳叶描；14）竹叶描；15）战笔水纹描；16）减笔描；17）枯柴描；18）蚯蚓描。十八描大体上可分为三类[4]：第一类线描，基本为细线。具有工细摹写的特点，虽细而有韧性和弹力，如铁线描等。第二类线描，粗细有所变化，属于半工半写，如柳叶描、钉头鼠尾描等。第三类线描，粗细变化较大，可以任情发挥，重在写意，如枯柴描、减笔描等(图1-2)。

中国画按内容分主要有山水、花鸟、人物，现以较有代表性的人物画为例，回顾一下中国线描画的历史。线描人物画有记载的代表人物主要有：**顾恺之**（东晋，约346～407年），代表作品《洛神赋图》(绢本，21.7cm × 72.8cm)，采用“高古游丝法”[5]。顾恺之主张“悟对通神”的绘画表现，画中的洛神含情脉脉，绫丝飘逸，线描技巧娴熟潇洒。**吴道子**(盛唐，约960～758年)，被誉为“画圣”，代表作品有《送子天王图》(图1-5)。吴道子的柳叶描用线“如铜丝萦盘”，所画人物虽小但“气韵落落有宏大放纵之态”。其画风特点：“人皆谨于像似，我则脱落其凡俗”，他的线条运用被描写为“磊落逸势”、“笔力劲怒”[6]，渗透着强烈的情感，因此用以组成形象的线条富有运动感和强烈的节奏感。**周昉**(由盛唐人中唐，生卒不详，从事绘画活动大约在公元749～804年)，代表作品《挥扇

图1-2 古今衣纹十八描（图片来源：曾正明．十八描研究［M］．长沙：湖南美术出版社，1998）

仕女图》。周昉所画仕女多为浓丽丰肥之态，“颇极风姿”、“妙创水月之体”，线条“柔美遒劲”，绢细浑圆。**顾闳中**(五代，生卒不详)，代表作品《韩熙载夜宴图》(图1-6)(绢本，28.7cm × 335.5cm)，用线笔韵细劲，画中人物形象生动传神。**武宗元**(北宋，?～1050年)，代表作品《朝元仙仗图》，又称《八十七神仙卷》(图1-7)，线条统一而富于变化，衣纹用圆浑磊落的莼菜条描法，形象精妙人微，画风细腻精练。**李公麟**(宋，1049～1106年)，代表作品《维摩诘图》，李公麟借鉴前代的“白画”加以发展形成“白描”，这一单纯洗练、朴素优美的艺术形式丰富了线描艺术的造型技巧。**唐寅**(唐伯虎)(明，1470～1523年)，代表作品《秋风纨扇图》，全画纯用白描，浓淡枯湿恰到好处，墨韵生动，衣纹线条用笔顿挫转折，遒劲飞舞，他笔下的仕女都是细眉小眼、面颊清瘦的弱不禁风的美女，与周昉所作的仕女不同。**陈洪绶**(明末清初，1598～1652年)，代表作品《屈子行吟图》，版画作品有《水浒叶子》(图1-8)、《西厢记插图》(图1-13)。**任颐**(任伯年)(清末，1840～1895年)，代表作品《钟馗》、《女娲补天》等。

2. 白描与界画

白描是一种以墨线不着色靠线描塑造形象的中国画传统技法，李公麟被公认为白描的始作俑者，李公麟的白描人物画是借鉴前代的“白画”并加以发展而形成的，以“扫去粉黛，淡毫轻墨”著称。白描画法在南宋以后颇为流行，而我们现在所说的白描泛指用高度简练、明快单一的线条概括描绘对象的绘画作品。明何良俊论白描曰：“白描人物有二种，李龙眠出于顾恺之，此所谓铁线描，马远则出于吴道子，此所谓兰叶描也。”鲁迅先生也曾精辟地指出“……白描就是有真意，去粉饰，少做作，勿卖弄而已”。

在中国绘画史上，曾将以表现建筑为其主要内容的画称为界面，明陶宗仪将中国画分为十三科，而界画排在第十科[7]，即“界画楼台”(图1-1)。中国古人在山水画中对建筑的描绘主要是把建筑表现为人们

图1-3 人物龙凤帛画(战国，长沙陈家大山楚墓出，土绢，20cm × 28cm)

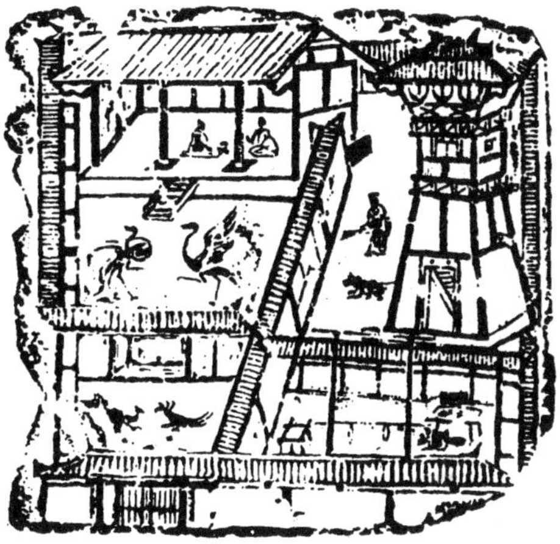

图1-4 四川成都出画像砖，汉拓片

图1-5 送子天王图(局部)(唐，吴道子，宋摹本)

图1-6　韩熙载夜宴图，局部［五代（南唐），顾闳中，28.7cm × 335.5cm，摹本］

图1-7　朝元仙仗图（八十七神仙卷），局部（北宋，武宗元，57.8cm × 789.5cm）

图1-8　水浒叶子（明末清初：陈洪绶，徽州黄君倩刻）

活动的背景或空间，随着营造学的发展，逐步出现以建筑为主体的建筑画即界画。元代汤垕曾对界画有这样一段论述："故人以界面为易事，不知方圆曲直、高下低昂。远近凹凸、工拙纤丽、梓人匠氏有不能尽其妙者，况笔墨砚尺，运思于缣楮之上，求合其法度准绳，此为至难"[8]。

中国古代的建筑画，建筑形象的主要部分是用界尺勾出均匀挺拔的线条，而其他景物和人物则用"工笔"技巧。用界画表现建筑，可以避免阴影带来的困扰，能对中国古典建筑木作结构、装饰细部进行清晰的表现，尽管没做阴影处理，但由于局部表现出了建筑的明暗面和交接线，仍然可以使人感受到光的作用和存在。

图 1-9　火烧翠云楼（明，《水浒传》，刘君裕刻）

图 1-10　蟠桃会（清末，吴友如，点石斋画报）

图 1-11　捉奸情郓哥设计（明，《金瓶梅》插图）

图 1-12　蜜蜂计（清，天津杨柳青年画）

图 1-13　窥简（明末清初，陈洪绶，《西厢记》插图）

3．印刷术与版画、年画

印刷术为中国线描艺术的大众化和批量化提供了物质手段，而线描画是在当时印刷水平下最常用的表现形式。回顾版画、年画的历史有助于我们正确理解中国线描艺术的发展和变化。

印刷术是中国四大发明之一，据说保留下来的最早印刷版画是唐咸通九年(868年)，刻记《金刚般若经》扉页插图《祇树给孤独园》。而西方文艺复兴之后将中国的印刷术发扬光大，德国人Gntenberg（1400～1468年）首创了活版印刷术，取代了原有的雕版印刷，人们很快将印刷出来的文字与木刻插图放在一起，印刷出图文并茂的带插图的书籍，以后铜版画代替了木版画[9]。而同一时代（明中叶）的中国，在手工业、商业繁盛的江南地区也出现了萌芽状态的资本主义生产方式，与市民文化同步的木版年画与民间美术工艺蓬勃发展，使得新的文化思想与审美情趣渗人文人书画中。中国古代版画是由画家起稿，刻工镌刻的[10]，在唐代已出现了佛经的卷头，宋元时期更广泛应用于图经、图史和各种生产技术书籍的插图，到明代中期则因市民文化与民俗文学的昌盛，版画在戏曲、小说的插图中得到了更大发展。

明代通俗小说与剧本盛行，其版画及插图质量日臻精美。著名的文学作品《金瓶梅》、《水浒传》、《西厢记》等的插图对后世研究中国民俗风情、研究传统建筑画提供了珍贵的资料。明代《水浒传》插图中的“火烧翠云楼”（图1-9），由著名刻工刘君裕制，全幅画面采用斜轴测投影法（斜平行线投影），以城池、屋宇和院落为画屏来“隔物换时”[11]，采用遮叠法，移步换影，画面内容丰富而且有条不紊。明末清初的陈洪绶热心于页子版画，页子是当时民间娱乐用的“酒牌”，他绘制了著名的《水浒叶子》（图1-8），由徽州黄君倩刻，每一页一梁山好汉。到了清代版画插图依然十分兴盛，如1679年出版的《芥子园画传》，此书成为摹习古法掌握前人经验与程式的绘画入门教科书[12]。近代最著名的出版物当属1884年创刊的《点石斋画报》，画报每月出版3期，随《申报》附送，主要执笔人为吴友如(约1850～1910年，也有文曰其病逝于光绪十九年1893年)。吴友如接受并采用西方焦点透视与明暗光影手段，用密集的排线组成明暗调子，他画的建筑物近高远低，地面方砖近宽远窄（图1-10），人物近大远小。吴友如的画中所表现的透视在今天看来也许算不得什么，但是在那个男子留长辫、女子着三寸金莲[13]，文人墨客追求风雅脱俗的时代，他的绘画表现可以说是离经叛道的。

清代的年画蔚为大观，年画作为一种民间通俗艺术，有别于附书籍而行的版画插图，而是适应过年驱邪志喜需要的独立创作[14]，这时期出现了雅丽的杨柳青年画（图1-12）、写实的桃花坞年画和质朴的杨家埠年画。

以上对版画年画的研究意义还在于帮助当今建筑师、设计者了解中国线描艺术的历史和作用，特别是从这些版画年画中反映了一个需要探讨的问题——透视。

4. 中国线描的透视

中国传统线描中还有一个有趣的现象，就是中国的散点透视即高视位的盒子画法，延续了将近一千多年。从汉代画像砖开始（图1-4），以高视位表现广阔的视野和用斜平行线表现建筑物的方法逐渐成为中国风景画的传统。从今天的透视理论分析，古人的这种方法近似于今天的轴测投影图作法[15]。古人当时没有认识近大远小的透视变化规律，较机械地认为物体无论远近，尺度不变（从儿童画和民间绘画中也可以找到这一点），因而画法上就形成了所谓高视位斜平行线法。

传统的表现法中，人物之大小不在远近，而在社会地位的主次，如阎立本（唐，？～673年，其父阎毗和哥哥阎立德均是才华出众的营造学家，曾继其兄为工部尚书）的《历代帝王图》，帝王形体大而侍从形体小。这属于社会心理的形象恒常性，受中国儒家伦理观念的影响较多。

同上所谈到的《水浒传》插图中的“火烧翠云楼”一样，在《金瓶梅》（图1-11）插图中，同样采用了斜平行线透视，即轴测投影法，凡在视野之内的景物远近左右都从一个角度画下去。有人认为中国传统画法在表现空间时用的是“散点透视”[16]，即有很多散落的消失点（或有说法是散点取景，多点透视），我觉得这种说法值得推敲，严格意义上说中国的散点透视其本意是指步移景异，中国画尤其是描绘建筑的界画，基本上是轴测投影法，也就是所谓的斜平行线透视（即方盒式透视），这种透视方法只有层次而没有消失点，因此几丈长卷也可照画无阻，如宋代张择端的《清明上河图》，此法把空间看成斜放的立方体，可能是我们东方人最熟悉的视觉艺术，也是中国人首创的视觉表达形式。

轴测图是用平行投影法画出的图形，而我们常说的西洋灭点透视法则是用中心投影法画出[17]，应该说人类眼球的生理功能也是中心投影法成像。因此，文艺复兴时期意大利建筑师伯鲁乃列斯基(Brunelleschi)(1379～1446年)重新发现的透视法[18]是比较符合视觉习惯的。但是在中国园林的表现方面，灭点透视法就不一定能充分表达设计意图了。例如，在慈禧太后听政时，画师们曾经想利用尚不精通的灭点透视来画出大观园［康熙末年意大利人朗士宁（1688～1766年）曾将西方绘画理论包括灭点透视传入中国］[19]，在当时用消失点作画是一件十分时髦的事情，可惜由于过分追求消失点，忘记了曲径通幽的传统，把气象万千的大观园竟画得直望到底[20]，抹杀了中国艺术的真谛。其实不管是用哪一种作图法画，无非都是设计构思的一种形象表达手段，应该根据具体对象、具体情况，选择恰当的透视方法才是可取的。

5. 借古论今

从以上对中国线描艺术历史的追溯，可以看出中国古人在线描艺术上高深的造诣，只是受到当时科学技术的限制，加上中国传统文化人文见长，科学见短，传统的透视绘画技巧千百年来沿袭不变，没有发现中心投影法等近代透视理论，使中国的线描艺术长期以来没有更大的突破，到了近代随着列强的踏破国门，才出现了一点生机，但是也带来了一些弊端。现在我国建筑教育的钢笔画已完全照搬西方的教学模式，一点不谈中国的白描界画，而且把它们割裂开来，这也是不恰当的。在今天这个多元化的信息社会里，追溯一下中国的线描历史，对于我们多视点多方位重新探讨钢笔画教学是有好处的。经典的西洋钢笔画强调素描式的效果，用钢笔线条的排线交叉来描绘对象，其结果是画面效果非常写实，但需要大量时间去绘制，有时甚至需要花费四至六个小时，才能完成一幅作品，画面缺乏个性和艺术趣味。在当今的信息社会中，时间就意味着一切，快速的表现方法，活跃的设计思路，是每一位设计师梦寐以求的愿望。而现在电脑效果图已经能模拟真实环境场景效果，目前已很少有人用钢笔这种工具再去描绘复杂的所谓效果逼真的“素描式钢笔画”预想图了。此时的钢笔画应该是着重于画草图，十几分钟至1个小时要解决一个设计表现问题。

通过学习中国传统线描历史，我们看到中国古人用白描也能将对象描绘得栩栩如生，而且更加概括和精练，这非常值得我们借鉴。现在许多同仁开始采用钢笔草图来表达设计构思，进行设计推敲，思维成熟后才进入电脑进行再加工。这样出来的预想图，设计到位，效果也到位了，不需要把时间和精力过多的花在效果图的人工绘制上，回到了建筑教育钢笔画学习的本来面目上，即将它作为一种表现手段，而不是最终目的。

第2章
钢笔素描

- 线条构成
- 结构素描
- 静物写生
- 临绘照片

● 线条构成

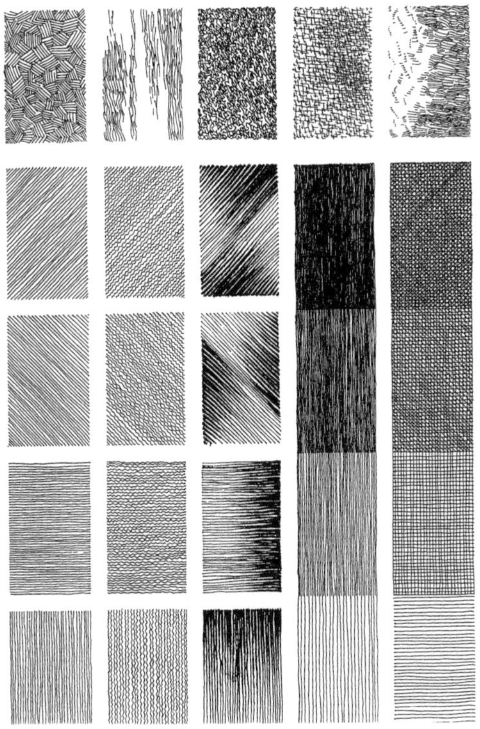

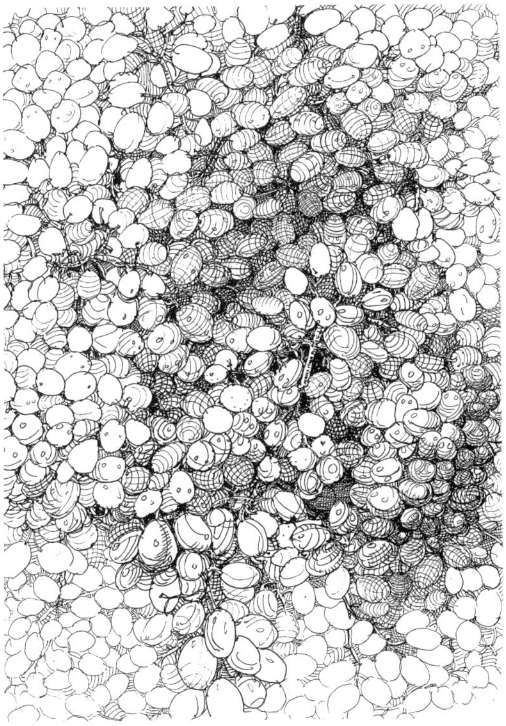

在钢笔画教学中线条训练是最基本的步骤之一，通过线的组合练习，使学生对线描独到的黑、白、灰变化与层次感有初步的认识，以便于将来更好地表达设计对象（图2-1）。然而，对于刚从铅笔素描过渡到钢笔技法的学生，存在着对新工具、新笔种的适应问题，钢笔以墨水为介质，有其自身的特点，如落笔成线，无法用橡皮涂改，这有点类似中国书法运笔技巧，

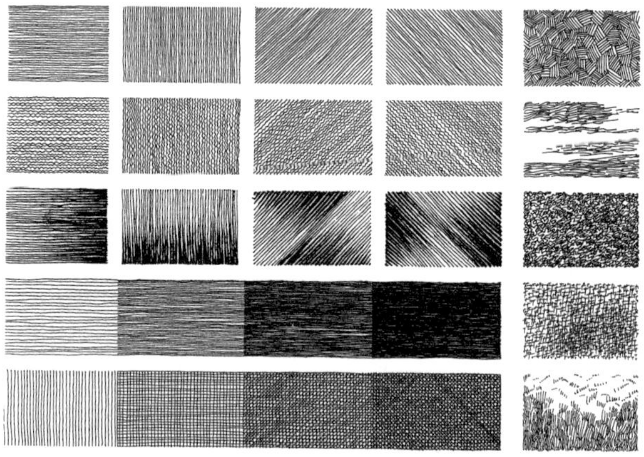

图2-1 传统的钢笔技法线条训练示范图例（作者，吴卫）

如惜墨如金，做到胸有成竹后方可下笔。在传统的钢笔技法线条训练中，线条的导向及纹理吸收了西洋铜版画的一些形式法则，即多用成组平行的线条来塑面，明暗变化是靠几组平行的线条相互交叉重叠而成。在传统概念中钢笔线条一般有三种向度即水平、垂直和倾斜（如±45°），其中，大家知道水平与垂直定向是人们判断其他方向的坐标轴向，水平与垂直定向的线条重复能增强画面的秩序及稳定感；另外，明暗的变化是通过线条的两种组合形成的。其一即通过增加单位块面线条的密度（包括增加相同平行线的线条数量及增加线条的粗细程度）；其次，通过三种向度多次的组合重叠也可形成不同的明暗程度。也就是说线条越疏则明暗程度越低，线条越密则暗度加强；同样在一个方向的排线上若增加另一方向的排线，则提高了暗度。有趣的是当三个向度［如水平、垂直、倾斜（±45°）］排线同时重叠时画面效果十分漂亮，如手织的方布一样，因为其组线方法与麻布的编织工艺在程序上是一样的。当然在线条表现中还有许多种方法表现明暗调子，如席纹、草纹、水纹等，由于篇幅限制这里就不再赘述。

如果要求学生天天进行钢笔线条训练，恐怕很难达到事半功倍的效果，相反会引起学生的厌烦情绪。这里要着重介绍的是笔者在教学过程中利用构成原理及格式塔心理学对钢笔线条训练进行的新的教学尝试——线条构成方法。这种方法不仅能够避免学生在练习传统钢笔画线条时出现的枯燥感，而且能够激发他们练习及创作的兴趣，有意识地组织好钢笔画线条以表现他们的创作构思。并以构成的方法来组织画面，以设计的眼光看待线条训练，让学生尽早地接触和理解设计思维，体会构成规律的韵味。

1. 构成与格式塔

在谈线条构成方法之前首先要简要地介绍构成的概念。早在1898年美国学者阿瑟·道（Arthur Dow）在其著作《构图》中就提出了我们今天熟知的“设计的元素和规则”的说法。构成作为设计教学的基础课是从1919年格罗皮乌斯创立的包豪斯学校开始的，从那时起构成成为设计教育一门独立研究的学科，也就是我们现在三大构成课的前身。构成是设计的方法之一，如建筑史上的构成主义、解构主义及当代的

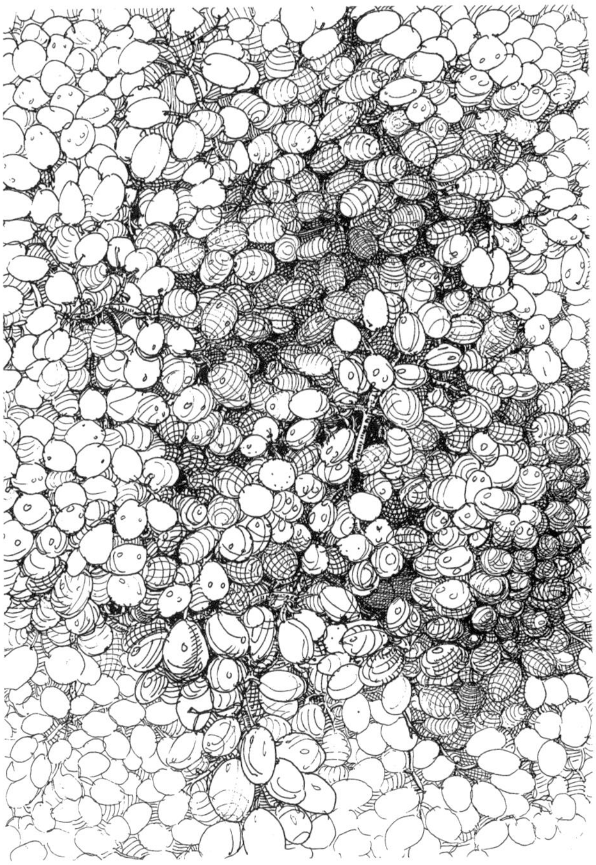

图2-2　葡萄丰收（作者，吴卫，原稿尺寸：A4）

简约主义都是利用构成的形式语法。其实构成的涵义最简单的说法就是“组合”[1]，进行高度的概括，加以理性的排列，构成新的艺术形象。构成包括概念元素、视觉元素及关系元素等。构成的概念元素为点、线、面、体；视觉元素则包括形状、色彩、肌理、数量；关系元素则指方向、位置、空间及重心等[2]；构成法则包括整体、比例、平衡、韵律、反复、对比、协调等。构成的概念今天来讲应该说已经比较成熟了，我们只要能灵活运用这些法则就行了。在这里笔者想针对钢笔线条的特点，谈谈如何在钢笔线条训练中运用构成的原理。由于钢笔线条自身的特点，没有色彩干扰，因此，主要是研究形的变化规律，20世纪初在德国诞生的格式塔心理学，对于我们从心理学角度理解形的概念有现实的理论指导意义。

格式塔是德文“Gestalt”的音译，意指“形”或“完形”，这一学派非常反对用传统的元素分析心理学将心理现象当作各种感觉元素的简单集合，而主张事物都是作为整体而存在的，事物的性质是由整体决定的，整体先于局部而存在。整体由局部构成，但并不等于局部的简单相加，格式塔认为人先天就存在着某种组织机能，这就是所谓的“完形趋向律”[3]。“完形趋向律”指的是在一定条件下，我们在知觉对象时，总是自觉地使知觉结果趋向于简单、对称、完满，显示出最简单、最经济的原则。格式塔理论解释抽象的几何图案时认为“……它们之所以从几何形开始是因为在所有的形中它最简单，之所以从圆形开始是因为在所有的几何形中圆形最简单，之所以从线条开始是因为在所有造型元素中线条最简单（点虽然更简单，但却不如线条那么具有运动感和表现力）”[4]。

格式塔心理学认为，人的认识是由整体开始然后再进入到细节的。而我们分析事物时正好相反，是从局部细节中最基本的单元形入手，单元形是指单个独立的形[5]，它是构成图案的基础，单元形也可以是一个符号，一幅构成画面就是通过这种符号、单元形的重复，按照构成法则即秩序节奏、对比统一、虚实明暗的“语法规则”组合成一个新的整体，能够说明作者某种意图或表达某种思想。上述理论要求我们在观察自然物像、企望把握它的有机性质的时候，就必须从剖析物像的结构的最小单元及其组合模式入手。例如，观察一串葡萄的时候，不仅看到一颗颗葡萄的基本形状，而且还要了解这些葡萄层层叠叠的生长规律（图2-2），要透过形体外部审视其最小结构单元及其附着的生长组合模式，我们就可以从形态内部把握整体结构的韵律关系，从而形成一种对生命体的有机性质的深刻认识[6]。我们还应以简洁的描绘形式，画出这些物像的结构关系，由此来记录和深化我们的观察和感受。

2. 线条构成方法作业要求

下面我们利用构成概念和格式塔理论来指导我们的线条构成作业，具体方法如下：

方法1：名家欣赏，挑选名家名作，特别是已抽象的作品，进行再加工；在重新组织线条描摹对象时感受大师们的形式手法和审美情趣。

方法2：生命随想，选择某种昆虫或其他有机体进行速写写生，观察其形态模式及生长规律；审视其形态结构，找出最小结构单元，再重组这组单元，聚合成新的整体，并通过线条组织画面来表现对象。

图2-3　蜻蜓（作者，吴卫，原稿尺寸：A4）

方法3：主题设计，给出一个主题如“我爱湘西”，找出到湘西写生过程中令你印象最深的单元形（如吊脚楼），然后再运用形式法则展开联想，最后创作出一幅有一定思想内涵的作品。

构图要求将图尽量地构满画面，形成装饰风格，并注意图、底区分（图指上述的单元形，底指单元形所处的背景）。

构成语法：渐变均衡、节奏韵律、对比和谐、明暗虚实、张力秩序。

现再举例加以说明。

如图2-3所示，是以一个蜻蜓的符号作为基本的单元形，将其复制多个后用剪刀铰下来，通过随机打散组合，排演这组蜻蜓，将背景视为天空，仿佛它们在空中自由翱翔，最后选择一个错落有致，符合视觉

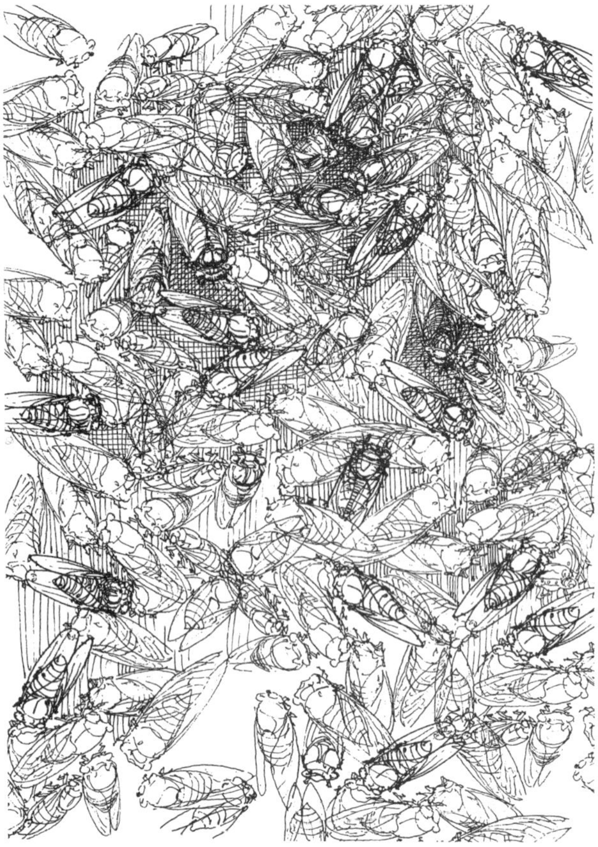

图2-4　恼人的知了（作者，吴卫，原稿尺寸：A4）

美感的最佳位置（当然这种最佳方案是没有终极答案的，而且是多解的，很难评出高低好坏，不同的人去欣赏会有不同的看法），然后再给每支蜻蜓上钢笔线条调子，使整个画看上去自上而下，明暗发生渐变，排线方法如文章开头所述即三个向度的平行线。

如图2-4所示，画中的知了原是七岁女儿暑假收集到的昆虫标本，笔者对知了进行了多次的写生，将知了的不同姿态打乱交错、穿插布置。请注意在这幅画面中线条的组合已打破了传统线条水平、垂直和倾斜的三度概念，而是以较写实的线条手法来描绘知了这个对象，并以知了作为单元形，作画时对背景也就是前面所说的图底也进行了明暗描述。这幅画由于打乱了秩序，张力感较强，画面整体与图2-3不同，图2-3中只有蜻蜓发生明暗变化，而图底不变，表现了很强的秩序感；而图2-4为了再现知了在夏天鸣叫时带给主人的不安感觉，笔者故意将画面弄得有些突兀夸张，以表现笔者午睡时对这些小灵精的不满情绪。

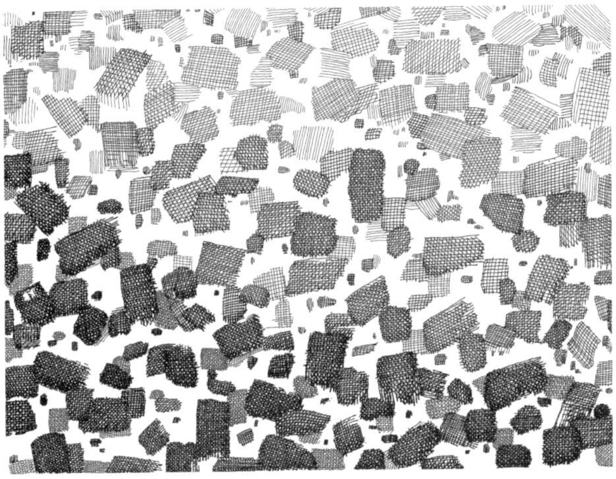

图2-5　围城（原作者，吴冠中，临绘：吴卫）

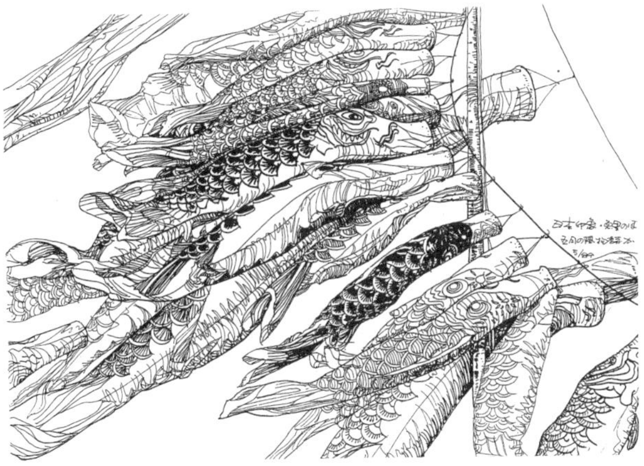

图2-6　五月五鲤鱼幡（作者，吴卫，原稿尺寸：A4）

图2-2是一幅葡萄丰收的画面，原始素材是一小串葡萄，其单元形是椭圆形的一颗葡萄。如果我们仔细观察葡萄的生长规律，会发现一颗颗葡萄是十分有规律地由蒂与枝条结合在一起的。按照这种生长规律你可以发挥想像的翅膀，画出更多的葡萄串来，最后加以明暗层次变化，丰富画面内容，注意将图构满，那么一箩筐的葡萄就全被轻易地“克隆”出来了。

图2-5是吴冠中老先生的一幅作品，他创作此画时已是78岁高龄了。吴冠中先生早年毕业于国立杭州艺术专科学校，后曾在清华大学建筑系教授水彩。当时他常带学生到江南水乡写生，被当地传统民居建筑纯朴的色块感染。几十年后，仍念念不忘，创作了这幅题为“围城”的水墨作品。他以大黑块代表屋顶，以小黑点代表窗户，白底代表墙，将江南民居描绘得出神入化。笔者深受启发，用钢笔线条的方式临绘了此幅作品，但在画面的明暗安排上作了一些调整，将整个画面从右上至左下分出了三排明暗块面，使人眯起眼看此画时，有层次空间的错落感。这幅画想给学生一个提示，即要求学生可以从自己喜欢的名家作品中挑选较抽象的名画作为素材（也可以是具象的名画自己将其冷抽象，如蒙德里安的作品是典型的冷抽象构成），但一定要用钢笔线条来表现，要有明暗层次的变化，并有所取舍。

图2-6是笔者早年留学日本时的作品，当时正遇日本文部省组织高校留学生征集外国人对日本印象的美术作品，表现方法体裁可不拘一格，而此时正值5月5日，是日本的传统节日“男孩节”，按当地的风俗凡是有男孩的家庭都在这天纷纷悬挂高高的鲤鱼幡，这是一种典型的图腾式装饰标志物，来自中国的鲤鱼跳龙门的神话故事。哪个家长不望子成龙，这种情势令我感动，我用相机拍了许多照片回来，最后加工而成这幅作品。其实这幅画包含了许多构成原理，鲤鱼形为此画的基本单元形，有大小差别，分别以不同的明暗变化来表现红鲤、白鲤及黑鲤，而这些鲤鱼是通过一根线条将无机的顺序串成了有机的小团队，充分体现了秩序感，象征日本人民团结进取、拼搏向上，勇敢地与风浪博斗的精神。

3. 结语

以上是笔者在钢笔画教学过程中总结出的一套线条训练方法，是对构成原理的现实运用，并试图通过格式塔心理学来解释和寻找训练形的构成法则，权当是一种教学尝试。按格式塔心理学的原则，在认识上强调从整体人手，而在方法上从局部着眼，将复杂的形抽象到最简单的形——单元形；再通过构成形式法则，重组画面，在培养学生审美情趣的同时，又锻炼了他们钢笔画的手头技巧，使学生能够自觉地从视觉思维的角度理解线条、理解形、理解构成从而理解设计，为以后高年级的设计课打下基础。

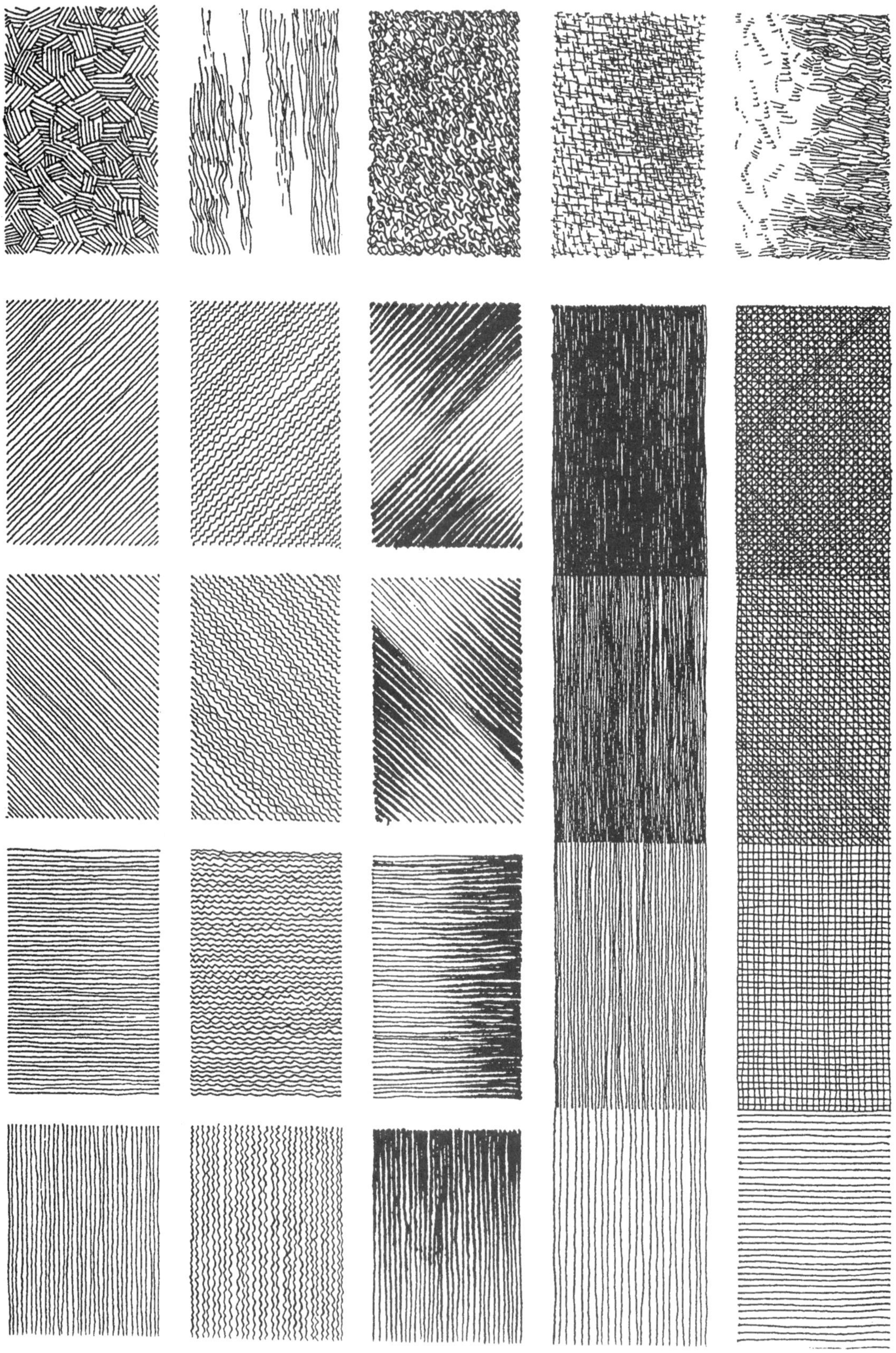

图例 2-1

这是传统的钢笔线条训练方法，也是笔者在大学里学到的课程作业之一。熟悉钢笔线条是绘制钢笔画的第一步。传统钢笔线条分为横、竖、斜三类，通过三种线条的交织、重叠或增加线条的密度来塑造各种明暗块面。这种训练方法源于西方的版画技法，对于传统钢笔素描线条训练有较大的帮助，但若用此法反复操作却显得枯燥乏味，缺乏创造性。

图例 2-2　蜻蜓构成

运用构成的方法，选择蜻蜓作为一个元素符号，使用钢笔线条的各种重叠交织方式构造这个符号，使之呈现不同的明暗层次，并将其打乱错排，组合成自己喜欢的式样，再自上而下以线条疏密来表现层次感，使蜻蜓有随风飘逸之感，画出以后给人以美的享受。这样做能够充分调动学生学习的积极性；在创作的同时，也训练了线条，体会如何使用钢笔线条构造物体的形和色。

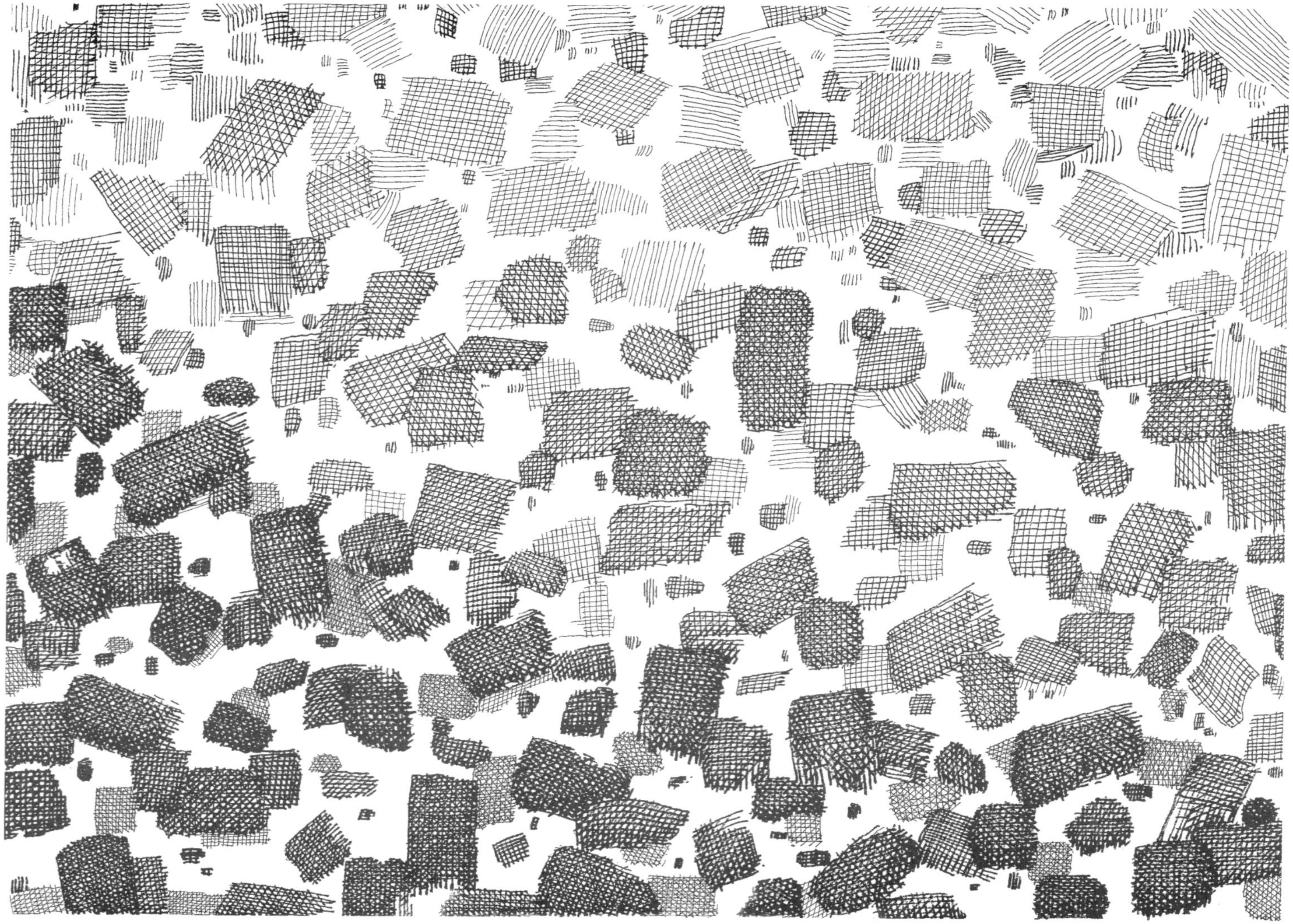

图例2-3　小城

这原本是吴冠中先生的江南民居小城墨彩作品，他以大黑块表现屋顶，小黑块表示门窗，白底表示白墙，用墨的浓淡代表房屋的远近，高度精练地描绘出水乡风貌。我非常感慨吴老先生的匠心独运，将其以线条构成的形式再现出来，同时在构图上注意从右上至左下产生渐变的效果，并有意识地将其分成三条斜域带，使人产生成排院落的感觉。

提示：可以借鉴其他名家名画进行抽象构成来创作本课程作业，注意要突出线条的渐变效果。

吴卫临绘，原稿尺寸：A4，笔具：0.2、0.5针管笔。

图片来源：吴冠中，画外语——吴冠中卷．北京：人民文学出版社，1998

原作题名：围城（墨彩）1997，1400mm × 1800mm。

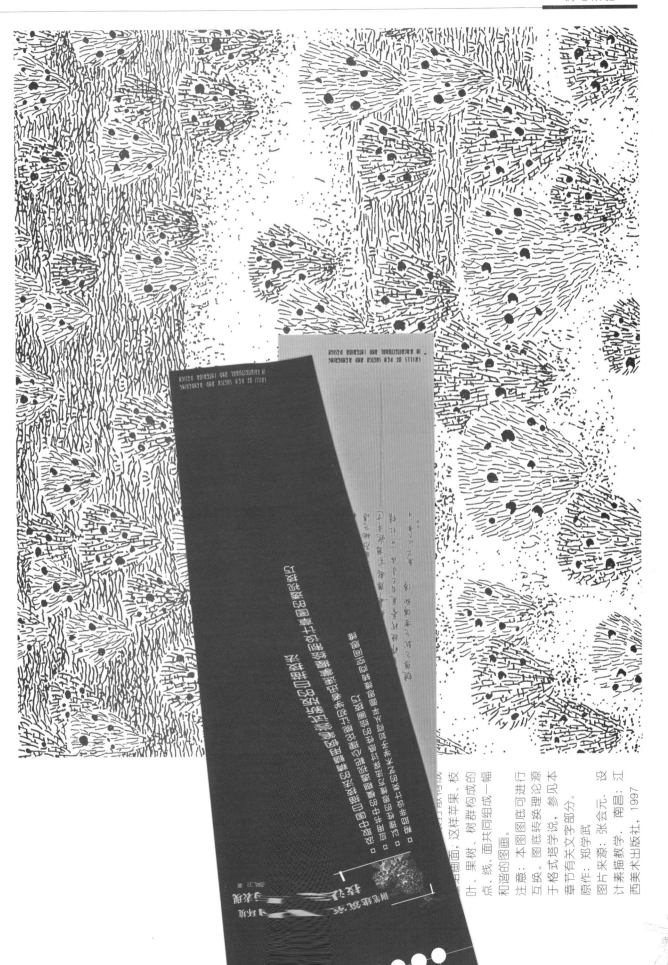

……打散构成
……画面，这样苹果、枝叶、果树、树群构成的点、线、面共同组成一幅和谐的图画。

注意：本图图底可进行互换。图底转换理论源于格式塔学说，参见本章节有关文字部分。

原作：郑学武

图片来源：张会元．设计素描教学．南昌：江西美术出版社，1997

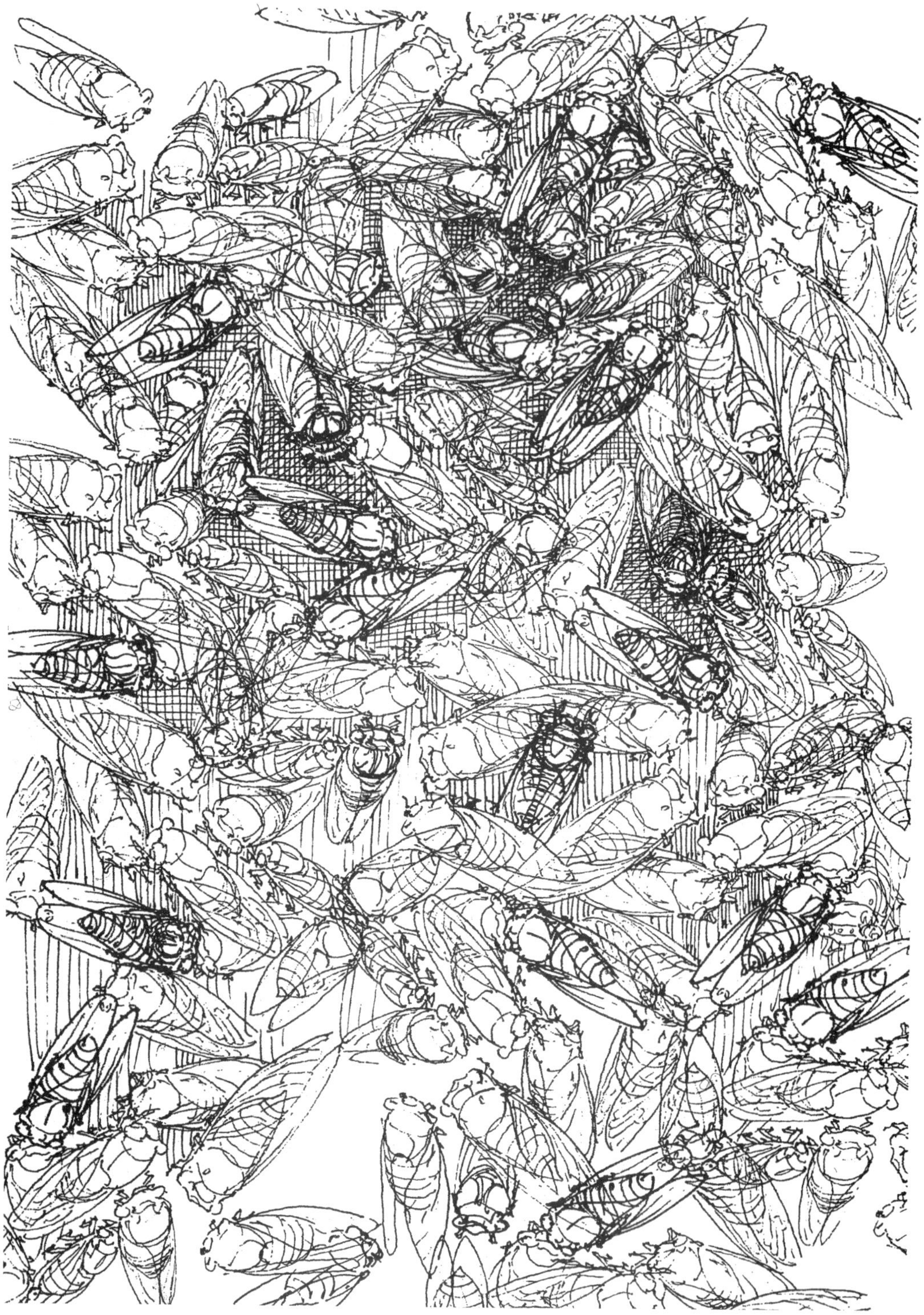

图例2-5　恼人的知了

选用一昆虫作为构成要素，将其不同的形态作为单元形打乱穿插，重新组合构图，打破传统钢笔线条多只练习直线而少练习曲线甚至乱线的陈规，体会构成带来的崭新的视觉感受。画中的知了原是七岁女儿暑假期间收集到的昆虫标本，笔者对知了进行了多次的写生，将知了的不同姿态打乱交错、穿叉布置。请注意在这幅画面中线条的组合已打破了传统线条水平、垂直和倾斜三度概念，而是以较写实的线条手法来描绘知了对象。

作者：吴卫，原稿尺寸 ：A4，笔具：财会细笔、派克金笔等。

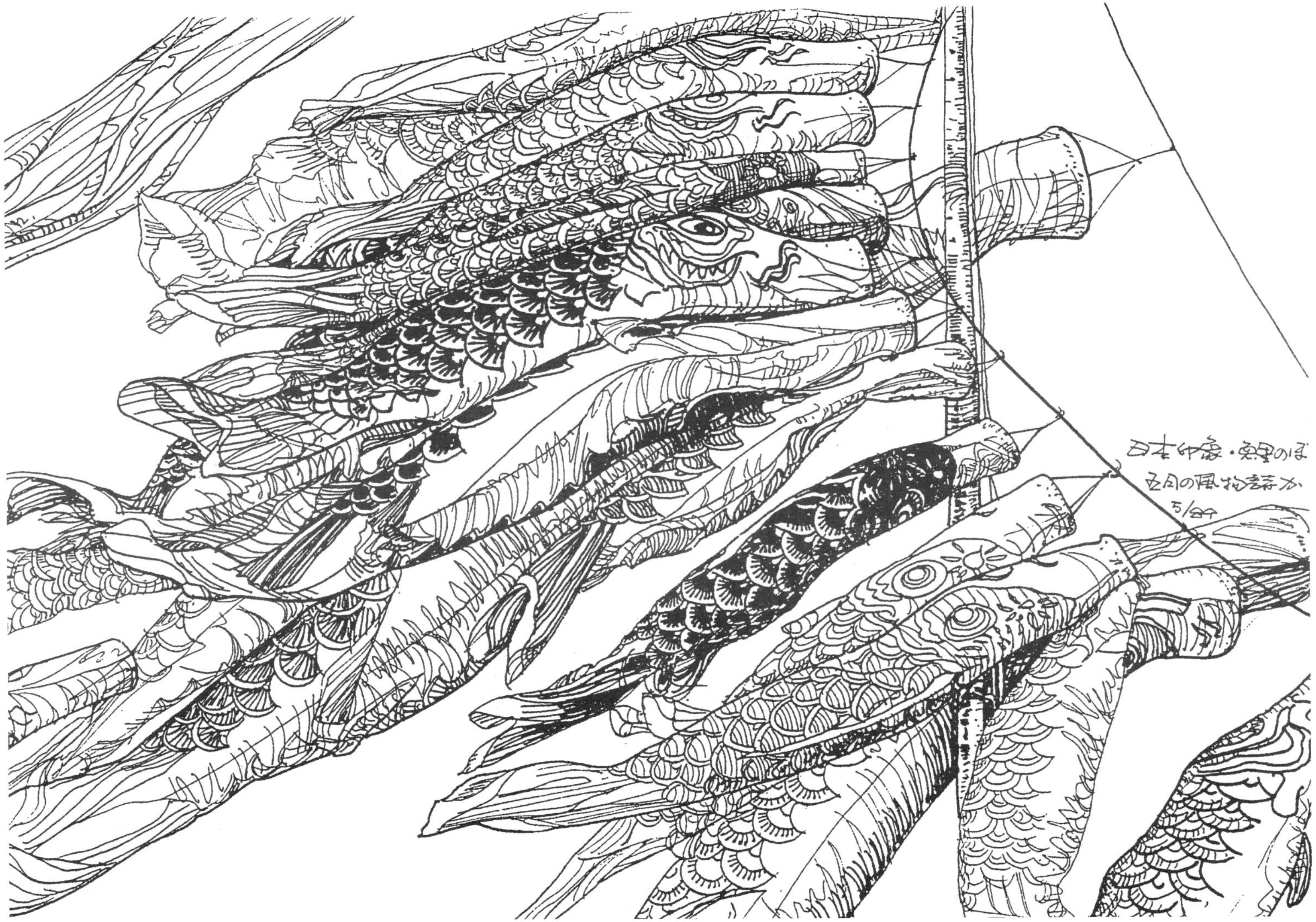

图例2-6　五月五鲤鱼幡

本图以鲤鱼形作为基本单元形，通过鳞片色调的变化来表现不同的层次，最后以一根线将鲤鱼幡无序的状态串成有序的状态，象征着日本民族团结一心的精神。鲤鱼形是这幅画的基本单元形，不同的明暗变化表现鲤鱼的不同色彩，形成精美的图案效果。

作者：吴卫，原稿尺寸：A4，笔具：针管笔、派克金笔等。

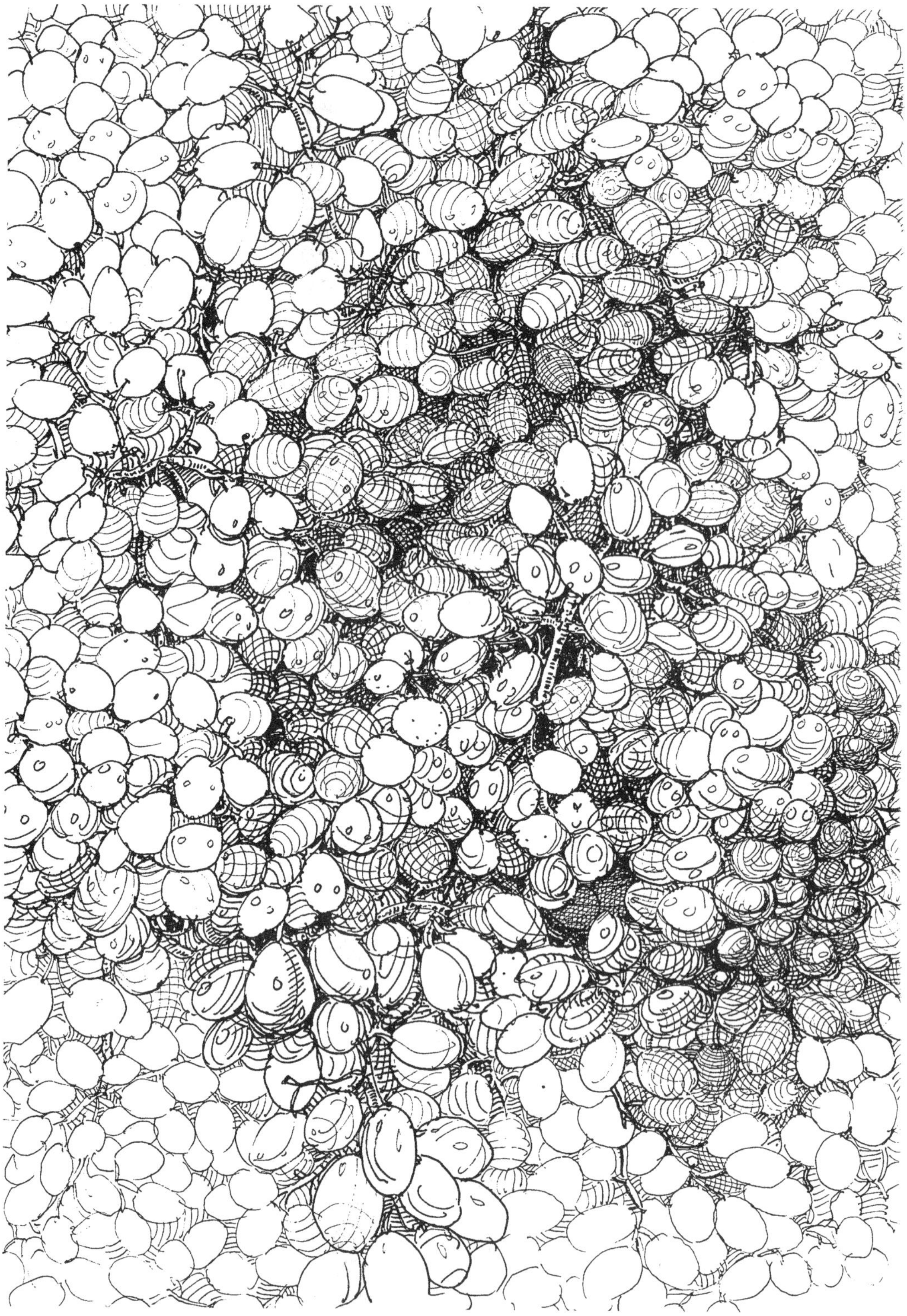

图例 2-7　葡萄丰收

首先观察一下葡萄的生长规律，继而写生，可先局部写生，最后利用其生长规律自由想像地画下去，可以从一小串画到一箩筐。以葡萄这个椭圆形作为基本单位构图，最后注意以明暗变化区分层次，此幅画中有意识地藏了一个"福"字，寓意多子多福。此幅图原稿已被友人收藏。

提示：要了解植物生长的规律，在练习构成线条时有意识地运用对其本质规律的认识，对画面进行加工重构，将要素的组合达到最理想的状态。

作者：吴卫，原稿尺寸：A4，笔具：财会细笔、派克金笔等。

结构素描

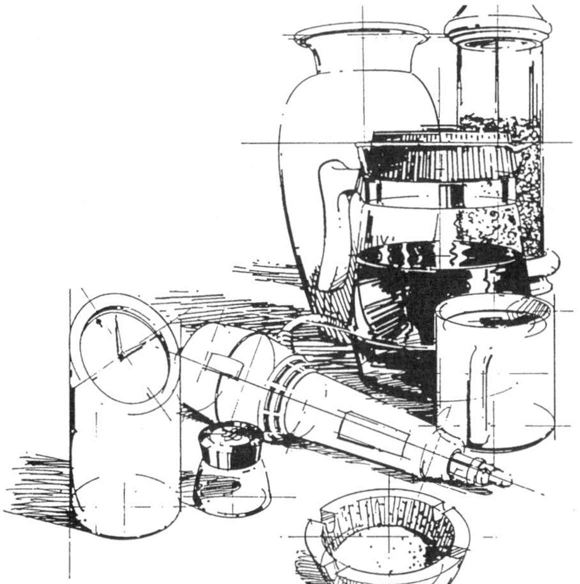

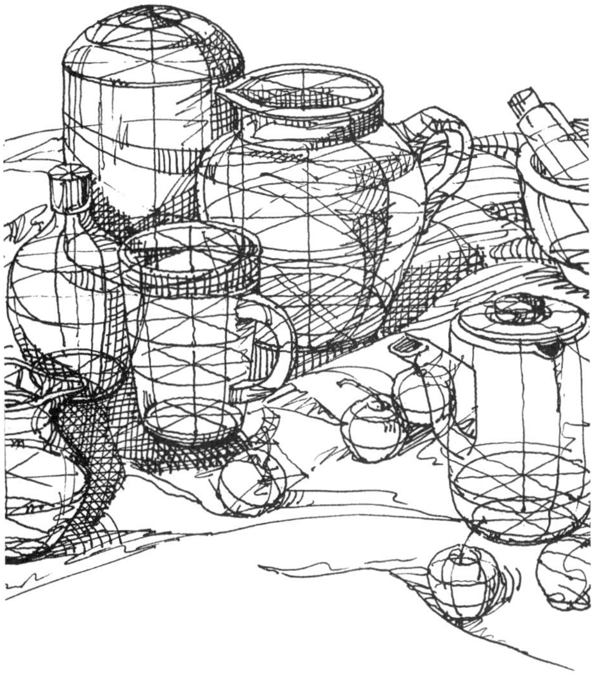

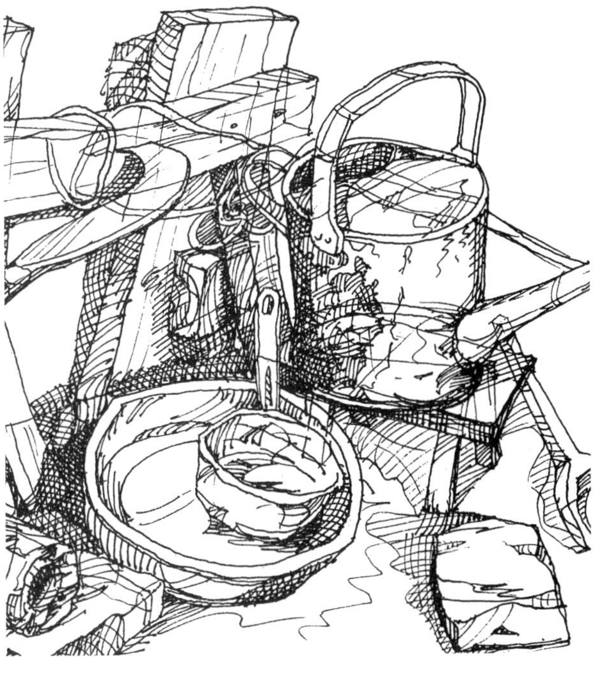

科学知识的掌握对于能考入大学的学子来说相对容易，而艺术功底的积淀则不是一蹴而就的，需要持之以恒的追求和正确的思维方法。设计创作中准确的空间形体造型能力、清晰的透视概念，要通过这次结构素描的训练来得到加强。我是1985年9月开始学习结构素描的，可以说结构素描在我以后的设计实践中起到了十分重要的作用，每每作草图时我已习惯于借助结构素描的理念进行推敲，以一双透视的眼睛审视图纸上建构的体块。因此，我呼吁大家一定要学好结构素描这门课，将来一定会受益无穷的。

1. 结构素描的定义

结构素描是从研究物体的空间结构出发，采用透视理论剖析对象，用基本的几何形体进行解构，以线为主要表现手段的素描方法[1]。结构素描最显著的特征就是以线为主描绘物像结构，即“结构线”素描，而结构就是指构成物体的框架。结构素描以基本的几何形体（指立方体、球体、圆柱、圆锥）为母体[2]（图2-7），运用种种从内到外、相互交错的透视结构辅助线，表现出物体的结构组合关系及前后左右的三维空间状态，即塑造形体、展现空间，直接或间接地体现或暗示形体的比例、尺度、远近和大小。在结构素描中除了结构线以外，明暗、阴影、色彩等要素均降到从属地位。

结构素描还是针对以明暗调子表现体量与光影的学院派素描而言的，它不像全调子素描那样注重静物的外在表象，而是注重表现静物内在的几何形体与形体之间、面与面之间的相互组合关系，把看不到的而又现实存在或虚拟存在的结构组合线，运用透视原理，通过理性思维加工、分析、想像而再现出来。

2. 结构素描的作用

结构素描以认识研究形体为主，从形体的结构中寻找并掌握其内在规律，从而获得再造形体的本领。其作用具体表现在三个方面：

首先，结构素描和静物写生、建筑速写一样都是一种视觉训练，培养手、眼、脑的相互协调能力和视觉表达能力；其次，学会用结构分析的方法去解剖每个形体的内在几何构成要素，并处理好各个形体之间的空间关系，将透视理论活学活用，加深对其本质的理解，从而培养空间透视感和分析观察能力；再者，就是帮助学生从基础阶段理解形体结构走向设计阶段创造形体空间，培养未来建筑师、设计师所必须具备的塑造形体和组合空间的想像能力。训练的过程不仅仅是在培养表现能力、观察能力，更重要的是培养想像能力，在正确的空间思维和透视理论之下去更好地判断理解物体结构，而理解又是记忆的基础，“理解了也就记住了”。形象记忆能力越强，记忆的储存量越大，则越能促使想像能力的发挥，而想像能力正是设计艺术人员必须具有的最基本的创造能力。

总之，结构素描能帮助我们正确理解结构、透视和造型三者之间的关系，培养我们准确表达形体的徒手画能力、观察分析能力以及空间形态变化的想像能力[3]，为今后的设计实践打下坚实的基础。

3. 结构素描的训练方法

3.1 结构的分析

根据感知规律，人们对形体的感受是从表面的形

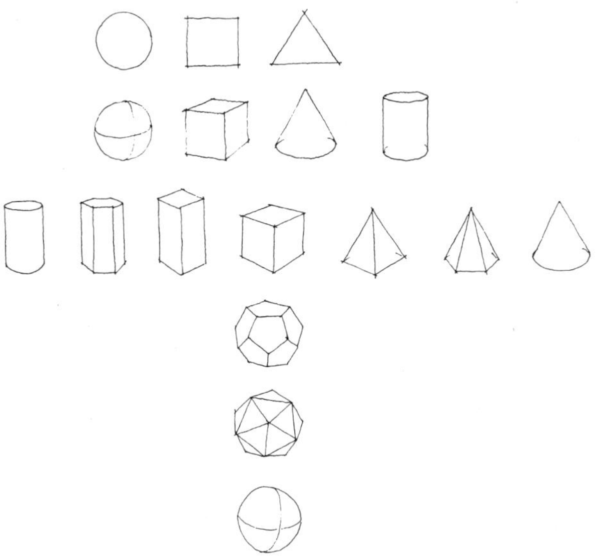

图 2-7　基本形体及其演变

图片来源：柴海利．我对建筑学专业素描教学的思考与初探．建筑画,(9):10

状、色彩和光影开始的，结构素描要求利用所学的透视知识、几何知识对形体结构进行理性的解剖和分析。建筑、室内设计师的结构素描练习，不同于绘画艺术的习作，它侧重于对形体空间结构的理解，在方法上是从感性认识出发，重点还在于落实到理性的概括。形体的构成关系是可以认知的，了解空间的形体结构可以通过对物体的形状、尺度、方位及光影等表象进行分析、解剖与判定。由于结构素描是以研究形体结构为主要目的，因而要将明暗光影淡化甚至忽略，以整体的观察态度看待对象。可以先从外形轮廓入手，寻找与外形、体面有关的内在结构线，在反复的比较与分析之中用结构线去确立和塑造三维空间中的立体形态。

要准确地抓住对象的特征，首先要理解对象，无论客观对象是多么复杂都可以归纳并体现在基本的几何形体之中，所以我们可以利用基本几何形体去解构物像，去简化形体。因而在刻画结构线时，必须正确理解形体轮廓与形体结构的从属关系，不要被对象的表面形态所迷惑，要抓住其本质，要有意识地将对象的局部形体解构为抽象的球体、圆柱体、圆锥体和立方体等基本几何形体 [4]（参看图 2-7）。可首先练习描绘单个的简单几何物体，然后进行形态较复杂的组合练习。在作画过程中，将物体看得见和看不见的部分都画出来，同时保留我们在形体和结构分析中所采用的各种结构辅助线，如重心线、中轴线、切线、对称线等。辅助线的存在会使画面更加生动和丰富感人（参见图例 2-8）。

3.2　线条的表现

在室内表现图中虽然可以运用各种技法和绘画手段（包括电脑艺术）来表现对象，但作为素描基础我们则更注重于精练的概括和用线造型的能力；钢笔线条具有骨力美，用以训练结构素描是再好不过的选择了。我们可以利用其线条的抑扬顿挫、回环曲折、匀整流畅地抓住物体的基本结构和形体特征，做刻骨的描绘，如图例 2-9 所示。放弃光影明暗和色彩，去表达物体内在的生命，形态线正是钢笔结构素描的一大形式特色。

在写生过程中，当主体物与衬托物的基本形确定之后，对主体物的刻画要仔细，份量要重，刻画前面的物体时线条要粗，后面物体线条要细；物体

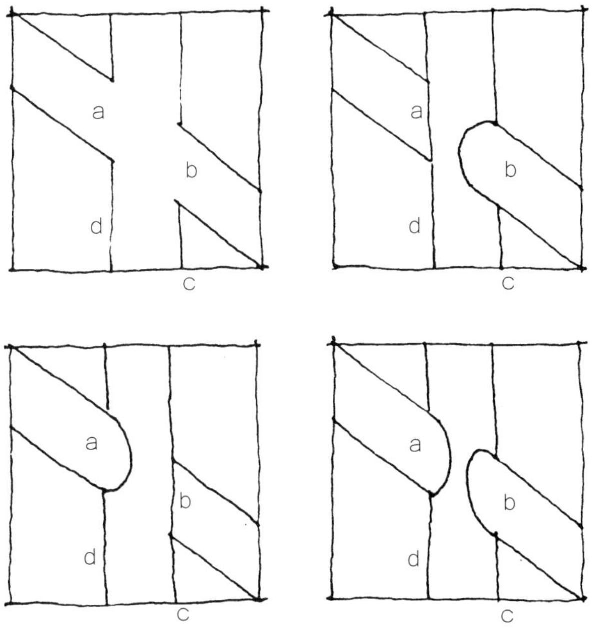

图 2-8　注意结构线所处位置不同传达的视觉感受也不同。

图片来源：尹少淳．走近美术．长沙：湖南美术出版社，1998

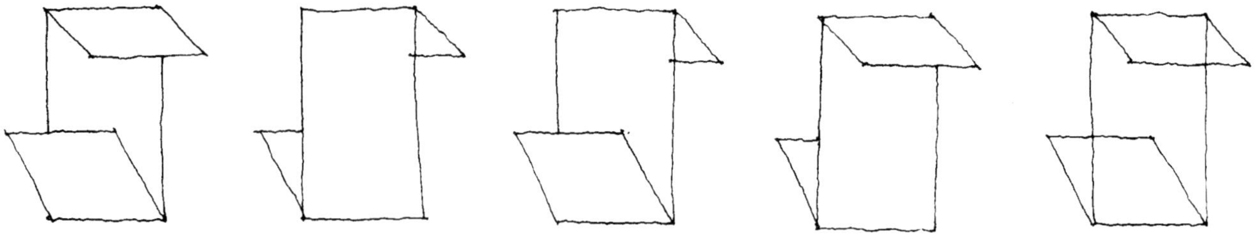

图2-9　不同的结构交接线可以表达不同的空间感受和透视变化，所以不要小看结构线，要学会正确使用结构线来表达空间形体。

的质感不同，采用的线条也就不同（参见图例2-9）；此外，也可以根据物体的明暗交界线做不同程度粗细的交代和提示。对于作画过程中的辅助结构线要根据透视原理决定粗细、轻重去获得立体效果，要启发学生自己去探索一种具有空间感的线描表现方法(图2-8、图2-9)。因为结构素描的目的不在于追求画面的优美和完整，而是训练对形体的理解和观察，只要线条是生动的、令人信服的，小的毛病是可以容许的。掌握好这些线条的虚实、轻重和粗细变化规律，有利于刻画形体结构及空间关系，使所表现的对象更有体量感，从而打破平面的感觉，产生一种三维的视幻效果(图2-10、图2-11)。

另外，结构素描中的用线虽然要求表现性强，要生动而有变化，但形态上却要少有主观变形，变形对于一位成熟的画家或许可以说是艺术创造，但对初学者而言却是有害而无益的。

3.3　写生→默写→创作

先写生后默写，再凭想像结合透视规律去画出在不同视点下的形体，这样做的目的是为了以后搞设计创作。例如，在做一个客厅的室内设计草图时，按一点透视法求出空间的三维界线后，地面上的沙发式样可以从图片中找出一个，根据平面布置改变原有透视角度重新塑造自己的沙发形状，这种方法就像在3DMax[5]中建立一个客厅模型界面后，将家具3D资料库的沙发选择一个搬出来，植人模型中一样。

如图2-12所示，左上为图片中的沙发式样，右上为解剖后的投影图，下面为改变视点后创造出不同角度的新的沙发形象。

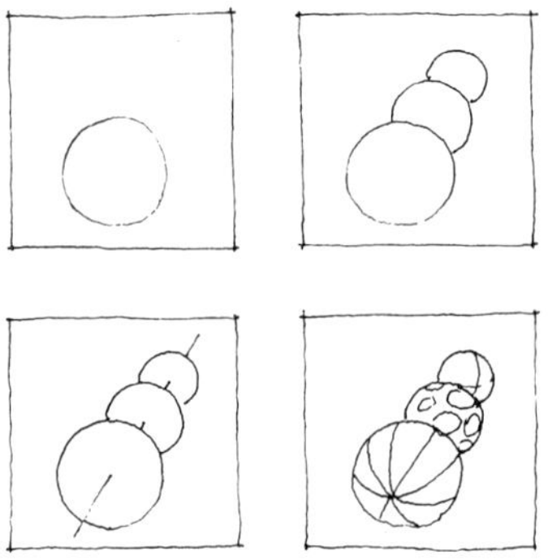

图2-10　单个的圆与组合的圆，有联系的圆与有皮肤的圆
图片来源：鲁道夫·阿恩海姆，滕守尧等译．艺术与视知觉．成都：四川人民出版社，2001

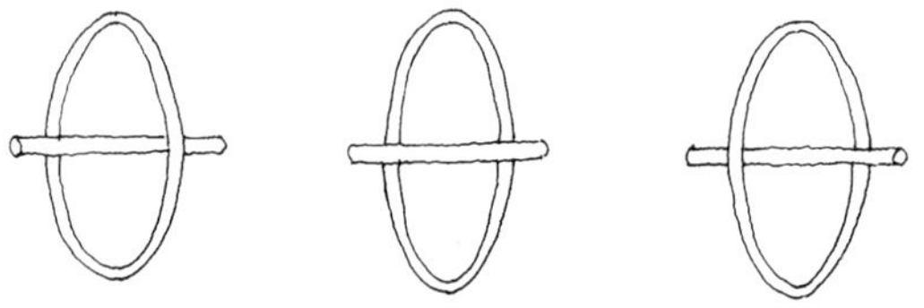

图2-11　圈与条的对话
注意结构交接线，它能表达有效的空间感受。
图片来源：尹少淳．走近美术．长沙：湖南美术出版社，1998

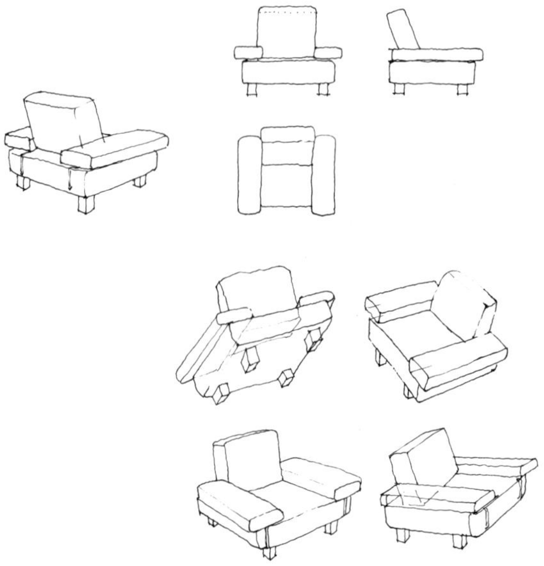

图2-12　根据一已知图片沙发式样，解剖其结构后，旋转角度或改变视点重新塑造出不同角度的沙发形象。

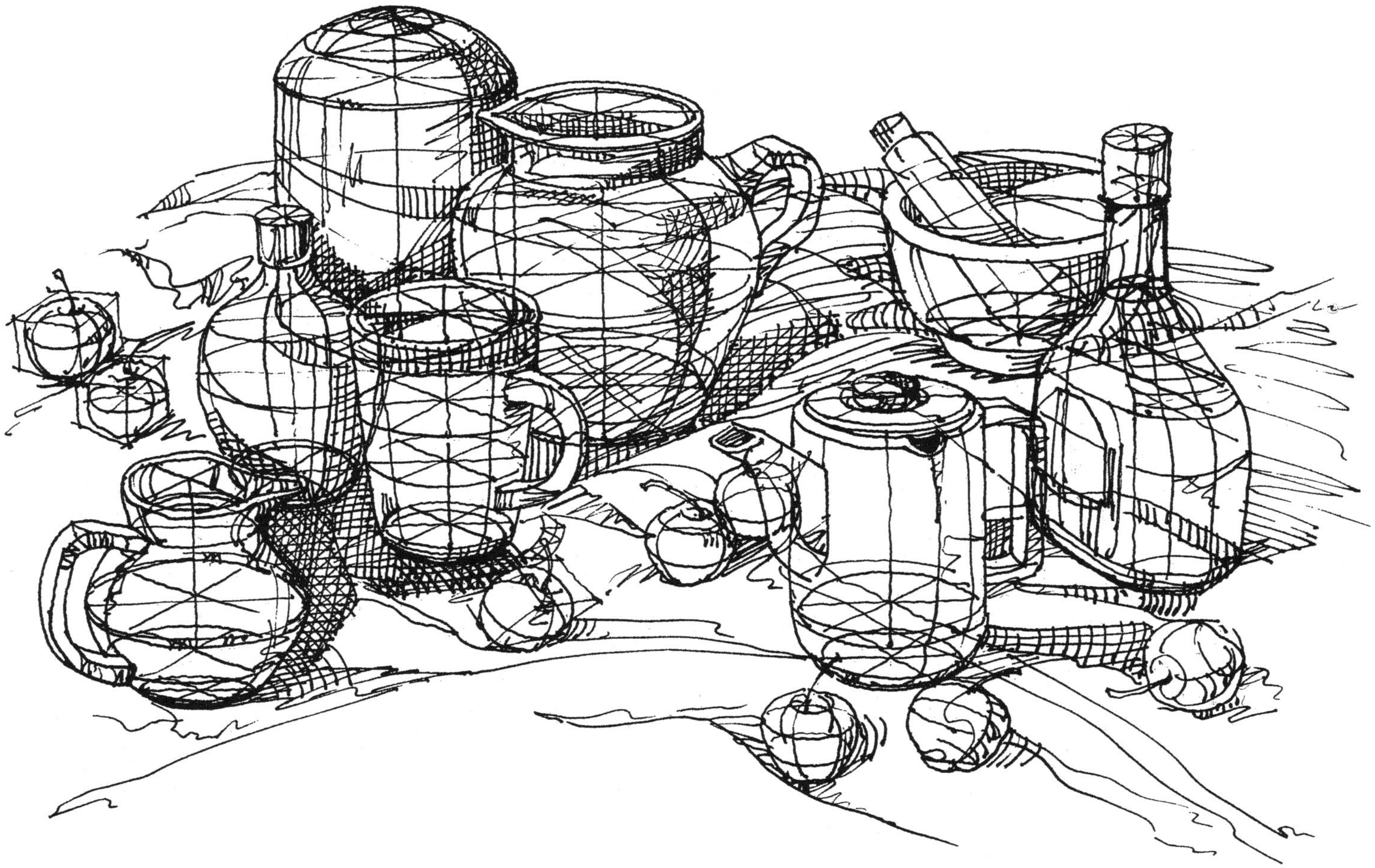

图例2-8　坛坛罐罐

去其肉而留其筋骨，结构素描以基本的几何形体（立方体、球体、圆柱体、圆锥体）为母体，运用种种从内到外，相互交错的透视结构辅助线，表现出物体的结构组合关系及前后左右的三维空间状态。能够帮助学生“透视”物体，以理性的方式消解眼中的物像，并通过结构线来把握形体的准确性。

对于此画先找出静物中椭圆等结构辅助线，并要注意适当地画出些阴影调子去丰富画面。

作者：张京红，1986年毕业于广州美术学院版画系

图片来源：赠送

图例2-9

结构素描还类似想像图，要将看不见的东西通过自己的分析理解表现出来，像X光一样透视过去，画出看不见的物体。

例如，图中镰刀的刀尖已没人木材中，就要把它画出来，且要符合透视规律；浇花用的铁壶下的凳子，也要把它栩栩如生地表示出来。但注意在线条的粗细明暗上要有所区分，看得见的粗，看不见的细，整体上有一种符合肉眼视觉的习惯，但再细看又有透过而视的效果。

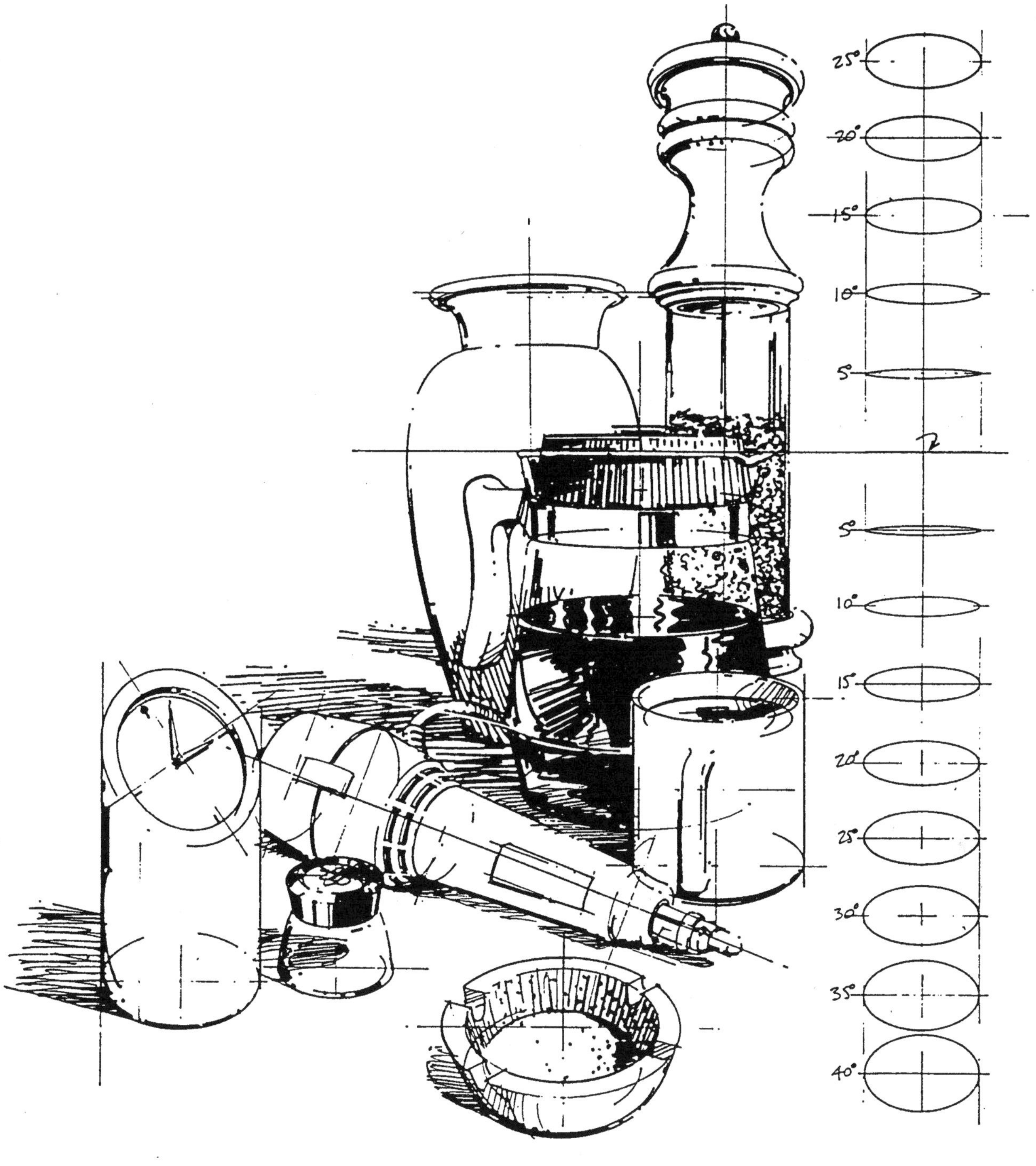

图例 2-10

这是一位美国插图画家对圆的透视的量化表现，非常科学客观地再现了圆在同一视角不同高度上的结构线变化。注意它是以模板的形式介绍的，但实际写生时尽量要求画者用徒手画，用眼睛去观察，而不是器械地去描绘。

提示：椭圆口径的变化规律：越远离视平线（高度上）则口径越大即椭圆板上的度数越大，请在脑海中默记此规律，将来在设计草图中可以灵活运用此规律。如室内设计中吊顶与地面拼花同为圆形母题时，可采用此方法默绘透视变化。

图片来源：[美]R·美加里，G·马德森．美国建筑画选——马克笔的魅力．北京：中国建筑工业出版社，1997

图例2-11　椭圆随想曲

大家知道在设计草图中，圆的造型是较难表现的，如在一些装饰设计中顶棚上是凹进的圆盘吊顶，地面上是与之相呼应的大理石、花岗石拼花，这时候就需要我们对圆的透视有正确的理解，即在不同透视高度下的椭圆口径其变化不同。这幅画，重点表现不同角度的椭圆变化与不同材质的肌理特征，即用结构线表现椭圆变化的同时，也要注意玻璃、陶瓷、金属、棉布的肌理表现。

作者：吴卫，原稿尺寸：A4，笔具：财会细笔、派克金笔等。

●静物写生

静物写生是对过去铅笔素描课成果的大检验，其目的主要是让学生用以前学习过的素描知识，改变笔种，用钢笔取代铅笔，进行更高层次的钢笔素描训练。由于花卉的形态复杂，曲线较多，而写生的重点在于练习钢笔线条，故以花卉为主要静物写生对象。

钢笔素描的好处很多，但写生课的意义在于为今后的速写及设计草图打下坚实的线条基础，同时也对扔掉铅笔，使用钢笔徒手绘制视觉笔记有很大的帮助。“工欲善其事，必先利其器”，任何画种的特点都与所选用的工具材料有着密切的关系，通过写生训练使学生正确和熟练地掌握钢笔这种绘画工具的性能及特点，为将来能随心所欲地表现自己的构思与创意打下坚实的基础。在进行训练之前，有必要回顾一下过去所学的素描知识，以便加深理解本课的要求。

1. 素描与写生

1.1 素描的定义及作用

“素描是真正的艺术，包含了色彩以外的一切。”[1]在教学中相对速写而言，将绘制时间较长，表现较深入，以单色线条和以线条组成的块面来塑造物像的绘画表现方法称之为素描[2]。徒手素描是一种传统的绘画表现与视觉传达的方式，它是从感觉和经验中来，是意识抽象到意念抽象之间的一种媒介。文艺复兴时期已确立了较完整的素描造型体系，意大利人把明暗、透视等知识科学地运用到素描这门造型艺术之中，大师们从中世纪的神学禁锢中摆脱出来，解剖人体，探索透视，创造了许多绘画史上的奇迹。当时的基础课教育是在画家的画室中进行的，多以古希腊雕像作为写生对象（现在初学者写生用的石膏雕像很多仍是那个时期的雕像作品），素描是最主要的基础课程[3]。19世纪的法国古典主义代表安格尔，把这一重要的造型基础推到了极高的境界，他认为“画素描绝不单纯是打轮廓，素描不是仅由线条所组成的，它还具有表现力，有内在的形，有画的全局，是艺术的雏形，请注意在素描之后将产生什么吧！如果要我在自己门上挂一块匾额，我将在上面写上素描学派四个字，因为我坚信，一位画家是靠什么来造就的。”[4]此后印象派大师塞尚把素描这门艺术进一步科学化，他提出了几何形体结构的学说，开创了近代素描造型的科学基础。

素描是人们认识世界、表现世界的重要艺术手段，是观察，表现对象形体、明暗、肌理、材质和空间（而这正是造型艺术最基本的构成因素）感受的艺术，被古今中外许多艺术大师称为一切造型艺术的基础。素描过程是一种训练，通过这种训练，建立科学的观察方法，锻炼视觉的敏锐性，手脑的协调性；练就一双艺术家的眼，艺术家的手，培养从整体人手，从大体着眼的习惯。学会从客观对象上捕捉感受，并将自己的感受再现出来；学会运用线条、明暗、透视等等多种素描因素去表现物像。素描训练不是要画者去描摹什么，而是让画者主动地去构造，组织画面，要求画者在理解的同时用线条组织成一幅具有形式美感的画面，尽可能地找到适合自己的具有个性的表现语言。

1.2 写生的定义及作用

写生就是直接对照实物作画，边观察、边记录、边分析，要求真实、准确地去描绘。写生是训练画者首先学会用自己的眼睛去观察去感受，用自己的手段来付诸表现的最有力的方式。我国古人提倡师法自然，就是把写生作为学习造型艺术的主要方式，然后才能进行主观的想像和创造。达·芬奇曾说过“要做自然的儿子”[5]，艺术家要不断地临摹自然。古今中外，历来有许多大师强调以写生作为美术学习的主课。作为训练的写生就应当写实，多一些自然，多一些客观，少一点“我”，不必太过追求抽象和个性，以免失真、失实——这就是以自然为尚，要自然而然[6]。

写生与制图作业及工程表现图不同，后者可借助于绘图工具强调科学性和精确性，而写生一般以徒手作画，强调艺术性、趣味性和手上的笔墨功夫，“一条线要见高低”，因此写生是设计师的一门基本功训练。

静物写生花卉，有两种训练方法：一种是调子素描（所谓调子就是指块面的深浅明暗处理[7]），即以线条组合和交织塑造形体；另一种是中国的白描式线描，即以单线勾勒轮廓及细部来表现对象。

2. 调子素描

达·芬奇说得好“画家不能单纯用手和眼睛作画，而要用脑来作画”。造物赐于人们无限的美，物像的疏密、刚柔、节奏、韵律都自在其中，而且这种自然之美以多种多样的形式呈现出来。在这种对自然美的发现和表现过程中，无疑会加入画家自己的情感和性格的写照，显示出个性的美。应该尽可能地运用线条和调子抓住这些体现物像生命力美的形态，表现空间感和质感，真实刻骨地去揭示对象。

具体来说，首先要找好起笔落脚的对象，考虑好构图。很多人提起构图侃侃而谈，而我们要求大家尽量把图画满，最大限度地利用每一个空白的地方作画，像摄影时使用望远镜头那样尽量将画面拉近，将整个镜头充满。在观察角度、明暗块面的安排上应精心构思，在考虑成熟后方可动笔；注意主与次、明与暗等方面的对比，确保画面生动有趣，如图2-13所示。作画时要胸有成竹，尽量做到一气呵成。

图2-13　喜林芋写生

图2-14　红绣球写生

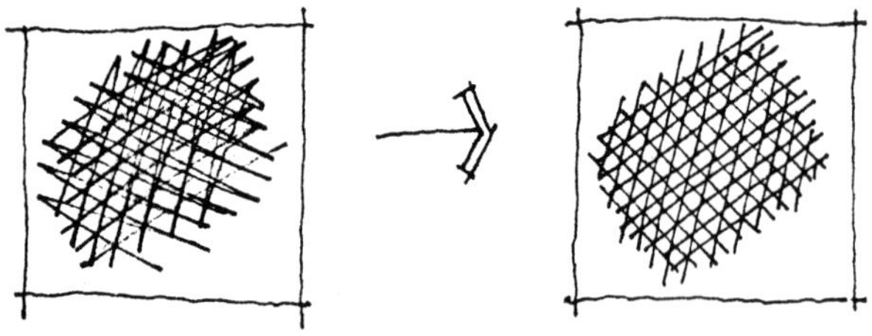

图2-15　忌像铅笔素描那样将线条连贯画出来且带有尾巴，应该一丝不苟地一根一根地画。

对于画错的线条不必重画，将错就错画下去即可，依循透视规律逐渐调整形体。大形出来了，个别线条就容易被人忽视。有时作画时，要结合透视规律发挥想像力，这样画出来的东西会产生意想不到的效果。画好后要检查一下，看看形体是否准确。形体把握好后，接下来运用线条的交叉重叠上调子，体现光影效果（图2-14）；要注意线条的组织对画面效果的影响，用线的形式要统一，由浅到深，层层叠加，要求尽量一次完成物像各个局部的刻画，注意前后、景深和空间的相互关系。具体使用线条时还要讲究线条的粗细变化，一般来说轮廓线用粗线条，如0.5针管笔或派克签字钢笔；轮廓内用细线条如0.2针管笔或财会用极细笔。切忌像铅笔素描那样将线条连贯画出来且带有尾巴，而应该一丝不苟地一根一根地画，如图2-15所示。作画时要注意取舍，抓住能打动你的那部分，能省的调子尽量省掉。在一张调子素描中应当有最亮、中间和最暗等三种色调，并且这三部分色调应当有适当的比例和良好的组合。如果形体调子已十分准确但画面仍不动人，则要注意运用构成手法将其图案化，把握好黑白灰渐变的层次关系，着重刻画中心表现物。整个画面一定要有黑白灰的层次感，“疏处可跑马，密处不容针”，黑一定要黑下去，同时注意留白，记白当“画”；而且要大胆地留白，因为留白后方可有修改的余地，反之则困难，如此反复，不断地完善和丰富画面。

3. 白描“写意”

作为中华文化的继承者和承担者[8]，我们有必要继承传统的一些绘画技法，白描就是其中之一。在现代美术教学里常常视白描为中国画的素描，作为国画的基础，白描作品可以说是画者科学的观察、艺术的概括的结合体。白描强调的是线，以线造框架、以线造形骨、以线造气势[9]，具有强烈的表现力和艺术效果。毕加索、马蒂斯都曾受到这种东方艺术的影响，开拓了西方现代绘画史上的新天地。

图2-16　黑果

钢笔白描即用钢笔勾轮廓线，它可以在整幅画中使用统一粗细的线条，也可以使用有粗细变化的线条，如图2-16、图2-17所示。运用线的停顿、轻重、缓急表示物体的阴阳向背和虚实强弱间的关系，钢笔白描也同样可以表现光感和立体感。粗线为阴，细线为阳。白描用线最忌浮滑，行笔应沉着稳健，在稳中求快求质，可用两种以上的笔尖强调线条的轻重变化。中国绘画的传统把“以形写神、形神兼备”作为造型艺术的最高艺境，射赫六法论中强调骨法用笔，以物像形者为妙品，兼有生动气韵者为神品，这也许是白描的精髓写照吧。

具体运笔时要注意不要用长线而用短笔触，由于钢笔的工具特性，钢笔画长线，很难因为用笔的轻重力度而改变线型，这时候就要用短笔触有停顿地去表现（图2-17）。一般来说画树干要注意枝的向背伸展弯折以及丫杈的穿插相贯；画树叶先用粗笔勾外轮廓，再用细笔描出叶脉走势；画花则注意线条要富于变化，似春蚕吐丝，一般花瓣都较薄，且柔弱纤细，因此线条要流畅忌滞涩，而且要注意花瓣的前后层次关系，总体上说花心用细笔，花边用粗笔。习画时可以先临摹，再写生，然后又临又写，循序渐进，才能做到下笔得心应手，如似神赐。

初学者在绘画过程中由于不熟悉钢笔画写生特点等多方面的原因，常常会止步不前。在学习过程中，有时缓慢的进步不易被察觉出来，甚至还自认为是在退步，越练越生气。这是因为随着学习的深入，

图2-17　锈球花

你的眼力比以前更好了，更善于挑剔了，这时“眼高手低”的现象就很明显，但这绝对是好现象，所谓的“困境”实际上是“佳境”。应该持之以恒，因为不久的将来你一定能获取更大的进步。

图例 2-12　喜林芋写生

这是一盆春节前在花市买的喜林芋，长得非常好、绿油油的。这幅写生较注意黑白灰的明暗调子布置，将藤条部分画的较重，来衬托绿叶，由于种种原因一般写生后我不再进行后期加工，现在看来还是有许多地方线条较显零乱，欠思量。

提示：不许打铅笔稿，直接用钢笔画下去，形错了就将错就错，按照植物的生长规律继续画下去。作者：吴卫，8开水彩纸背面，派克金笔及财会细笔，耗时45分钟。

图例 2-13　红绣球写生

第一次看到红绣球还是在日本，没想到回国后在湖南又看到了红绣球，妻子买了一盆回家，这是一株微型的绣球花，已开了三四朵。提起笔画下去，将叶面调子上得较重，而花较亮。为了突出花的球冠状，特意按球的素描规律上了点调子。

提示：写生并不意味着不动脑筋如实抄写，一定要开动大脑这部机器将对象画好。

作者：吴卫，16 开水彩纸背面，派克金笔及财会细笔，耗时 45 分钟。

图例 2–14

这叫“打不死”，也称“厚脸皮”，是湖南的叫法。这种花的特点是摘下一片叶子，再将其置入土中就能生根发芽，而且还能美容、消炎、治跌打损伤，且生命力旺盛，几个月不浇水都死不了。本来盆中只种了三棵，在写生时又想像地加入一些心中的“打不死”，目的是表现其蓬勃的生命力。

提示：这幅与上面两幅的不同在于没有了素描调子，这是作者有意识地让学生逐渐从素描过渡到钢笔白描，为以后的设计草图打下基础。

作者：吴卫，16 开水彩纸背面，派克金笔及财会细笔，耗时 30 分钟。

图例 2-15　黑果

这幅画非常妙，妙在灌木藤条乱中有序，构图自然，小黑果与大片绿叶形成对比呼应。

原作者：张伟平，毕业于中国美术学院

图片来源：顾生岳，张岳健，佟振国．速写选集．杭州：浙江美术学院出版社，1991

本画原本是白描作品，经笔者重用钢笔临绘后成图，作为钢笔白描临绘示范作品。原稿尺寸：A4，笔具：派克金笔及财会细笔。

图例 2-16　向日葵

作者：陈子奋，1960 年代福建著名白描画家（已故）

此幅画原为毛笔所绘，笔者又用钢笔重绘一遍，由于器具的不同，钢笔画出来还是没有原作线条那样优美流畅，从而深深感叹陈子奋先生的功力，要知道他是用毛笔，而我则是用钢笔。

提示：要求学生用钢笔临绘名家白描作品，训练钢笔线条和构图的布局平衡能力。

原稿尺寸：A4，笔具0.2 、0.3 针管笔。

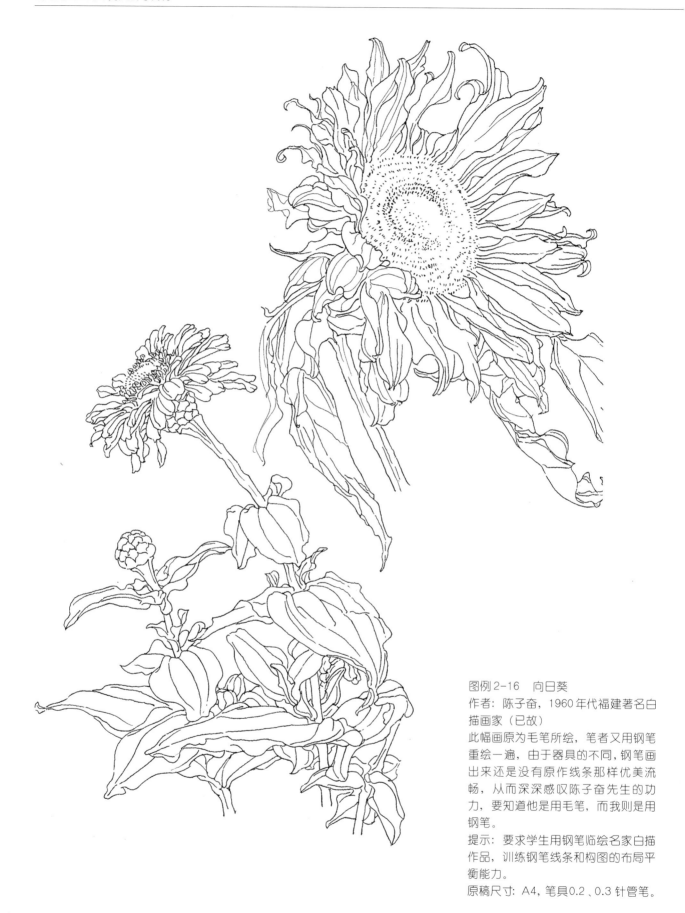

图例2-17　锈球花
作者：夏春明
图片来源：夏春明．花卉写生．杭州：浙江人民美术出版社，1997
此幅画原本也是毛笔白描作品，经过笔者用钢笔重绘而成。笔者一直试图用钢笔这种现代的工具，表现中国画白描的精神，目的是为了将来快速表现设计草图。白描的特点便是用简单的线条表现出复杂的形体，这种方法比用素描来塑造形体要难得多，因为它要求一笔到位，且强调线条的趣味，我把这种白描叫做硬笔白描（硬笔书法是早就叫开了的）。
注意：临绘白描作品时，要变换粗细不同的笔来表现毛笔可粗可细的特点。
原稿尺寸：A4，笔具：0.2、0.3 针管笔及派克金笔。

图例2-18　牵牛花

作者：莫高翔，湖南师范大学艺术学院教授，著名国画家。
图片来源：莫高翔．白描花鸟．长沙：湖南美术出版社，1998
此幅画便是地道的毛笔白描，放在这里一是为了方便比较前面硬笔白描的不同之处；另外，展示并欣赏莫先生独到的构图及娴熟的笔法。

提示：自己到书市去挑选一本白描集，并从中选出一幅作品加以点评，必须是你感受很深且认为优秀的作品，并要描述其中的独到之处，目的是为了培养画者敏锐的洞察力及一定的理论表述能力。

●临绘照片

1. 临绘照片的目的

作为一名建筑师或室内设计师其创作的主要对象是建筑设计或室内设计而不是绘画，对设计师而言，绘画是表达设计构思的一种手段而决非目的。设计师的钢笔画只是把设计中的物体如实地预先展现于画面，这就要求室内建筑画要倾向于写实，让人们一眼即能看个清楚明白，建筑室内绘画主要讲究形似，不像一般纯美术[注]绘画那样讲究神似。

钢笔临绘照片原是纯美术界人士不屑的匠事，但在建筑及室内设计教育领域，国内外都比较重视。笔者在1991年夏第一次看到美国建筑教育家迈克·林著的《美国建筑画》一书，在其“徒手草图”一章训练中，采用了临绘照片的方法来培养徒手画技巧[1]，由此而联想到美国钢笔画选中那么多写实逼真的作品，恐怕有部分是采用先拍照片后加工的方法而绘制的。东南大学的钟训正院士也在他的《建筑画环境表现与技巧》一书中谈到可宽容建筑、室内设计工作者在初学时采用临摹的方法练习钢笔画，但临摹不是一味的抄袭，而是要学用结合[2]。

临绘照片能够培养和提高画者对整体的把握能力，对画面的布局控制能力以及肉眼对尺度的衡量水平。通过临绘照片，一方面促进画者对设计作品比较全面、细致、深入地观察与学习，并加深记忆；另一方面，更加充分地理解建筑室内空间形状、明暗、光影之间的有机联系，在对照性的比较中探寻室内空间造型诸因素相辅相成的变化规律，从而提高控制画面黑白灰层次的对比以及虚与实、强与弱等素描效果整体处理的能力[3]。

临绘照片的过程与设计是一个反的过程，设计是从无到有的，而临绘照片则是将已设计好的实物写真，利用解构的方法，将室内的构件进行解剖，一件一件地去分析，再重构成新的画面。其间一定要注意删繁就简，大胆省略一些无关紧要的成分，同时要抓住物像的主要特征加以高度的线条提炼及概括。

2. 将错就错[4]

临绘照片与临摹照片有所不同，临摹是忠实地对照图片临画，而临绘则是主观与客观的辩证统一，以客观的对象——照片作为描述的主体，但融入主观个体的能动性思维，即可以适当地改变原来的客体风貌，要以设计的方法分析图片内容。照片原本是物像在平面上的虚幻再现，而人是主观的，可以按照需要增加或删除画面中的内容，只要画出的形象符合焦点透视原理，将错就错[4]后的画面会仍然符合视觉思维习惯就可。例如，当描绘的过程中出现形体上的差错或笔误造成前后形体错落与原照片不符时，怎么办呢？而这又是徒手临绘照片过程中会经常遇到的问题，这时候就要将错就错来调动主观能动性了，但必须符合逻辑（指透视规律及设计规范）地调整原来的某些局部位置，按照透视原理重新组织线条走向。如图2-20的右上窗帘部分，原照片是窗框左右两边本是各有两串窗垂帘的，由于一时笔误将右边的一个垂帘画得宽了些，笔者只好将错就错，将两串垂帘改成了一串垂帘，但看上去仍然符合视觉习惯，只是有意识地将原窗框内四串垂帘人为地改为两串垂帘。这就是上面所讲的主观与客观的结合，但这种主观是带有设计概念的，必须符合透视规律及设计规范，这样修

图2-18　将室内的构件进行解剖，一件一件地去分析。图片来源：装潢世界，86（193）．绘制：吴卫

图2-20
图片来源：装潢世界，86（193）．绘制：吴卫，完成稿

图2-19　图片来源：装潢世界，86（193）．绘制：吴卫，未完成稿示意，趣味性较已完成稿强。

图2-21　原始照片，尺寸大小：A4

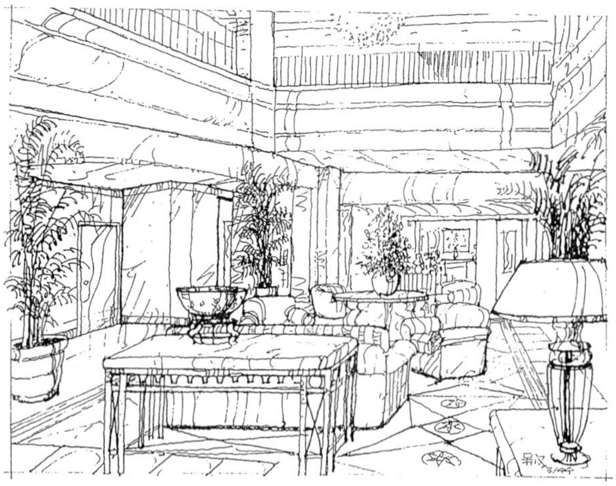

图 2–22　图片来源：不详．绘制；吴卫

改后的形体仍然能满足功能及符合视觉习惯。千万不要以为临绘一定要做到一模一样才算最好，完全照搬复制只能说明有较高的绘画技巧，但技巧高并不意味着能做出好的设计，好的设计是指有好的创意和想法。因此，技巧只是表现手段而不是最终目的。

3. 从单体临绘到整体组合

如果作画者一开始就临绘一幅复杂的照片，马上要求其达到图 2–20 的效果恐怕不现实，而应该循序渐进地先从单体开始训练，然后再过渡到画全一幅整体效果的钢笔画。

大家知道先整体后局部，再由局部回到整体，是一切绘画形式应当遵循的步骤，钢笔画描绘对象时也不能违背这条规律。但钢笔画的整体轮廓不能在纸上确定，而是记在心中，要把对象的整体轮廓准确地印在心里，做到“胸有成竹”，然后“心记手追”，可以从一两个单体入手，如一把椅子、一张茶几，然后再整体组合在一起画，不准打铅笔稿，且尽量做到一次成功。

具体方法如下：首先应该仔细观察所要描绘的照片，然后先画一个单体如沙发或茶几（图 2–18），培养对该幅照片室内陈设的感情，我认为感情是四维的，一定要加上时间度才可能“日久生情”，厌恶或喜欢的情感产生若是离开时间和实践的环节是不真实的。如果已将照片中所有的构件、饰物、家具都详细地画了一遍，那么一定会对其产生感情；也就是有了进一步的认识，不再是生疏的面孔，那么这时候再将这些物体组合在一个画面中作画就会容易得多了。注意我们是一开始就从钢笔下手的，虽然是从局部入手，但是在大脑里一定要有整体的意识，这样画出来的东西才会是完整统一的。

图 2–18 为单体训练作业，请注意短沙发右下角本是被茶几挡住的，这时候别忘了自己是学设计的，可以通过图 2–21 中的长沙发左下角式样判断出短沙发右下角的造型来。同样，也可通过短沙发的靠背式样画出长沙发右上角的应有形状来。这样我们可以安排两堂课来完成图 2–20 的效果，也就是在第一堂课我们以解构的方法画出图 2–20 中重点的几件家具或摆设，而在第二堂课中，以某一件家具作为着笔点和衡量的尺规如是画下去，注意平衡画面中各物体之间的关系，当出现笔误时不要涂改，将错就错。可以适当地进行合乎设计的画面调整（或干脆通过设计重新组织画面），只要是符合设计规律，符合视觉习惯，就

图 2–23　图片来源：美化家庭，(216)：193

图 2–24　图片来源：美化家庭，(216)：193

可以充分发挥主观能动性，大胆地去创作。先画出地面上的家具摆设，再画立面上的构件，最后可以像在平面设计软件（PhotoShop）中贴图一样，将墙面的背景从图片上通过大脑移植到画面上来，从而得到一幅完美的室内钢笔画作品如图 2-20 所示。

4. 从繁杂走向简约

钢笔临绘照片是学习减法技法，即要从复杂的画面中去肉存骨，删繁就简。上面的作业我们主要是以素描的形式来完成的，这里所说的素描是指带明暗调子的钢笔画，是针对白描而言的（所谓白描是指一种以墨线不着色靠线描塑造形象的中国画传统技法）。由于临绘者刚从素描课过渡到钢笔画上，一定还带有素描惯性，即喜欢用复线描的形式表达形体明暗变化关系。虽然当今电脑时代电脑效果图已占建筑投标市场的主流，但我们仍要强调徒手绘制设计草图的重要性，而钢笔画表现设计草图的优势就在于快捷便利，几笔就能说明一个问题，因此既快又好的设计草图表现方法成为此次小专题的讨论重点。大家不妨试一试，如果要快速地去临绘一张照片，恐怕最快的方法当属用单线勾图的白描法了。例如图 2-22 所示，这幅画的原始照片是在笔者的老师周旭教授工作室里看到的，这幅照片只有 A4 的 1/4 大小。由于照片上有近景、中景及局部的远景，空间层次感强，一时兴起，提起桌上一只已不能出水的钢笔，打开老师的蓝墨水瓶蘸着墨水画起来，由于其他同事要急于出门所以只花了15分钟的时间草草画完。这幅画现在看来虽然有许多不足之处，但毕竟是短时间内的快速表现之作，因能说明我的教学意图于是将其展示出来。可见白描技法能为速写提供最佳的表达方法，值得借鉴和推广。

图2-25　图片来源：美化家庭，(216)．绘制：吴卫

再如图 2-23 与图 2-24，图 2-23 为用传统的素描式调子手法临绘的照片作品，显得呆板，千人一面，个性不鲜明；而图 2-24、图 2-25 为白描手法，特别是图 2-25，运笔干脆利落，不拖泥带水，快速地记录了笔者想要表达的内容。大家可以多尝试一下这种对比训练法，先画一张素描式的再绘一张白描式的比较一下，体会其中的不同。

以白描式快速表现对以后的视觉笔记（即速写本上的记录是设计师的视觉笔记本）[5]和设计草图是十分有帮助的，能够培养我们抽象概括和简约提炼的能力。素描对塑形有益而白描对抓形有益，建议大家多研析白描技法，画上 10 幅、20 幅，一定会有所受益的。

5. 结语

在设计领域有"一条线见高低"的说法，我国建筑教育家杨廷宝先生生前寡言，他在方案讨论中每遇高谈阔论者，即递纸笔各一，曰"请画出来"，可见，钢笔线条功夫是多么显功底。通过临绘照片，一方面是对钢笔线条训练的延续；另一方面能够培养画者个性化的概括能力；而且通过大量临绘照片，还可以收集创作素材，是熟悉建筑室内构成语言的一条捷径。钢笔携带方便，便于复印制版，培养以钢笔画作画的习惯，更能促使画者做到意在笔先，用脑子作画，培养细微观察、准确判断的眼力，从而提高钢笔画表现的技巧，还可以加深对透视规律的理解，克服对画钢笔画的恐惧心理。放下包袱，手上的线条自然会流畅起来，使画者能事半功倍地掌握好钢笔画的技法，为将来绘制设计草图打下扎实的笔墨基础。

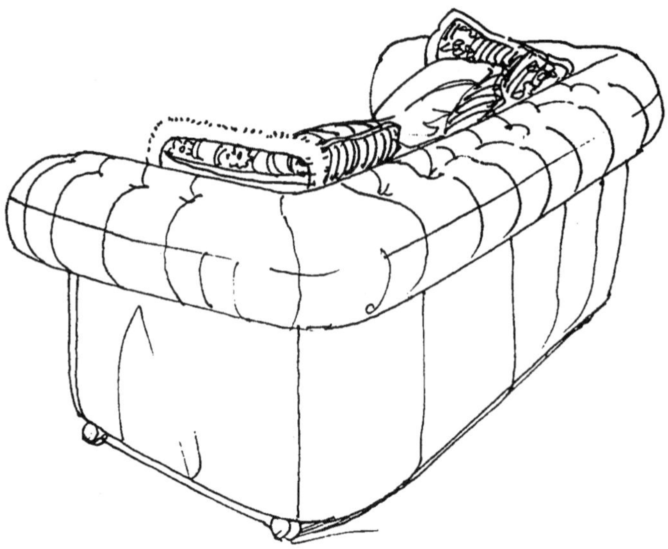

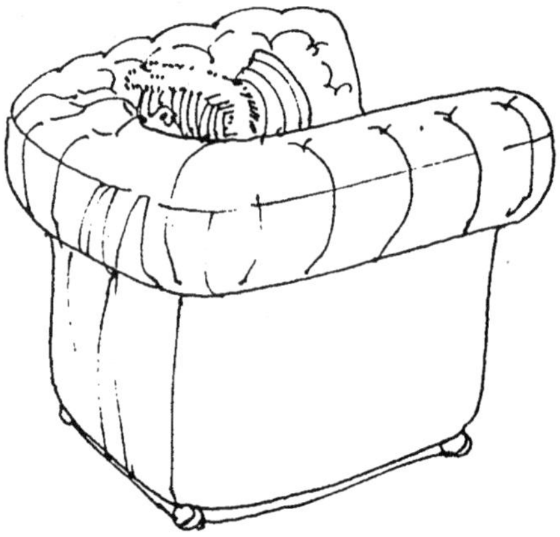

图例 2-19

临绘照片要掌握好方法，对于初学者来说要按部就班地进行如下练习，不能一下子要求不打铅笔稿就画出如图例2-21 所示的作品来。

第一步，可以先画图片中某个局部、某件家具，如图例 2-19 所示，要求学生先画一件长沙发，可根据长沙发的高、宽再去画短沙发，接着根据二者的高度画茶几，再画对面不同式样的长沙发，这样逐个画出照片中的家具及陈设后再进行下一步。

图例 2-20

第二步，在完成了上一步练习后对此照片已不再陌生了，也就是按笔者的说法与照片建立了感情，或者说有了感性认识，接下来就是将所画的家具按照照片的布置模式按比例置入纸上，注意画第一件物体是至关重要的，以后就是要以它作为参照物及尺寸规范了。本图是先画右边的长沙发，再画茶几，然后是短沙发，依次按顺序画出来的。

告诫：以上练习均不允许打铅笔稿，请直接用钢笔落墨。

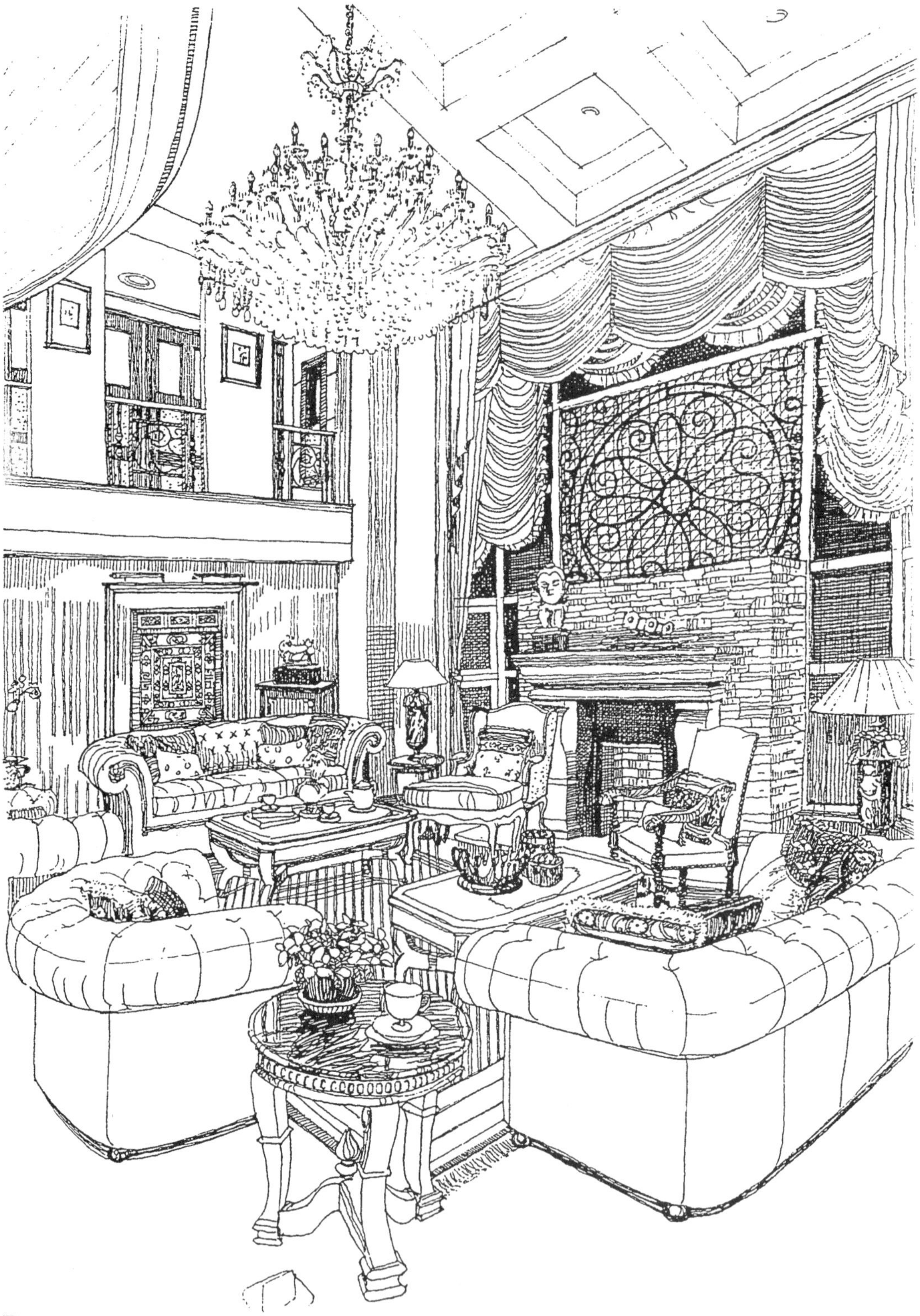

图例 2-21

第三步，是拼贴工作，在原有基础上加上背景、吊顶、灯具（就像在 3DMax 中建模，再在 Photoshop 中贴图一样），这幅作品就基本成功了。

提示：在画的过程中难免会出现比例不对，位置不合等现象，不要紧，将错就错画下去。要按照照片中的透视角度，加上已学的设计知识展开联想，继续画（甚至设计）到底，重在整个过程和你画出的整体效果。最后评分时照片只是作为打分的依据，不要求如实地反映照片，可适当地根据实际情况更改画中的内容。

原稿尺寸：A4，笔具：0.2、0.3 针管笔。

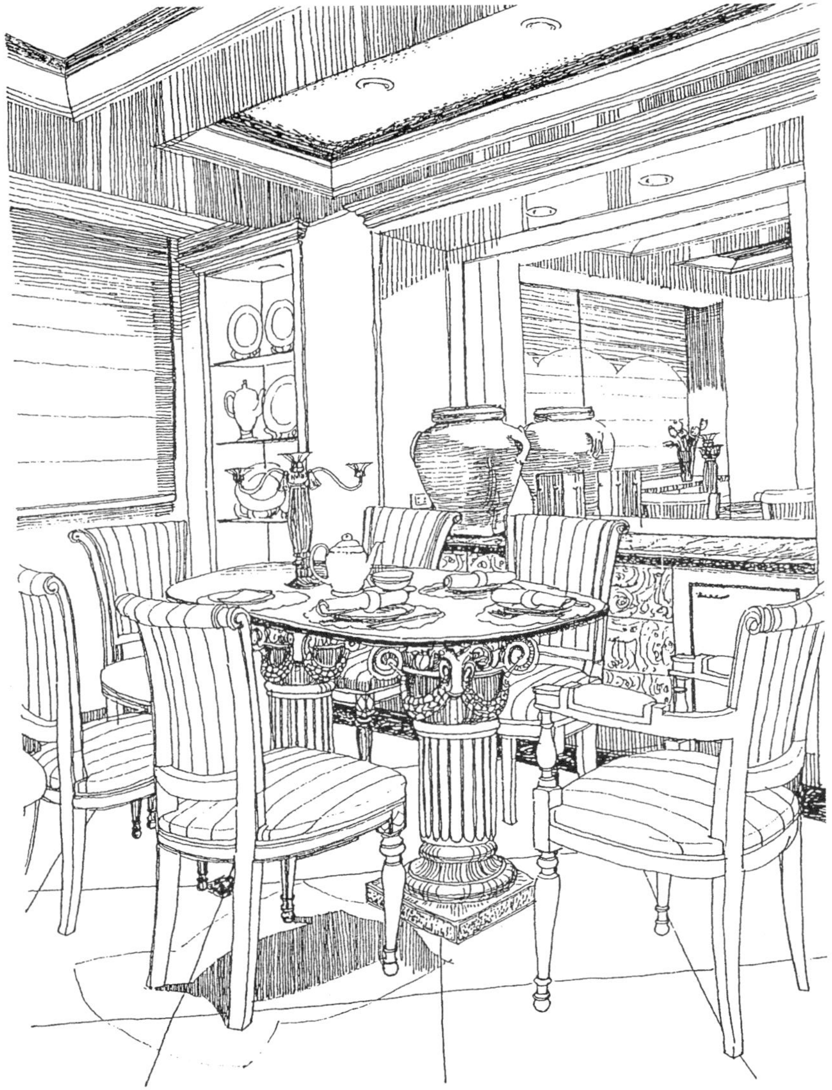

图例2-22　影子

此幅画的重点是在餐桌、餐椅上，注意左下偏中的椅子下画了阴影，在画的过程中笔者发现它是多余的，故其他餐椅影子就未画，又不能涂改，笔者又不想再画第二遍，故只好留下了这个影子。

图例2-23　名人的书房

书房是笔者最喜爱的地方，故临绘名人的书房便乐在其中。此画以书架的深色调拉开顶棚与地面，线条羞涩带有趣味。原稿尺寸：A4，笔具：0.2、0.3 针管笔。

图例2-24　内庭
树画得较辛苦，但上部墙窗处理得较好，有繁有简，画出了趣味。原稿尺寸：A4，笔具：0.2、0.3 针管笔。

图例2-25　吊灯
整幅画面朴实，画得一丝不苟。临绘照片一方面有助于线条训练；另一方面能帮助习画者领悟其中的设计韵味。原稿尺寸：A4，笔具：0.2、0.3 针管笔。

图例2-26
以上为慢题作业，现在开始快题作业，要求画者尽可能快地去表现一幅照片，从图例2-26可看出速度一快，素描调子自然就少了，只留下了轮廓线。这幅照片只有A4的1/4大小。由于照片上有近景、中景及局部的远景，空间层次感强，一时兴起，提起桌上一只已不能出水的钢笔，打开老师的墨水瓶，蘸着墨水画起来，因为其他同事急于出门所以只花了15分钟的时间草草画完。这幅画现在看来虽然有许多不足之处，但毕竟是短时间内的快速表现之作，因能说明我的教学意图于是将其展示出来。可见白描技法能为速写提供最佳的表达方法，值得借鉴和推广。

图例 2-27
与图例 2-28 是慢题作业与快题作业的对比
图例 -27 为用传统的素描式调子手法临绘的照片作品，显得呆板，千人一面，个性不鲜明。大家可以多尝试一下这种对比训练法，先画一张素描式的再绘一张白描式的比较一下，体会其中的不同。

图例 2-28
现在开始要求画者以白描形式临绘照片。目的是为了要适应将来设计草图快速表现的需要，考虑到初学钢笔画，带有严重的素描调子惯性，因此先顺其自然画几幅钢笔调子的画，再逐步以快题作业的方法进入白描式写生作业。

图例 2-29

快题作业的特点是只能用一只笔画到头，而不像素描式作业那样，可以交换使用不同的笔号（如0.2 、0.3 号配0.5 、0.6 号笔等）。我一般喜欢用派克金笔，画时可粗可细；另外，用英雄牌特级颜料型黑色墨水，画起来线条流畅不涩。提示：先仔细揣摩眼中的照片，做到胸有成竹后方可下笔，错了就将错就错，但一定要画完。

图例2-30　浴室系列1
以白描手法勾轮廓，以乱线表达阴影或调子，这是笔者特别喜欢的一种方法。

图例2-31　浴室系列2
笔者对此幅画正中的坐便器和立式洗手盆特别满意，线条基本上做到了一步到位，准确且肯定地表达了对象。

第3章
建筑速写

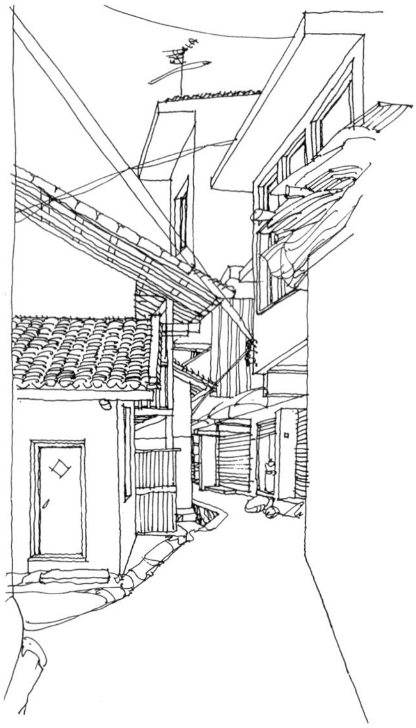

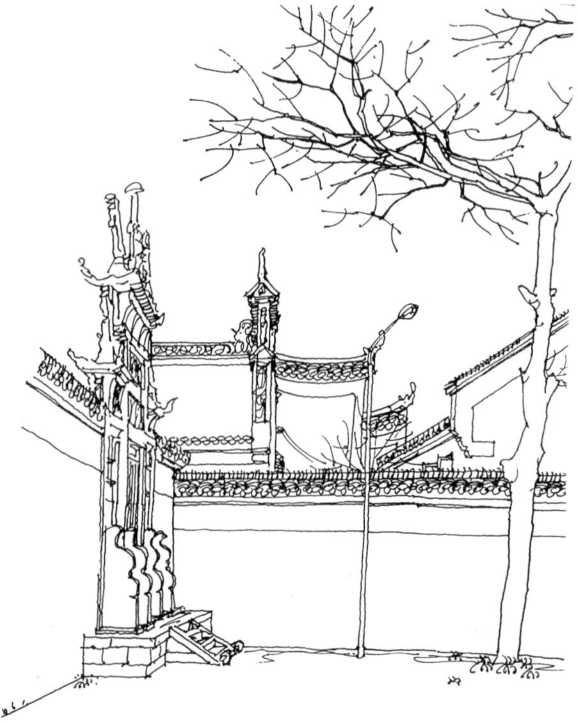

通过前面结构素描、花卉写生及临绘照片的训练，我们对使用钢笔这种工具应该比较熟悉了。从现在起我们开始建筑速写的训练。从时间上看，前面的训练作画时间可能从1小时到8小时甚至更长，而速写训练仅允许大家在30分钟至90分钟之内完成。从距离上看，在前面的训练中，我们面对的对象，如静物写生只有三至五米，透视现象不强烈，而在画建筑风景速写时，画者是站在十米甚至更远的物像之前。我之所以选择建筑速写作为速写题材是因为建筑的空间尺度感强，透视现象明显。画好建筑速写是为了训练、培养学生的透视感、空间感和尺度感，一句话培养画者三维空间的理念，而这种思维习惯对于将来的设计创作起着十分重要的作用。建筑师或画家都需要画建筑，但目的不同，前者是通过画建筑提高艺术修养与表达设计语言的能力，而后者画建筑则是反映画家对建筑的感受。

1. 速写的定义

速写是通过画者对物像进行敏锐的观察，将最深刻的感受在较短的时间内，用简练、概括的绘画表现形式，记录下物像的主要形体特征的一种写生形式。从题材上看，它可以分为人物速写、动物速写、建筑速写、自然风景速写[1]等。本篇的重点是建筑速写，从字面上分析，速写中“速”意谓着时间短，“写”就是用笔要肯定、概括和简练，而不是“描”，速写最忌“描”。“描”的心态多为不肯定、犹豫徘徊、似是而非，这在速写中应该回避，速写强调写意，要“以形写神”。有人称速写为建筑师、设计师的“速记术”，是他们做视觉笔记的表现方式，是记录生活感受、积累创作素材的一种重要手段。速写由于是短时间内的既兴之作，因此具有高度概括、简练以及个性鲜明的特点。

2. 速写的目的

正如以上所述，速写的主要目的有三个：一是练笔，培养手、眼、脑的相互协调能力和表现能力；二是收集素材，积累形象语言，获得感性知识；三是培养敏锐的观察力和艺术概括能力，培养空间思维，包括透视感、尺度感等。

速写既是造型艺术中不可缺少的一项基本功训练，又是设计过程中便捷快速的一种表达手段，因此

图3-1　岳麓书院藏书楼

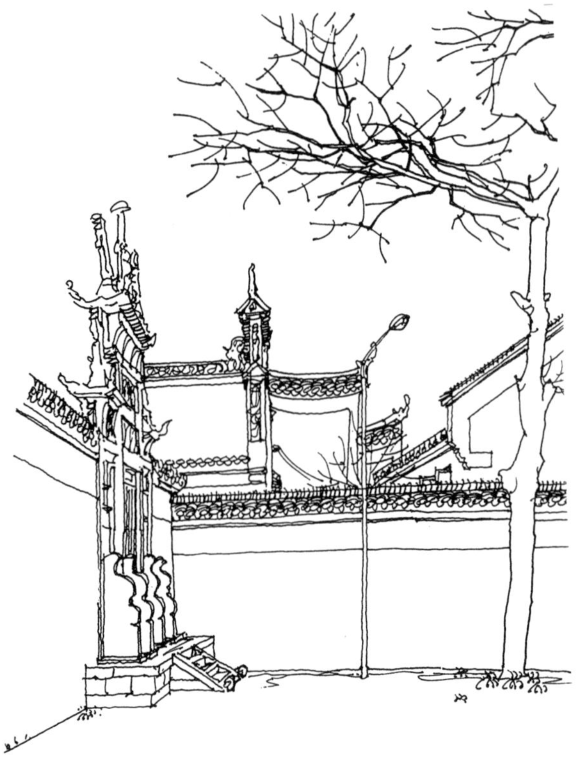

图3-2　岳麓书院文庙后门侧面

速写历来受到建筑教育界的高度重视。对于建筑师、设计师而言，速写是体验自然、感受自然、搜集素材、激发个性思维的一种有效的视觉训练手段。许多人在进行设计创作时挖空心思、苦思冥想，仍感到设计的艰难，这是因为素材的积累太少了，脑中无物才会在提取时感到不知可从。还有一些人在设计创作时喜欢翻阅大量书籍资料，殊不知长久下去会抹杀设计师的创造力[2]。在信息化的社会中，时间意味着一切。"快"是当今每个设计师必须具备的素质，而速写则是达到彼岸的最佳途径。因此，作为一名未来的建筑师、设计师一定要练好速写这门硬功夫。

3. 速写的表现形式

绘制第一张速写时，您可能会因为惯性采用素描的方法，即用明暗调子的复线画法来描写对象（图3-1）。虽然用这种方法能把建筑体量表达得生动扎实，但作画时间也会相对延长（对于初学者而言）。在建筑速写的训练中，其目的不是明暗调子素描的重复，或理解建筑物的体量明暗关系，而是培养画者用笔的概括能力和空间的感悟观察能力。光影变化、黑白灰关系不是本篇训练的重点。有人做过一项有趣的实验，让一群孩子与一名画家同时以最快的速度用笔去表现同一对象时，训练有素的画家与儿童一样，都采取了捉形的最佳手段即以单线造型绘制[3]。因此，在这一章建筑速写训练中，强调使用单线画法，运用线的强弱、粗细、快慢去表现对象的主要特征，能用一根线表达的绝对不用两根线。由于钢笔单线最纯净，也最明确，宜于表达形体结构的转折关系，对表达建筑的曲折凹凸十分有效，所以单线画法有概括力强的特性（图3-2、图3-3、图3-4）。用单线描述对象是东方传统艺术的结晶，也最能满足速写的要求：迅速、概括、简练，因而单线画法是本次训练的重要表现形式。

前面的调子素描训练要求画者作画要深入细致，而速写由于作画时间的限制，要求用极其简练、概括的线条语言表达物像的形体特征，两者是有很大区别的。但是作为线条的基础训练阶段，二者是不能相互取代的。素描是速写的基础和桥梁，速写是素描的浓缩和提炼。速写强调的不仅仅是一种训练，还可作为艺术的一种终端表现形式。好的速写与一幅成功的油画一样，具有独立存在的艺术价值。古今中外许多艺

图3-3　小巷深处

图3-4　老邓的宅院

术大师如德国绘画大师门采尔、建筑大师格罗毕乌斯[4]，他们除创作了出许多不朽的绘画及建筑名作之外还留下了大量珍贵的速写作品，得到了艺术界极高的评价和广泛的重视。

4. 速写的工具

钢笔、墨水和白纸。

钢笔：笔者喜欢用两种类型的钢笔，一种是财会人员用的极细笔；另一种是类似派克笔一类的较粗的签字笔，有时也使用针管笔。很多书上还推荐使用美工笔，即弯头笔。

墨水：笔者采用上海英雄牌染料型黑墨水，这种墨水的特点是不堵笔头，书写流畅。

白纸：我推荐用A4（210mm × 297mm）的复印纸，经济且随处可得，便于收集整理。

5. 速写的手法

5.1　构图　透视　取舍[5]

首先是构图。速写和其他任何艺术表现形式一样十分强调构图，要勾画出最能打动你心灵的那幅场面。构图不仅仅是招式问题，还涉及到视觉修养问题。不能用僵化的几招几式就能够确定构图的好与坏的。其次要注重透视关系，要把所学的透视知识运用到速写中来，培养眼睛的“透视”三维能力，掌握好透视规律。再者就是决定取舍，要善于观察，善于发现，不能看一眼画一笔，巨细不漏的照录照收，一定要概括地取舍，要以少胜多，以简达繁，不求面面俱到，有时还可以将错就错。

5.2　眼观　心悟　手写[6]

从思维过程来看，速写一是眼观、二要心悟、三靠手写。眼观是认识和了解，心悟是判断和分析，手写是再现和表述。建筑速写主要是对景写生，但决不是对客观物像的镜像模仿，不仅要画出物像的客观存在表象，还要强调作者对所画物像的主观感受意象。即以物花为对象，但写的确是心花，强调主观能动性（参看图例3-20）。

5.3　以形写神　形神兼备

速写应吸收中国传统绘画中的写意手法和中国书法的用笔方法，要以形写神，不拘泥于形似，落笔要肯定，讲究线的力度和韵律。画速写一定要先立意、要意在笔先，强调画面中的主观感情因素。作为一名设计师，不但要敬业爱业，还要热爱生活，用心灵去感受客观世界，从中去发现美，去发现新意和情趣，并随时以速写的方式将这种感受记录下来。另外，建筑速写还应该保持一种基本踏实的形体感，“形不准则线无所依”[7]，不要走极端。完全抽象的建筑速写也不是不可以探讨的，但抽象过头容易跨人纯粹形式主义的范畴，这是比较高层次的追求，对初学者不宜，这也和在现场对景写生的建筑速写要求不相吻合。

5.4　整体把握　局部入手[8]

速写不可能像素描那样有充足的时间打底稿，然后再深入到局部。速写在技法上要求做到胸有成竹、下笔肯定；整体把握，但从局部入手。用线要明确，落笔即形，线条最忌断断续续，似是而非，行笔时要做到沉着稳健，在稳中求准。有时线条画不准确，不必顾虑或急于修补，将错就错，只要在以后的线条中保持透视的准确即可。没有必要再画一条较准确的线条去

图3-5　凡高用一组组短促的排线来表现神经质的动荡不安的情绪。

较正。自信比什么都重要，画图时要充满信心，略有偏差但显自信的线条，常常胜过准确却犹豫不决的线条。

5.5　培养个性　完善自我

速写过程中一定要大胆用线，要流畅不呆滞。艺术不是公式，要发挥个人的长处，强烈地去表现自己对客观物像的真情实感；要充分发挥个人的想像力和独创性；要敢于尝试，勇于创新，不要一味地模仿别人的画法；要大胆热情地去表现，发挥个人在表现上的独创性，不断发展自己的艺术风格。例如，凡高的钢笔画没有受过专门的速写训练，也没有继承多少传统技巧，但是凭借他对生活的独特感受决定用笔形式，他常用一组组短促的排线来表现神经质的动荡不安的情绪[9]（图3-5）。

5.6　循序渐进　持之以恒

对于初学者要克服害怕在众人面前露脸的羞怯心理，要敢于到建筑实景面前去实画。记住你是在学习，在训练，不必把每一幅速写都当作精品对待，放松些，画多了自然就会熟能生巧。速写贵在坚持，在日积月累的过程中你的画面也会日益变得生动而富有情趣。通过速写不断地与大自然交流还可以使你变得聪慧起来，你会对许多别人熟视无睹的景象产生浓厚的兴趣与情感，你比别人更善于发现和表达它们，当你强烈地想把这些表现出来时，你的笔会自然而然地带上感情色彩，而这一切靠坐在房里临摹是办不到的。我们反对根据照片来画速写，那会失去速写原始的乐趣和意义。

6.　建筑速写的窍门

下面是我在速写过程中发现的几点小窍门仅供大家参考，不很成熟，或许会给你以启示。甚至有时是我说伯牙而你想到子期[10]，只要能对你的速写有所帮助，就达到了我的目的了。请记住“临渊羡鱼，不如退而结网”，对于速写只看不动手是不行的。

技巧1：把每幅速写当作一次去求透视的效果图作业来对待，心中找好灭点，按透视规律来创作速写，这样能够培养您的透视感。

技巧2：处理好“收”与“放”的问题。一般来说形体轮廓、室内空间界线应该用收法，较精确地描绘出来；而局部表现阴影、暗部、质感倒影可用放法，即用笔要洒脱、飘逸，用流畅、潇洒的线条勾画出物体的阴影或暗部，这样能达到活跃整个画面气氛的功效。

技巧3：受光面可用快速勾线画法，一笔到位；背光面可用描的方法准确地找出形，因为前者速度快，线条较细，而后者速度较慢，线条较粗。这样就会产生线条的粗细变化，从而增加线条的透视效果。

技巧4：速写时切记不要让物体固有的熟悉形态（即所谓的“形象恒常性”）影响您用透视法绘制物体的实际形态，正如画色彩写生时要防止固有色的干扰而要适当地融人环境色一样。

技巧5：心中一定要有透视观念，构图要大胆，善于留白，为了画得快有时要记住一些程式化的画法，如古建筑屋面的小青瓦或树、枝、叶的简约方法（图例3-4、图例3-6）。

技巧6：“现”与“隐”，不必将画面的每一部分都去仔细地绘制，只要重点描绘你想表现的部分，掌握好取舍的分寸即可。

图例3-1　岳麓书院藏书楼

一般来说刚从素描转向钢笔速写时，大多数画者均有一个素描的惯性阶段，也就是喜欢用线条的重复来塑造形体，喜欢用素描的眼光看待对象，但在建筑速写中这是大忌，那么如何做到用单线的形式快速表现对象呢？

1. 多看多临摹优秀作品，看别人是如何用简单的线条表达复杂的形体。

2. 平时多临一些白描作品，一是练笔；二是观察他人是如何用单线塑造形体的。

3. 多实践不怕羞，不要将每一幅速写当“经典”作品去画，这样做思想包袱太重，要放松，先不要急于动手，画前多看多观察所要表达的对象，画时则一气呵成。

这幅画是作者大学时代第一次去速写的作品，明显地打上了素描的烙印。原稿尺寸：A4，笔具：普通钢笔，耗时60分钟。

图例 3-2　岳麓书院文庙后门侧面

注意同图例 3-16 进行比较，图例 3-16 也是同一地点不同视角的速写作品，可见二者风格迥然不同。本图画时先从左边大门的上部开始作画，前面原本是荷塘，后被作者省略掉。记住：速写时先确定视点，注意消逝线的走向不能错。

作者：吴卫，原稿尺寸：A4，笔具：派克金笔，耗时 30 分钟。

图例 3-3
荫马塘小巷，这是午睡后的一个速写，现这条街已被清理整顿，看不出往昔的繁华。
作者：吴卫，原稿尺寸：A4，笔具：0.5 派克金笔，耗时 40 分钟。

图例 3-4　小巷深处

此幅作品右边留白处理得较好，画面有疏有密。可见速写就是要抓住有重点的、感兴趣的东西去画，要大胆地删除无关紧要的东西，速写是作减法。

作者：吴卫，原稿尺寸：A4，笔具：0.5 派克金笔，耗时 30 分钟。

图例 3-5　老邓的宅院

此幅画是坐在一个小板凳上所作，故视点较低。自行车画得很轻松，一气呵成。请注意右上的挑梁“牛腿”的透视变化不对，但也无伤大雅，将错就错，重在整体把握画面。作者：吴卫，原稿尺寸：A4，笔具：0.5 派克金笔，耗时 40 分钟。

图例 3-6　岳麓书院赫羲台
此幅重点是画树，作画时已是深秋，树叶都落光了，有感树丫交叉凄楚的美，即兴而作。
作者：吴卫，原稿尺寸：A4，笔具：0.5 派克金笔，耗时 40 分钟。

图例 3-7　古麓山寺

此幅画的笔误是右边的门墙画低了一些，狮子座础画小了一点，显得力不从心。不要紧，喜的是有在众多和尚面前作画的勇气。

作者：吴卫，原稿尺寸：A4，笔具：0.5 派克金笔，耗时 30 分钟。

图例 3-8　湖南大学四舍建筑 94 男生 108 寝室
运笔有趣味，重点是门框中的景物，且有近景远景，透视变化较大。
作者：芦建松，湖南大学建筑学硕士，原稿尺寸：A4，笔具：美工笔，耗时 40 分钟。

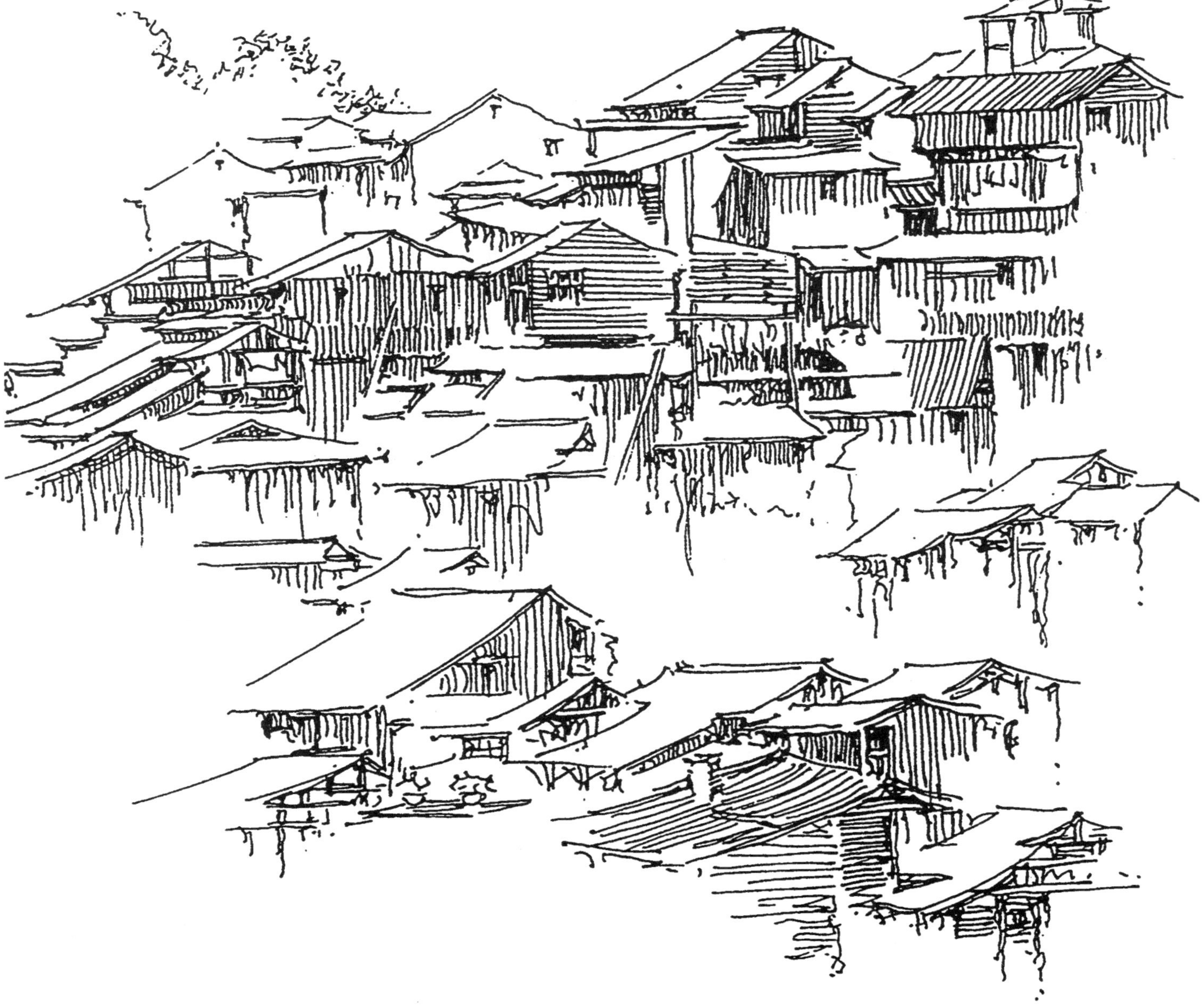

图例3-9　福建南平民居（1983.6）

图片来源：齐康．线韵．南京：东南大学出版社，1999．29

此幅画疏密得当，运笔洗练，取舍得恰到好处，耐人寻味。坡屋顶为受阳面较亮，屋身为背阴处较暗，前面的院落大些，后面的小些，拉开了景深。

纸张大小不详

图例3-10　石板寨
图片来源：建筑画. 北京：中国建筑工业出版社,(11)：43
用石块的大小疏密来构图表现画面的远近和质感，可谓独具匠心。图中右上的小鸟活泼可爱，属点睛之笔。
作者：王其钧

图例 3-11　新化县城

这是一幅以建筑师的眼光看到的画境，作者运笔酣畅干练，画面线条疏密运用得当，可以感受到作者活跃的思维和奔放的才情。请注意跳脚楼暗面的表现，干脆利索。

作者：张枬博士，中南大学建筑系系主任，教授。

原稿尺寸：A4，笔具：普通美工笔。

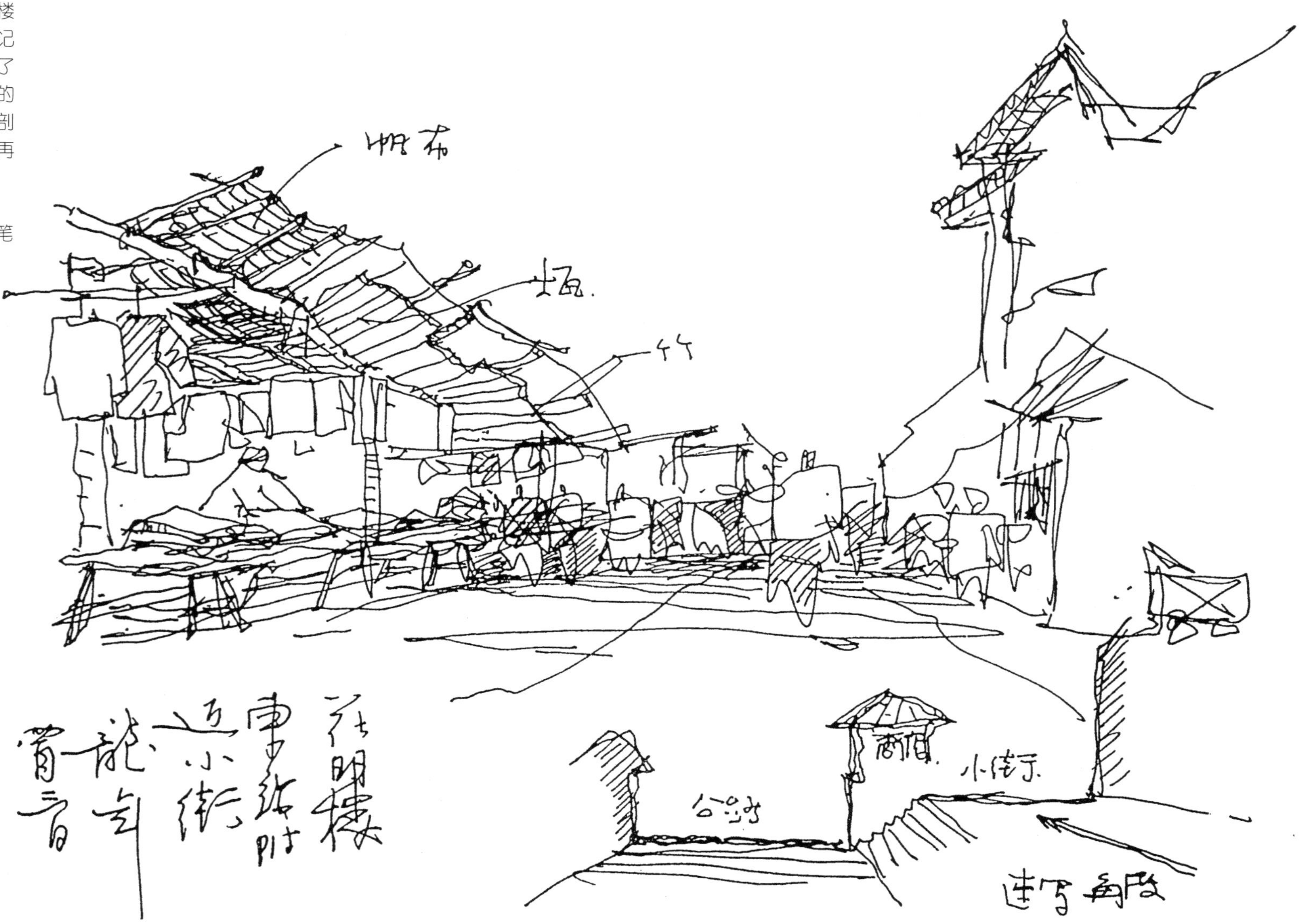

图例3-12　花明楼
这是一幅视觉笔记式的速写，注明了写生角度、铺架的材质，并绘制了剖立面，轻松写来，再现了小城的繁华。
作者：张杓博士，原稿尺寸：A4，笔具：普通美工笔。

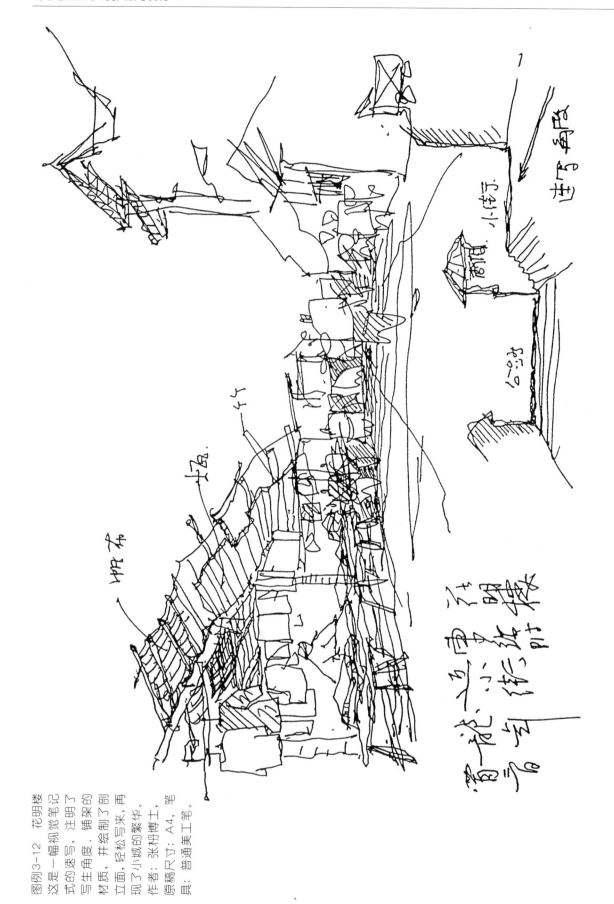

图例3-13
湘南民居
运笔快捷干脆，如张举毅老师的性格一样刚正不阿。张老治学严谨，每画一幅速写作品，都要画上好几遍，直到满意为止。
作者：张举毅（湖南大学建筑系教授，著名水彩画家，笔者的速写课老师）
原稿尺寸：A4，笔具：1.2针管笔+毡头笔。

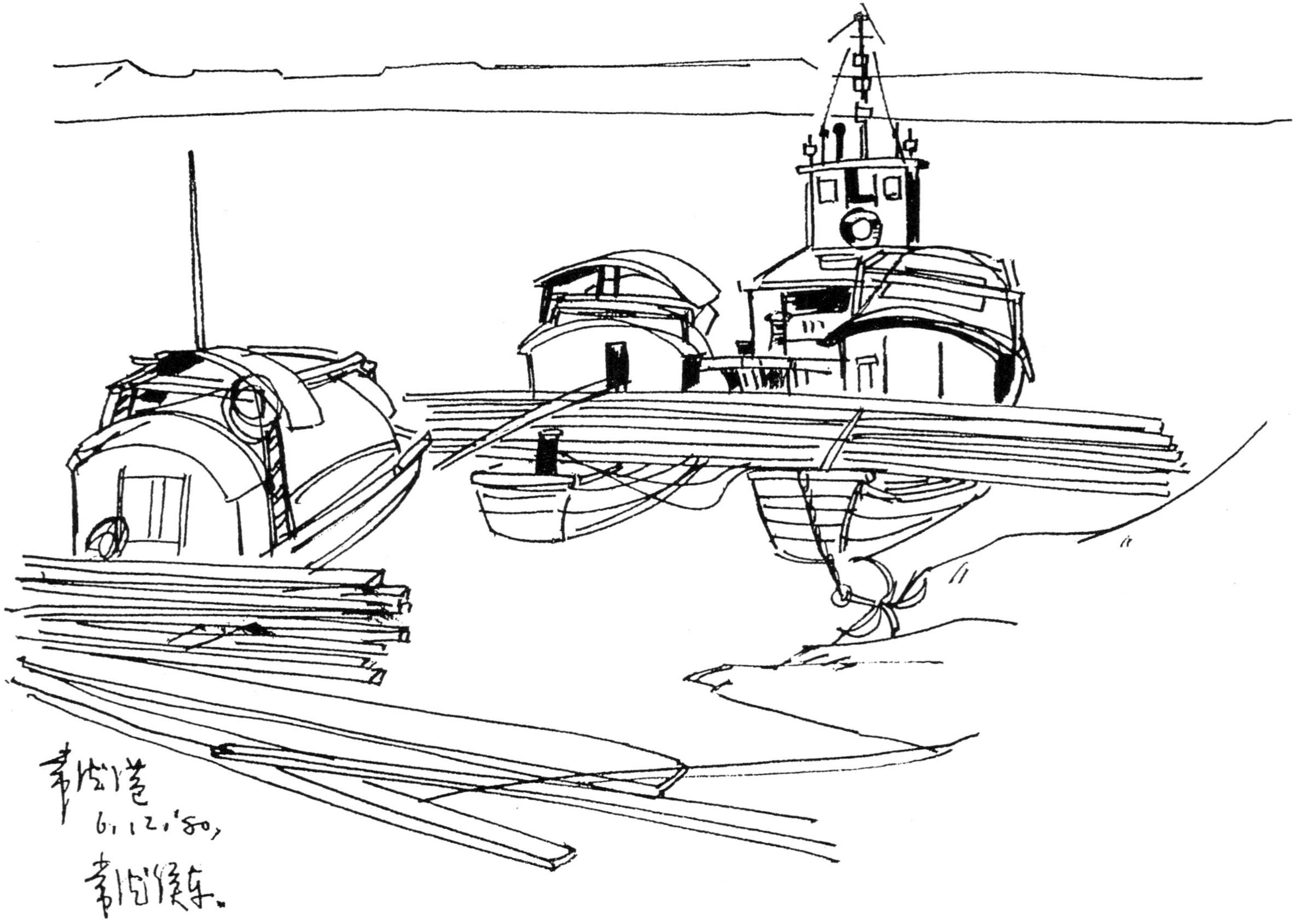

图例3-14　常德港
此画透视难度大，形体较有趣，线条洗炼干脆。张老师要求自己很严，他说这是第十遍的作品，他喜欢一些偶然取得的意外效果。
作者：张举毅，原稿尺寸：A4，笔具：1.2 针管笔。

图例3-15
小桥人家
左边船的倒影虽是寥寥几笔，但是很见功底。张老师的速写喜欢用单线加色块，黑白反差大，没有中间调子，较难掌握。他不喜欢画得很辛苦的速写，认为那样就失去了速写的真正涵义。他欣赏在短时间内画出的作品，否则"请回家画照片去吧"。
作者：张举毅，原稿尺寸：A4，笔具：1.2 针管笔。

图例3-16　岳麓书院文庙后门（参看图例3-2）

贺国强先生本科毕业于湖南师范大学艺术学院国画系，硕士毕业于湖南大学工业设计系，这幅画是本书作者从其速写本中直接复印下来的。其画风独特，拙笔生花。古建、老树形体在他笔下稍作变化，就变得妙趣横生，值得建筑业师生赏鉴。因为，大多数设计专业的学生喜欢如实地反映对象，不敢做较多的变形，也不知如何去变形。形体的惯性束缚了他们的思维，其实只要符合透视规律，适当地变形是很有意思的，大家不妨试试。

作者：贺国强，原稿尺寸：A4，笔具：普通美工笔。

图例 3-17
岳麓书院文庙后院
此树原本肚子不大，电线杆也很直，改变形体后却与众不同。可见主观感受可以产生无穷的魅力，“心花来自物花”，皆因有心才脱俗。因此，艺术源于自然而要高于自然。速写是一定要用自己的主观意识来调剂的，否则便会落人俗套。
作者：贺国强，原稿尺寸：A4，笔具：普通美工笔。

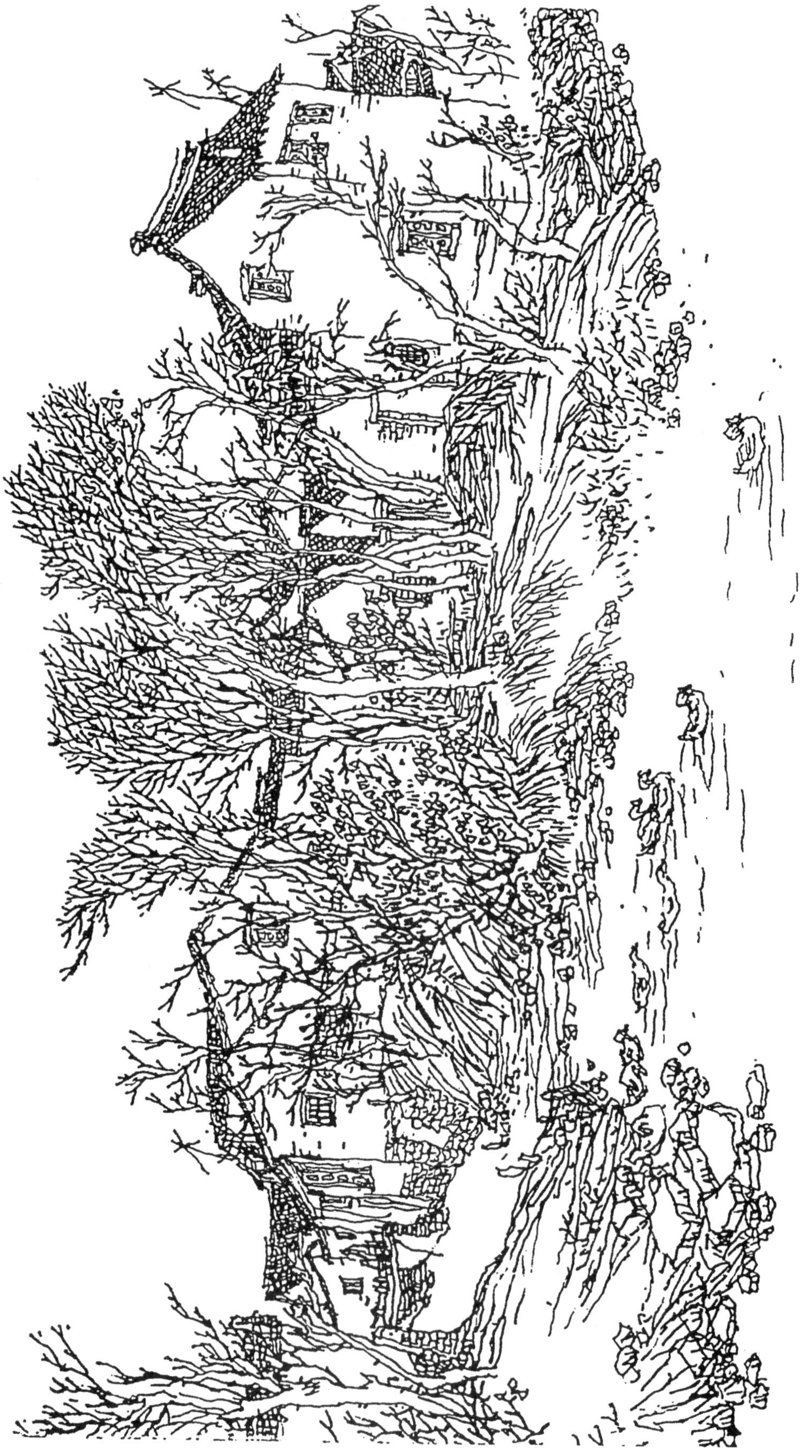

图例3-18 小溪

图片来源：魏志善．速写．上海：上海画报出版社，1997

这是一幅国画家的速写作品，将生活写真艺术化。画家画建筑重意境，建筑物是画中的村景。作为建筑学的学生应该多看这类艺术作品，从不同侧面去感悟速写的涵义。

图例3-19
第一次看到这幅画时，就被其深深地吸引，这样复杂的画面被作者一挥而就，痛快淋漓，令人拍案叫绝。请注意每排树树干大小的变化。另外，作者重点表现前面的古树，其他树一带而过，从明暗的角度表达了景深，产生了较强的空间感。
作者：何镇强，清华大学美术学院教授。原稿尺寸：A4。

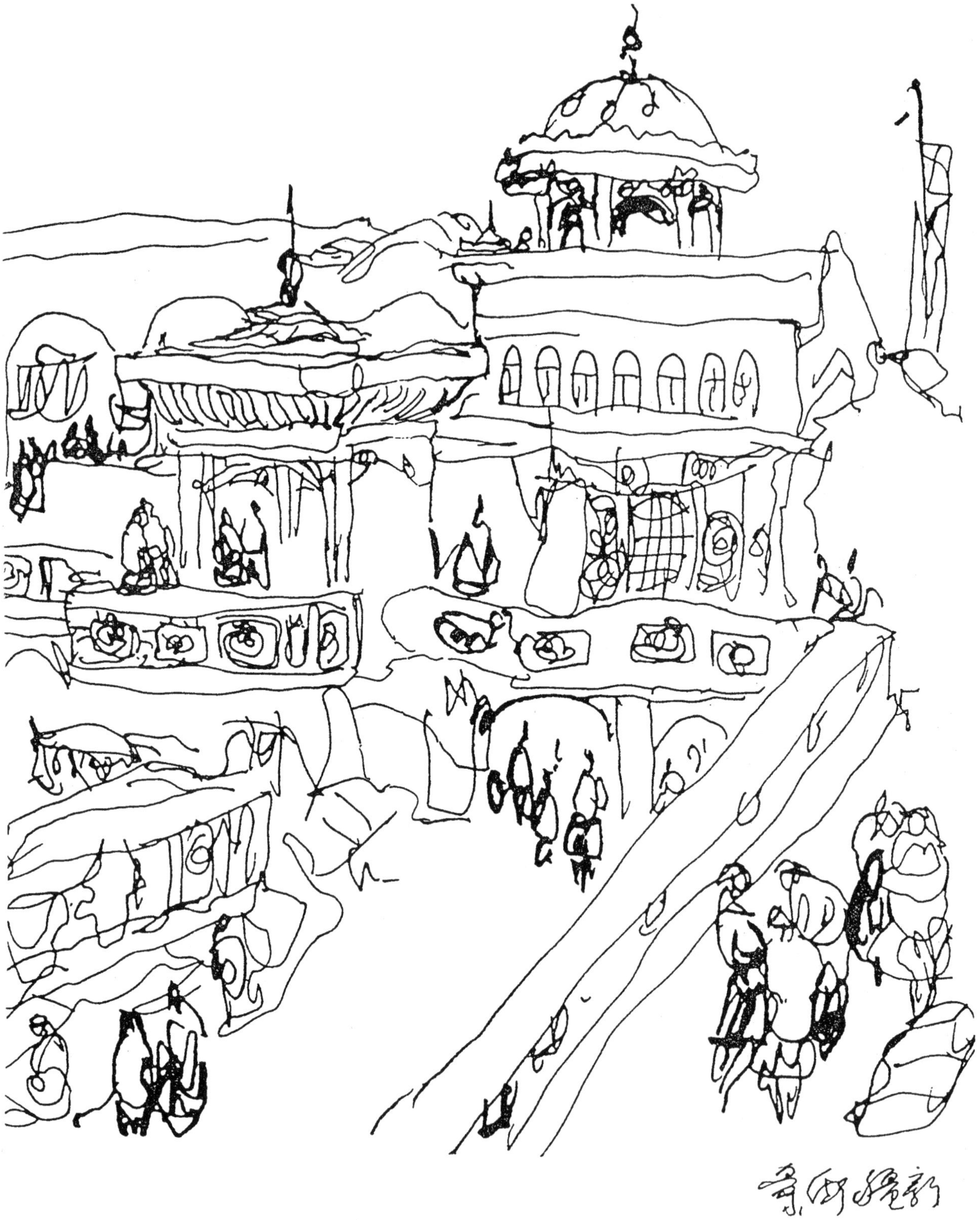

图例 3-20　新疆街景

赵贵德先生的画已经到了一种至高的境界，在其眼中的“物花”已经“心花”了，客观对象通过画家妙笔处理更显艺术化，其线条真可谓龙飞凤舞，可见形体已不能束缚画家的思绪，所有的景象到了赵先生眼里已是写意画中的囊中之物了。

作者：赵贵德，河北省美术家协会副主席。

图片来源：赵贵德．新速写表现实技．沈阳：辽宁美术出版社，1995

第4章 视觉笔记

- 人物形态
- 交通工具
- 室内陈设
  - 家具
  - 洁具
  - 其他

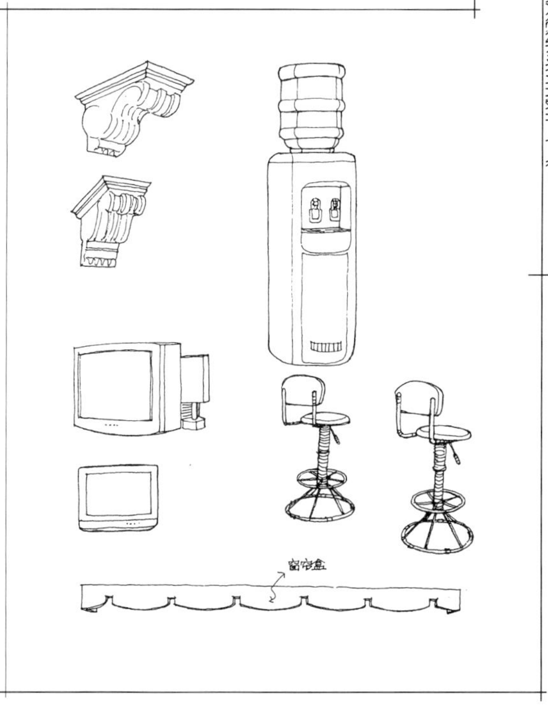

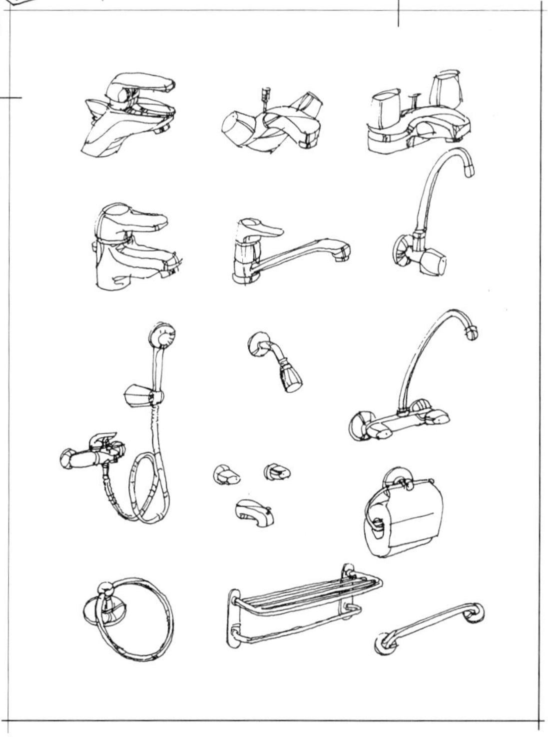

神笔马良是中国传说中的画童，因为勤奋好学、嗜画如命，感动了上苍，授予其神来之笔，以后画什么像什么活什么。马良的笔是靠勤奋而来的，才有了后来的成功。今天我借这个传说谈谈视觉笔记的重要作用及如何开展视觉笔记。现在的数码相机既方便又直观，上网查资料各种图片也唾手可得，在速写本上下苦功的不像以前那么多了（若有也被讥笑为过时），设计师的手上功夫也跟着走下坡路了。当然，信息时代给了我们许多方便，但却使人们更加懒散和浮躁，很少有人谈设计原创了，因为抄袭拼贴已经成了快速“创汇”的有目共睹的事实，难怪有人老抓住我们的知识产权问题大做文章。学术界拼贴现象也有过之而无不及，有人一年内编几本书，翻开一看东拼西贴、南抄北袭，也不注明出处，这是学术的腐败和道德的沦落。国务院学位委员会学科评议组（艺术学）专家、清华大学美术学院博士生导师杨永善教授在给美院全体博士生、硕士生做如何“撰写学术论文”的报告时，特别谈到了个人笔记的重要性，他告诫大家做学问是一定要下苦功的，只有不断耕耘才能找到神来之笔。

1. 视觉笔记的定义

1.1　视觉笔记的动机

最初我们做视觉笔记的动机很可能来源于一个非常实际的情况，这类笔记很可能是通常的文字笔记的补充。这之后当视觉笔记变得和文字笔记一样容易时，它不仅成为一种获取实际信息的方法，而且也打开了一个新的丰富的视觉世界[1]。文字与图画放在一起，能够有助于表达更多的整体特性，能在很多方面为你展示自己也许受到文字的限制而难以表现的某些方面，图画可以向人们展示你是如何观察事物以及感受事物的。作家是用日记来收集思想火花的，当写作时机成熟时，这些思想火花就可以串在一起，成为创作的原始材料。设计师也一样需要做笔记来搜集创作灵感和设计素材。

1.2　视觉笔记是设计师图形手记，是视觉劳动产品

大多数人通常在初中学业后，就学会用书面语言来理解别人和表达自己的感受。视觉笔记就是设计师手记，是与文字记录相对应的图形记录；视觉笔记是记录以视觉信息为主的图像信息（图4-1），这些视觉信息是用文字所不能描述清楚的。如果说作家、诗人用文字符号来理解世界和表达情愫，那么，设计师则是以图形笔记来描述视觉感受和进行设计创作的。视觉笔记可以记录自己的也可以转载他人的，是设计师的视觉劳动产品。

1.3　视觉笔记是具有生命的思维载体

记录视觉信息的能力将有助于人们在这个丰富而复杂的世界中提高和扩大自身的眼界和知识面。因为视觉笔记就像人们上课、听报告和读书时所做的笔记一样，是从整体中提炼出来的、具有自身生命的思维载体，是鲜活的、有个性的。这种记录性绘画通常是有分析性的，它们不像一张图片那样只是简单地再现，而是拆开了的、烙上人的思维的描述。视觉笔记将原本只不过是散乱的、没有生气的图像，赋予秩序和思想，从而产生新的关系和认识。与艺术家

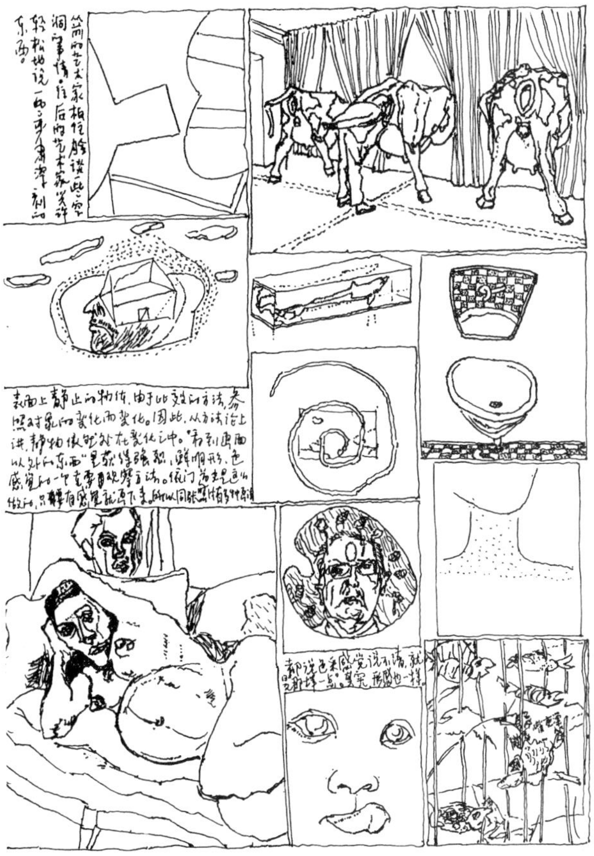

图 4-1 “从前的艺术家板住脸谈一些空洞事情，往后的艺术家兴许轻松地说一些严肃深刻的东西。”作者：杨一江，清华大学美术学院博士生。
图片来源 杨一江. 误读笔记. 北京: 中国文联出版社，2001

绘画作品相比，视觉记录需要独到的观察力和好奇心，他不过是一种新的表现符号，对记录的绘画技巧要求不高，因为视觉笔记主要是用来解释大脑一时萌发的灵感和已经选定了的信息的。

2. 有关视觉笔记的争议

2.1 速写与视觉笔记

速写是我们过去的叫法，如一些名为速写本的笔记本至今仍在卖，现多指建筑、设计、绘画专业用以快速写生的笔记作品。而这里的视觉笔记是源于美国人诺曼·克罗、保罗·拉塞奥合著的《建筑师与设计师视觉笔记》中的称呼，从这本书的视觉笔记概念来看它涵盖了速写及其他有关视觉艺术的笔记。现今速写的概念往往是一幅建筑师或画家的写生作品，不多见以文字记录的形式叙述，而且也可能还是后期加工过的；但可以肯定地说视觉笔记中的画多为原始的速写及心得记录，可能是创作的雏形或半成品。视觉笔记不仅仅是记录所见所闻，有时也是对某项设计任务的偶发灵感的记录，是受他人启发后的反馈记述。而速写多指有参照物、有现实对象进行快速写生时所记录的视觉笔记，当然它也隐含了许多画者当时的绘画感受。

2.2 照片与视觉笔记

照片是从一个特定的视点精确地复制出所能见到的东西，而视觉笔记则是记录了作画人最感兴趣的一部分视界。照相机不能记录思想，也不能记录肉眼一下子就看明白的其他东西，照片是从一个特定的视点精确地复制出所能见到的“物花”而不是“心花”。视觉笔记可以展现我们的观察和当时的所思所想，可以着重描写某一局部，而照相机只能将对象等量地再现，不能做加法更不能做减法。勒·柯布西耶曾经说

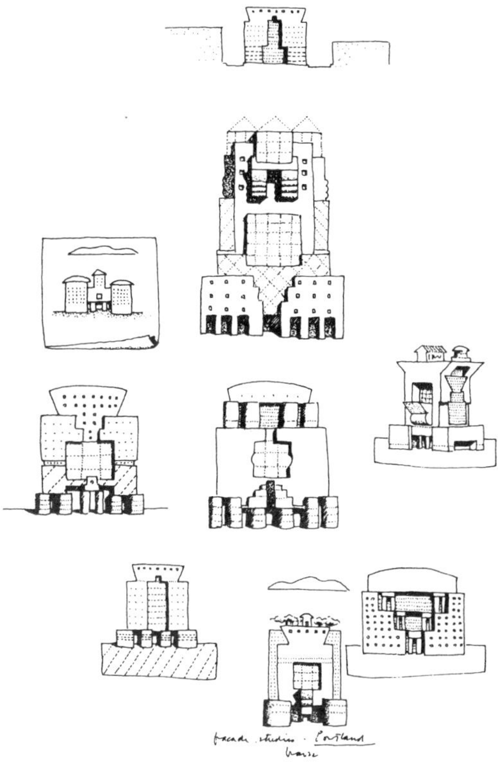

图 4-2 这是格雷夫斯从速写本上取出的视觉笔记，被用以作为波特兰市政厅竞赛图纸的一部分。
图片来源: [美] 史迪芬·克里蒙特. 建筑速写与表现图. 北京: 中国建筑工业出版社，1997

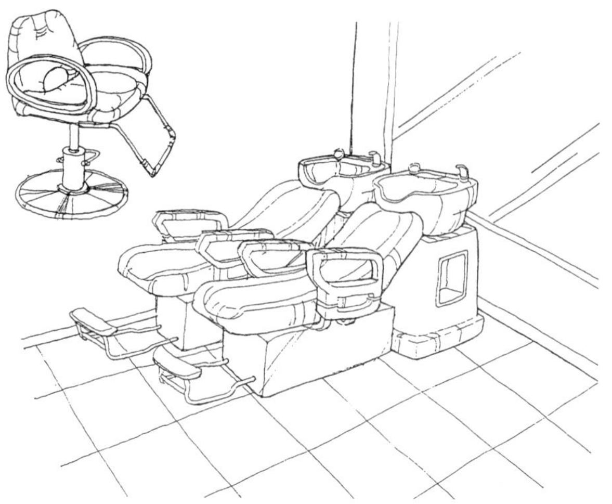

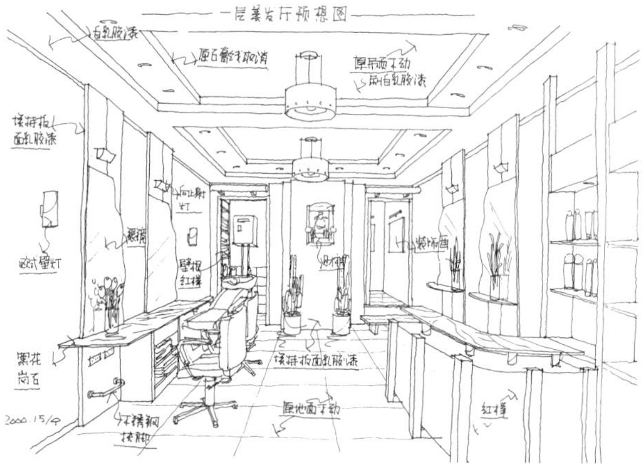

图 4-3
上图是陪同妻子理发时，即兴而画，没想到过了几天便有人请我设计美容美发院，此幅视觉笔记便派上了用场。下图为某美容院大厅方案草图，请注意图中的洗头椅就是从上图的视觉笔记中而来。

过，照相机“阻碍了观察”。如果说照片是所见事物的复制品，那么视觉笔记就是对所能看到的事物如何看的记录。视觉符号不必真实表现所见的物体，而是从不同角度去表现这些物体，有时甚至需要移动或旋转物体的某些部位来表达单一视角所不能见到的东西。用笔记录远远胜过照相机被动的、机械的记录方式，在记录过程中人的视觉器官主动地应付和有生气地选择所摄入的对象。因此，虽然照相往往是实用而方便，但缺乏视觉笔记的许多特性，是不能取代人的视觉劳动的。

3. 视觉笔记的作用

3.1 激发形象思维

大家知道形象思维的两个重要环节是想像和联想，而想像和联想是深厚的生活基础与主观意识相结

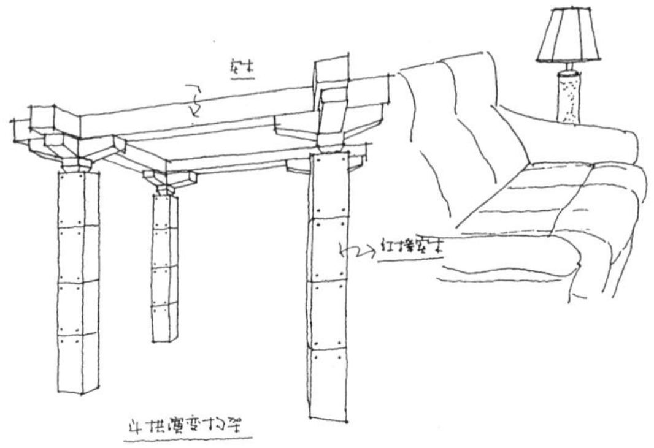

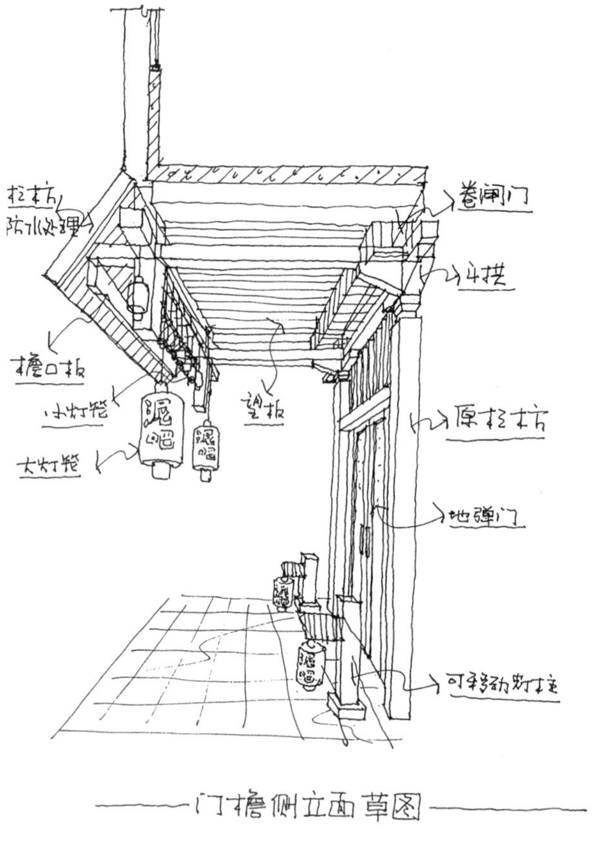

图 4-4
上图是在湖南大学建筑系资料室阅读杂志时所绘的笔记。注意画中的斗拱演变构架，在下幅的“泥吧茶”茶吧设计中被采纳作为柱头的参考，在阅读中应该消化吸收一些有使用价值的符号，通过记笔记将其牢牢地印在大脑中，以备将来设计时使用。

合产生出的两种特定的思维形式。想像依托头脑中存贮的信息库，一旦被某一线索激活，就会运作起来，产生联想，二者在思维结构上具有承继性和互传性。视觉笔记就是为想像和联想创造物质手段和建立信息库，而且思想与图像之间相互激发又能产生新的想像和联想。文字语言是以技术为基础的工业化时代的符号载体，而图像声讯则是后工业时代的主要媒介。由于人们的想像力与图画之间有着密切而直接的关系，使得这种最古老又最时髦的表现方式依旧是一种最有效的启发思维的方法。设计视觉化有助于有效的思维，视觉语言有助于有效的思考和讨论。

3.2　提高视觉修养

视觉修养包括两方面：视觉敏锐性和视觉表述性。"拳不离手，曲不离口"，通过视觉笔记能够培养我们迅速捕捉形象塑造的能力、深入刻画的能力、取舍概括的能力，还能锻炼组织协调画面的能力、控制把握全局的能力、表现情绪心态的能力，这些能力的培养，无疑将提高视觉敏锐性和表述性，提高视觉修养。一个人的洞察力可以通过不断地思考和观察而得以加强，而其绘画的表现力也能同步提高。许多设计师、建筑师在旅行时做笔记，以便记录下对新产品、新环境的真实感受，培养视觉的敏锐力，还提高了自己的速记能力。记录视觉信息有助于开发视觉化能力和视觉语言，做视觉笔记还有助于灵活地思考，它可以通过提供视觉的线索或提供引起人们反应的刺激物来转变观念以及开辟调查研究的新途径[1]。

3.3　搜集设计素材

视觉笔记主要是设计师用于收集各种图形资料，进行创作的（图4-3），不必讲究构图和用笔，只要求达到收集设计资料和捕捉灵感的目的即可。使用速记本去记录你喜欢的设计构思或作品，这不是侵权，这是为了学习，通过研究和发展，还可能会变成属于自己的东西。我认为形象语言也有其特定的美的形象语汇，如古希腊的柱式、帕提农神庙的东立面等经典视觉语汇。在收集视觉笔记资料的同时，默绘一些你感兴趣的符号，有助于为将来快题设计做意象资料的准备（图4-4），符号的解构、重构及借鉴是设计创作中常用的手法[2]（图4-2）。西方建筑史上任何一个流派都是对过去传统的继承和创新，其中不乏借鉴以往的成功符号，如文艺复兴继承和沿用了古希腊的柱式和古罗马的穹顶。有经验的设计人员，看一幅作品也许把更多的注意力放在作品中所表现的设计手法及符号上。一幅设计作品如果所运用的语言符号到处都是抄袭来的、组合起来又较生硬，那么她的形象再动人，也不过是他人作品在视角上的演变而已。因此，搜集素材并不意味着鼓励大家去抄袭，而是借鉴，并要由此延伸出自己的东西。如果一幅作品十成有七成是抄来的，那就违备了视觉笔记的初衷，而是一种嘲弄和亵渎了。

3.4　记忆的功能

当人们与艺术的载体——建筑、绘画、雕塑发生视觉碰撞时，为了留下对所见之物的深刻记忆，人们就会运用他的大脑和眼睛去画图，一旦印象被笔所记录，它就进入脑皮层铭记不忘，将美好的感受永远留下了。做视觉笔记除了可以让我们不断进行视觉劳作外，这些图像还能让我们想起当时所发生的事。有些视觉笔记可能只是支言片语，却提供了与设计有关的信息反馈。这种预备性的研究记录了探索的过程，以某种方式表述了因一种给定意旨而引发的思考，这可以为日后决定性的构思打下基础（图4-2）。这些画本身就是非常实验性的，它们根据主题的不同而产生变化。你的速写可能不像柯布西耶的速写那样有价值、为大众所接受，但将成为个人创作灵感的"硬盘"[3]。柯布西耶从开始建筑生涯就准备了口袋大小的小册子作为速记本，用来记录想法、视觉印象和建筑轶事，笔记本的数量多至70册以上，记满了柯布西耶一生的所想、所见[4]。

4. 如何开展视觉笔记

4.1　多观察多思考再下笔

大多数人绘图时遇到的困难是由于没有花时间去仔细观察对象，导致实际应用时望而却步，以至于懒于动笔。当然初学者刚画时常常是耗时的，所以应该从自己感兴趣的主题开始。除勾画整体结构之外，还要把局部节点同材质等表达清楚。假如，在开始时你发现所绘对象太复杂或太大，无从下手，这时应做的是从这个对象的一小部分开始。如何开展视觉笔记的目的是鼓励人们去开发与使用视觉记录技术，特别是简洁、快速、有效的视觉记录。对事物不仔细观察的人，他们记录的画面也是残缺不全的，而那些认真观察并且加以识别的人们就会得到十分有效且理性的视觉记录。

4.2 用白描法少用影调法

做视觉笔记首先也是最重要的是要对自己打算画的对象感兴趣；其次，选择便于最佳记画的突破点；最后应采用白描画法，少用繁琐的影调法。必须学会着重某些细部而简约另一些细部。中国白描用难以置信的简练画法表达了令人信服的真实感，值得借鉴。因而在全神贯注于完整的形体时，要用简练的轮廓线显示出独到的信息，削去一切不必要的细节，突出画面的重点。要克制自己，不在画面上加添排线及影调，着重训练手和眼，用尽可能少的线条快速画下可识别的对象，因为一根有意义的线条远远胜过丝毫不说明什么的含糊线团。

4.3 看重记录的过程而不是形式

你不要有自己所画的东西必须是艺术品的想法，这样作起画来就会轻松自然。孩子们常常会把画好的画扔到一边，又开始画另一幅，因为他们的画在自己眼中并不是有价值的东西，吸引他们的是作画过程中 的趣味性，而不是画好之后的炫耀或欣赏。初学者应把对精美图画的期望放在一边，投入到作画的过程中去。有些人的视觉笔记在别人眼里也许并不重要，甚至质量也不高，但其很具个性，坚持画下去就会有回报。视觉笔记重在记录的过程，重在锻炼作画者的心志。这里并不期望你所记录的文笔图画极佳，我们所要求的是清晰、准确。例如，勒·柯布西耶的手稿本身谈不上有什么优美之处，仅仅是些记录而已，这些手稿甚至乱得只有他自己能看懂，或许柯氏自己并不打算让它们具有很好的视觉效果吧，因为笔记本身只是一种记录的形式。

5. 结语

我认为大脑的记忆容量如果可以用电脑记忆存储器硬盘作比方的话，恐怕也只有几个 G 的储备空间，大脑容易将一些不常用的数据图像资料随时忘掉。人一天的记忆内容，7 天后如果不再使用恐怕就会当作垃圾被大脑所自动抛弃。因此，惟一的方法是多作有思考的视觉笔记，不断的耕耘笔墨，才能有创作的源泉。众所皆知马良是传说中的人物，更没有什么神来之笔，我们只有不停地进行艰苦的视觉劳作，才有可能有春花秋果及雨后绚烂的彩虹。

点滴体会

我们不主张先用铅笔作草图，然后再用钢笔详细绘制的方法。建议初学者直接使用钢笔做速写笔记，看到好的创意，马上记录下来。同时记录下材料、色彩、质感等，这些都有可能对我们今后的设计有帮助。用铅笔打稿，一是影响做笔记的效率；二是影响练笔效果。苦不苦，想想古人用毛笔写白描（那时还没铅笔）不更苦吗？但只要坚持养成习惯就好了。

外轮廓可以用粗线条；阴影部分可用潇洒的乱线“涂鸦”；受光面可用快速勾线画，一笔到位；背光面可用描的方法准确地找出形，因为前者速度快，线条较细，而后者速度较慢。

■ 有关人物形态

在建筑艺术表现的整个历史中，人物一直是作为创造动感以及确定场景尺度的手段。同时，人物也是表现画面进深的重要手段，通过人物大小的变化能够创造距离以及透视景深的错觉。做设计效果图时要求表现的人物姿态比较程式化，人物的面部表情可以不用过多地表现，甚至可以忽略不画。在建筑室内表现图中，适当地画一些人物，可以借人物比例看出室内空间的尺度，同时也能使画面更加生动活泼。建筑画人物多画背面，因为画正面难度较大，也没有必要花时间在这上面。因为我们的描述对象是设计空间中的建筑而不是人，相对于建筑而言，人物是次要的。

人物素描为什么要画裸体？这是我上大学时的疑问。只有少数人能认出老虎与老虎之间的差别，只有工程师才能判断机器的零部件画得是否走样，而画赤裸的人体，好坏一眼就能看出。因此，画裸体不仅仅是因为她（他）们的形体美感，而且能够检验和培养素描者的准确塑造能力。例如图例4-1，这幅画主要布置三组人体的姿式即站立、蹲坐和躺卧。左上站姿是当前模特儿比赛依然流行的姿式；右上是著名油画《泉》（法国安格尔，1856年）的女主人公的站姿；中右的坐姿是儿时观看舞剧《红色娘子军》中舞蹈表演家喜用的姿态；左下的卧姿是西班牙著名画家戈雅的油画《裸体的玛哈》及《着衣的玛哈》（1798年）中女主角的卧姿。学习领悟女性人体最佳的摆姿对于业余摄影、时装表演等均有裨益。

如上所说，画设计效果图中人物的首要条件是尺度：人物必须和他们所处的环境的尺度相适宜，而且人物自身的比例也必须很合适，这样才能使得人物各部分、特别是头部、脚部和身体的比例相互协调；人物距离观察者越远，我们所能见到的就越模糊。在许多情况下，我们很难看清被观察者的面容，只能意识到其形体的变化。其次是人物的衣着所传达的场所特征：在有明确的场所限制的环境效果图中，一定要注意人物的着装，以及季节、气候等条件的限制。第三要注意人物的生动性：在任何一个特定的时间里，人们在一个环境中总是处于某种状态，为了理解此点，在现实生活中应多观察和进行人物写生（图例4-2），或多看卡通画家的人物画，也许能从中找到一点感觉。

■ 有关交通工具

汽车是长方形盒子架在四个轮子上的能跑的“卧室”，要注意对称和透视线。画汽车我一般是先定好轮子，再画车身，车身一般来说小轿车是两个轮径高，中巴是2.5个轮径，大巴是3～4个轮径；另外，人与车站在一起时，小轿车比人矮两个头长，中巴则与人齐高或高出一个头长，而大巴则高出人一大半（图例4-5）。临绘汽车照片时，线条一定要肯定，一条线要拉到位才能停笔，轮廓线条交接处两线端要出头，这样显得线条俏皮而又轻松。

画客车与货车要注意车体对称中的透视变化规律，如近稍大、远稍小，选择透视变形较大的车辆临绘，视觉效果更佳。注意力要放在车头上，车头画好了，就成功了一半。摩托车、自行车的重点还是轮子，注意首先要画好轮子的透视变化，再加上骨架，形象就出来了。画摩托车、自行车，透视角度变化越大画起来越有趣味。画轮船与画汽车差不多，注意不要把整个船身画出来，留下船底没入水中，来几条飘逸的线表现水花，能增加画面的趣味性和动感。

■ 有关室内陈设

收集家具造型，把自己感兴趣的家具收罗到笔记本中，对于今后推敲室内设计草图中的家具造型颇有益处。也许有人认为这是在浪费时间，有资料图片、有照相机，没有必要再将其临绘一遍。这种观点是片面的，要知道，强调画那些读者自己欣赏的、经过认真观察后再表现出来的家具，会深深地印在大脑之中，将来绘制设计草图时，就可以从大脑信息库中将它们调出来并旋转透视角度、随心所欲地表现在设计预想图之中。

大家知道，家具式样是随处可以找得到的，但与你的设计草图一样视点的、相同透视角度的家具，恐怕不好找。这时可根据视觉笔记中的家具式样，将其旋转角度（与你的草图角度相同），就能表现出你的预想画面了。如果有时间建议你选择“片断式”地去描述家具的程设，这有两个好处：一个是培养眼睛的平衡能力，从一个角画到另一个角，同时注意透视的细微变化；二是有助于观察家具组合后的单体与整体的协调关系。对于餐桌、餐椅，要注意单体与整体的协调关系，注意大的透视概念，也就是在绘制每一个单体时，要注意它与整体的平衡关系，透视线走向要一致。另外，从餐桌上可以反映出饮食的习惯；如图例4-11所示，画面中这两组餐桌都反映了西方人的生活模式：分餐制，蜡烛、咖啡、葡萄酒。因此，在设计草图的表现中要特别注意餐桌上的程设，要根据中西方饮食文化特点来表现出甲方的地域特征和设计意图。

绘家具特别是椅子容易出错，对于多数初学者，椅子的四条腿的四个支点透视关系画不准，有时甚至出现四个支点落在一条直线上的情况。还有的椅背和椅脚的顶部与支点不在同一个层面上，常出现椅背高低参差不齐、椅脚浮于地面上或陷人地面之中的现象，这都是由于对透视规律不熟悉的缘故。还有的初学者易将所画的餐桌面向上翻转，这属于透视规律中“恒常态”现象，即只按心中想像的固有的常态尺度去画，而不按透视规律作画。一个很长的餐桌，在透视角度变化大的情况下，也许反映在图纸上的桌面就会非常短。因而作画时，脑海中一定要有**透视**的概念。

作为一名室内设计师，不可能经历和了解任何事，这就需要在实践中不断地学习。常言道：好记性不如烂笔头，做视觉笔记有助于设计师理解和认识新事物，加深对其的印象，提高空间思维能力。

作为室内设计师，在装修完毕后与甲方一起去购买灯具是常有的事，因而要经常关注灯具界的最新潮流，将感兴趣的灯具记录在笔记本上，当你不仅从资料上，而从商店里看到它们时，一定会感到特别亲切和兴奋。

洁具中水龙头是卫生间、厨房里难以避免要表现的小器具，希望读者有空时，有意识地记录下它们的形态，将有助于您设计草图的快速表现。卫生间中的三大件：浴缸、坐便器、洗脸盆，是卫浴设备的孪生姊妹，经常将感兴趣的卫浴设备记录下来，会有助于您的设计草图的绘制。作为一名室内设计师应该多方位了解社会，并处处留心观察。

绿色植物是设计效果图中不可缺少的饰物，甚至有人用以作偷懒和遮羞遮丑的道具。所以平时要多逛逛花市，这是从职业的角度出发，也是敬业的表现，幸运是降给有心且用心的人的！室内盆景不仅要画好植物，还要画好盆具。一些来自热带的室内观赏植物的优点是没有季节限制的常青树，树形没有大的变化，大家可以利用业余时间结合课堂有关观赏植物课的内容仔细研究，要紧紧抓住树干、树冠的特点进行临绘。

图例 4-1

这幅画主要布置三组人体的姿式即站立、蹲坐和躺卧，也是笔者最欣赏的几种具有普遍审美意义的姿式。例如，左上站姿是当前模特儿比赛依然流行的姿式；右上是著名油画《泉》（法国安格尔，1856 年）中女主人公的站姿；中右的坐姿是儿时观看舞剧《红色娘子军》中舞蹈表演家喜用的姿态；左下的卧姿是西班牙著名画家戈雅的油画《裸体的玛哈》及《着衣的玛哈》（1798 年）中女主角的卧姿。本范例说明视觉笔记最大的特点是可以选择自己欣赏的对象进行记录跟踪并思考，学习领悟女性人体最佳的摆姿对于业余摄影、时装表演等均有裨益。

图片来源：李元佑. 人体姿式1500. 香港：香港得利书局，1987

图例 4-2

很偶然的机会看到了卢建松同学在长沙平和堂偷拍的人物照片，这些照片本是为制作效果图留作环境衬景用的，我借来临这组照片的目的是想感受一下人们在随意自然状态中所流露出的真实表情和有趣动作。侧重于动感的细节临绘，目的也是为了将来作为建筑画的环境衬托物，大家知道人物是我们衡量建筑的一个重要尺度。

图片来源：卢建松提供

图例 4-3

注意由于这组图是偷拍的，故而很多是人物背影图，在绘制这些图片时，深深感受到人物举手投足之间的细微动作趣味。对于建筑室内设计师来说面部表情等细节不是刻画的重点，而人物四肢、躯干、头部的动感表现，才是活跃建筑画面的基石，也是我们应该刻意去表现和捕捉的。

注意：对于初学者最容易犯的毛病，恐怕不是七个头长的躯干问题，而是头长与鞋长的不一致。一般情况下，初学者喜欢画“小脚女人”，即头大脚小，而实际上通过临摹图片真人，你会发现头长的确接近鞋长，我的体会是宁愿头画小些，鞋画大些，也不要反其道而行之。

图片来源：卢建松提供

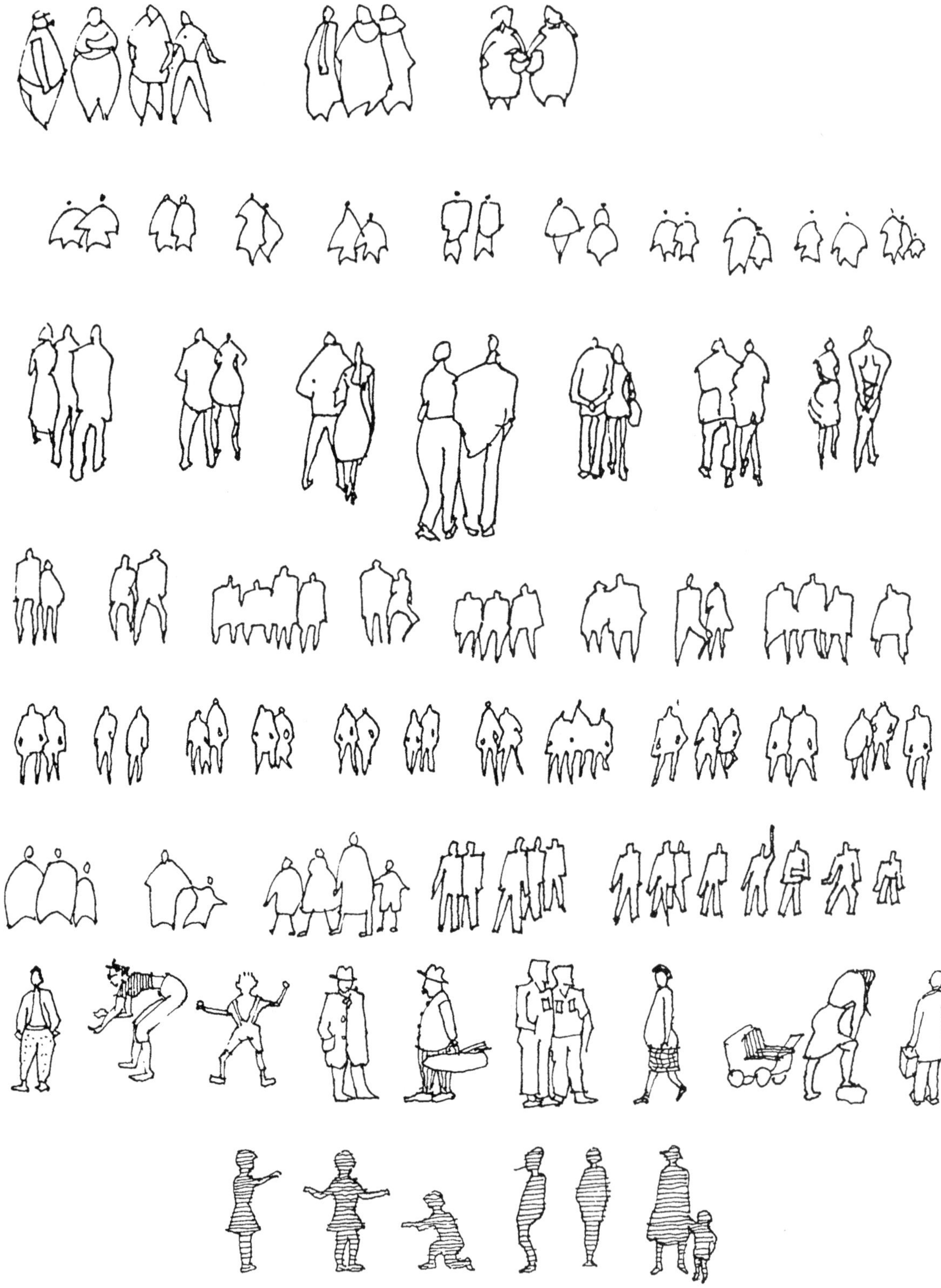

图例 4-4

这里列举了几组经典的漫画式抽象人物画，目的是给读者一种绘制抽象人物的启发和参考，可以记住几种不同的抽象绘制方法并运用到自己的建筑画中，或直接从中临摹几幅插人自己的画中。我认为画人物的要点有两个：一是尺度要准；二是要有动感。掌握好这两点，可不必太受传统人物“七个头长”等约束。

特别提醒：人物是用来活跃画面的，建筑绘画的重点是建筑而不是人物。

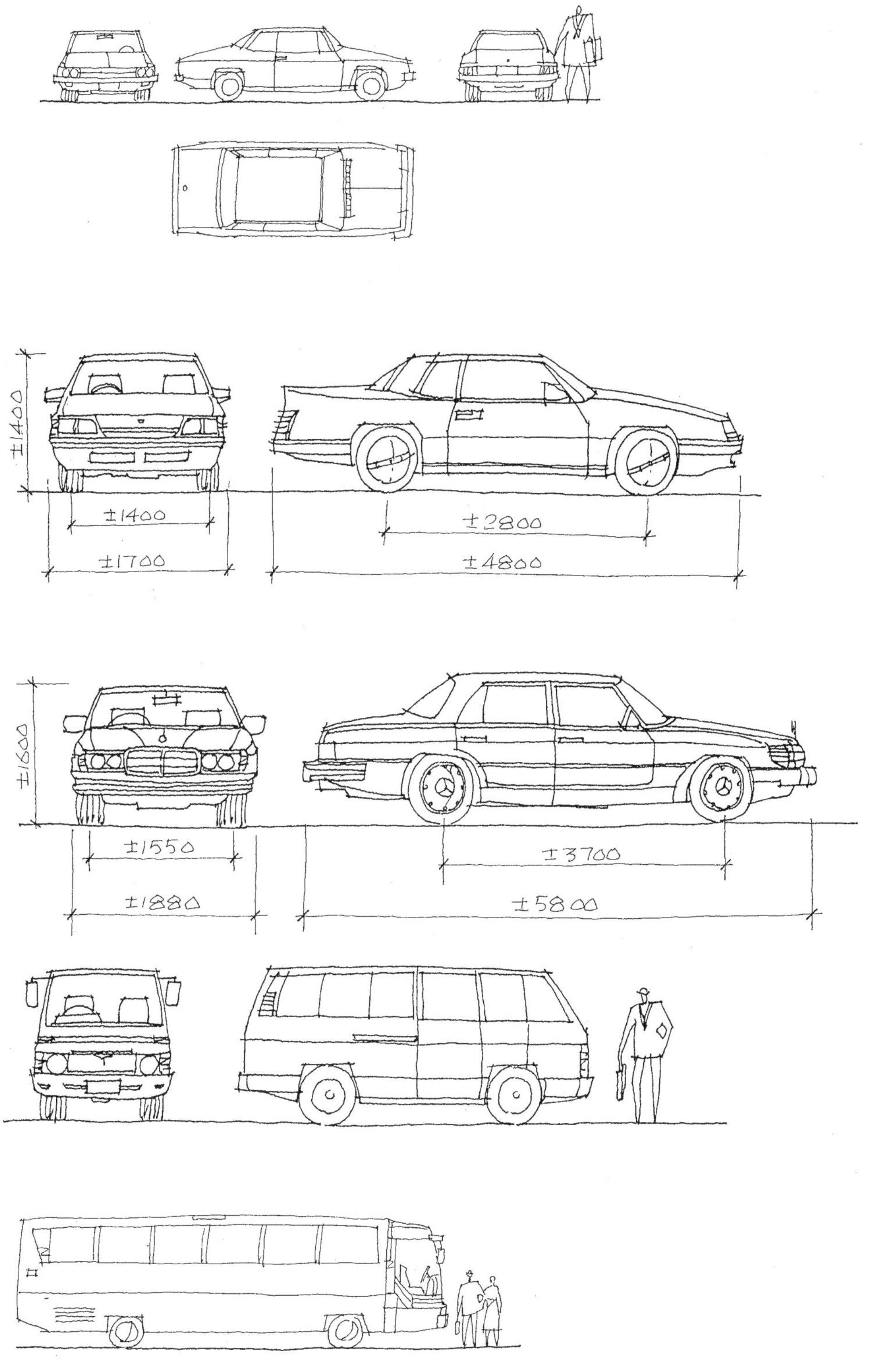

图例 4-5

原本想直接引用揭老师的原作，但由于复制的效果较差，加上老师已移居海外，只好自己重新临绘权当示范。

画汽车我一般是先定好轮子，再画车身，一般来说小轿车车身是两个轮径高，中巴是2.5 个轮径，大巴是3～4个轮径；另外，人与车站在一起时，小轿车比人矮两个头长，中巴则与人齐高或高出一个头长，而大巴则高出人一大半。临绘汽车照片时，线条一定要肯定，一条线要拉到位才能停笔，轮廓线条交接处两线端要出头，这样显得线条俏皮而又轻松。

图片来源：临自揭湘元先生的教学示范作品

图例 4-6

还是先从轮子画起，汽车是长方形盒子架在四个轮子上的能跑的“卧室”，注意对称和透视线。强调一点：交接线两端一定要出头，运笔要干净利索，也可先打好铅笔稿，再上钢笔线条。但最好训练自己不用铅笔打稿，直接用钢笔作画，培养作画者眼睛的平衡协调能力。

图片来源：临自揭湘元先生的教学示范作品

图例 4-7

画客车与货车要注意车体对称中的透视变化规律，如近稍大、远稍小，选择透视变形较大的车辆临绘，视觉效果会更佳。注意力要放在车头上，车头画好了，就成功了一半。

图片来源：临自揭湘元老师的教学示范作品

图例 4-8

画摩托车、自行车的重点还是轮子，注意首先要画好轮子的透视变化，再加上骨架，形象就出来了。画摩托车、自行车，我的体会是透视角度变化越大画起来越有趣味。

画轮船与画汽车差不多，注意不要把整个船身画出来，留下船底没入水中，用几条飘逸的线表现水花，能增加画面的趣味性和动感。

图片来源：临自揭湘元老师的教学示范作品

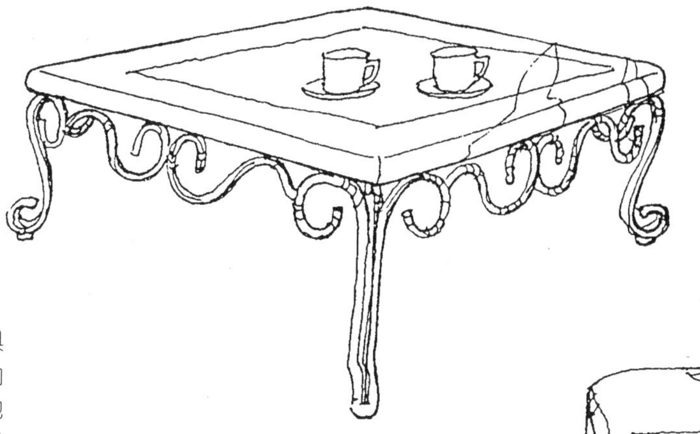

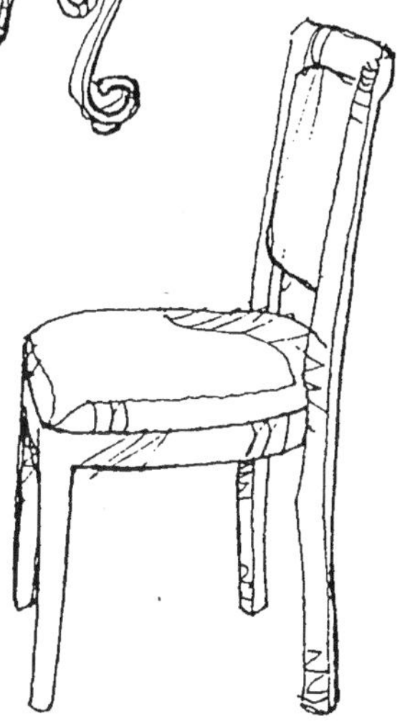

图例 4-9
收集家具造型，把自己感兴趣的家具收罗到笔记本中，对于今后推敲室内设计草图中的家具造型颇有益处。也许有人认为这是在浪费时间，有资料图片、有照相机，没有必要再将其临绘一遍。这种观点是片面的，强调画那些读者自己欣赏的、经过认真观察后再表现出来的家具，会深深地印在大脑之中，将来绘制设计草图时，就可以从大脑信息库中将它们调出来并旋转透视角度、随心所欲地表现在设计预想图之中。大家知道，家具式样是随处可以找得到的，但与你的设计草图一样视点的、相同透视角度的家具，恐怕不好找。这时可根据视觉笔记中的家具式样，将其旋转角度（与你的草图角度相同），就能表现出你的预想画面了（参考第 6 章设计草图的文述）。

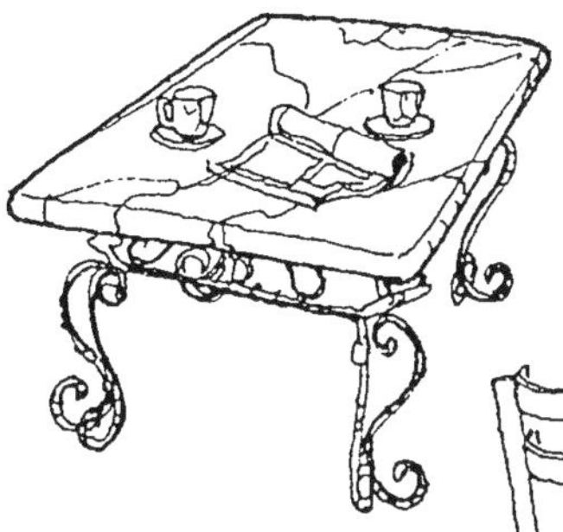

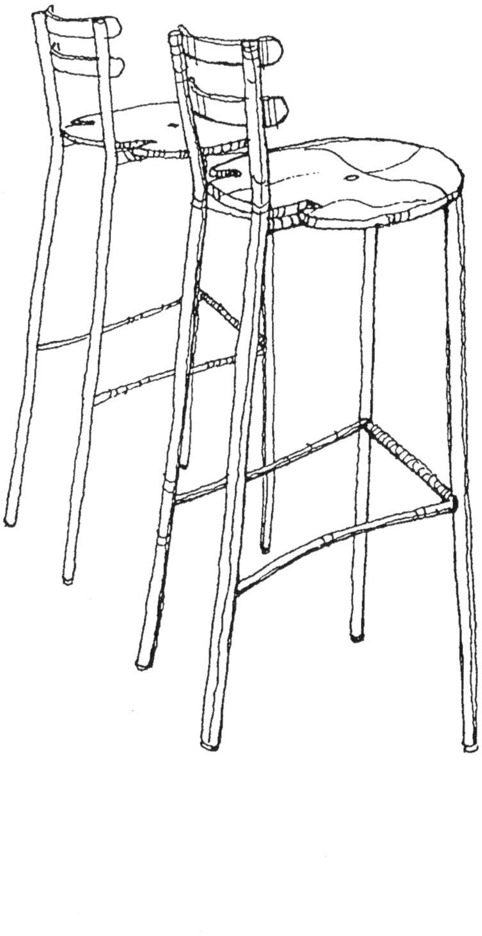

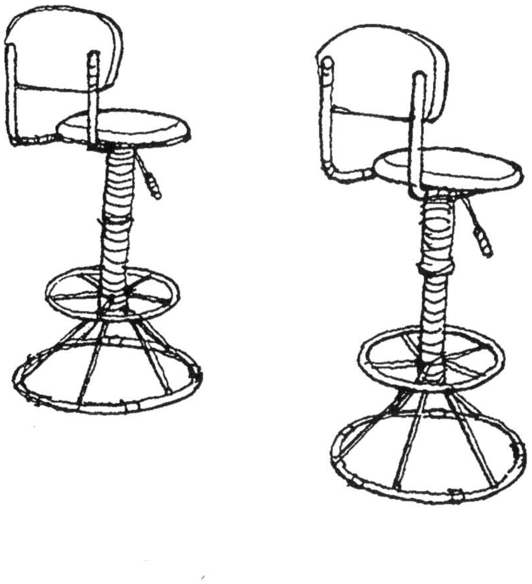

图例 4-10

如果有时间建议你选择上图所示“片断式”地去描述家具的陈设，这样有两个好处：一是从一个角画到另一个角，能够培养眼睛的平衡能力，同时注意透视的细微变化；二是有助于体会家具组合后的单体与整体的协调关系，从整体着眼，局部攻破。

图例 4-11

对于餐桌、餐椅，要注意单体与整体的协调关系，注意大的透视概念，也就是在绘制每一个单体时，要注意它与整体的平衡关系，透视线走向要一致。另外，从餐桌上可以反映出饮食的习惯，画面中这两组餐桌都反映了西方人的生活模式：分餐制，蜡烛、咖啡、葡萄酒。

提示：在设计草图的表现中要特别注意餐桌上的陈设，要根据中西方饮食文化的特点来表现出甲方的地域特征和设计意图。绘家具特别是椅子容易出错，对于初学者，椅子的四条腿的四个支点透视关系易画不准，有时甚至出现四个支点落在一条直线上的局面。

画外音：请重视透视规律，要有透视的意在，透视为形服务，形靠透视而存在。

图例 4-12

如上所述，初学者有一个容易常犯的毛病是椅背和椅脚的顶部与支点不在同一个层面上，常出现椅背高低参差不齐、椅脚浮于地面上或陷入地面之中的现象，这都是由于对透视规律不重视的缘故。初学者易将餐桌桌面画成向上翻转，这属于透视规律中“恒常态”现象，即只按心中想像的固有的常态尺度去画，而不按透视规律作画。一个很长的餐桌，在透视角度变化大的情况下，也许反映在图纸上的桌面会非常短。因而作画时，一定要有透视的概念。

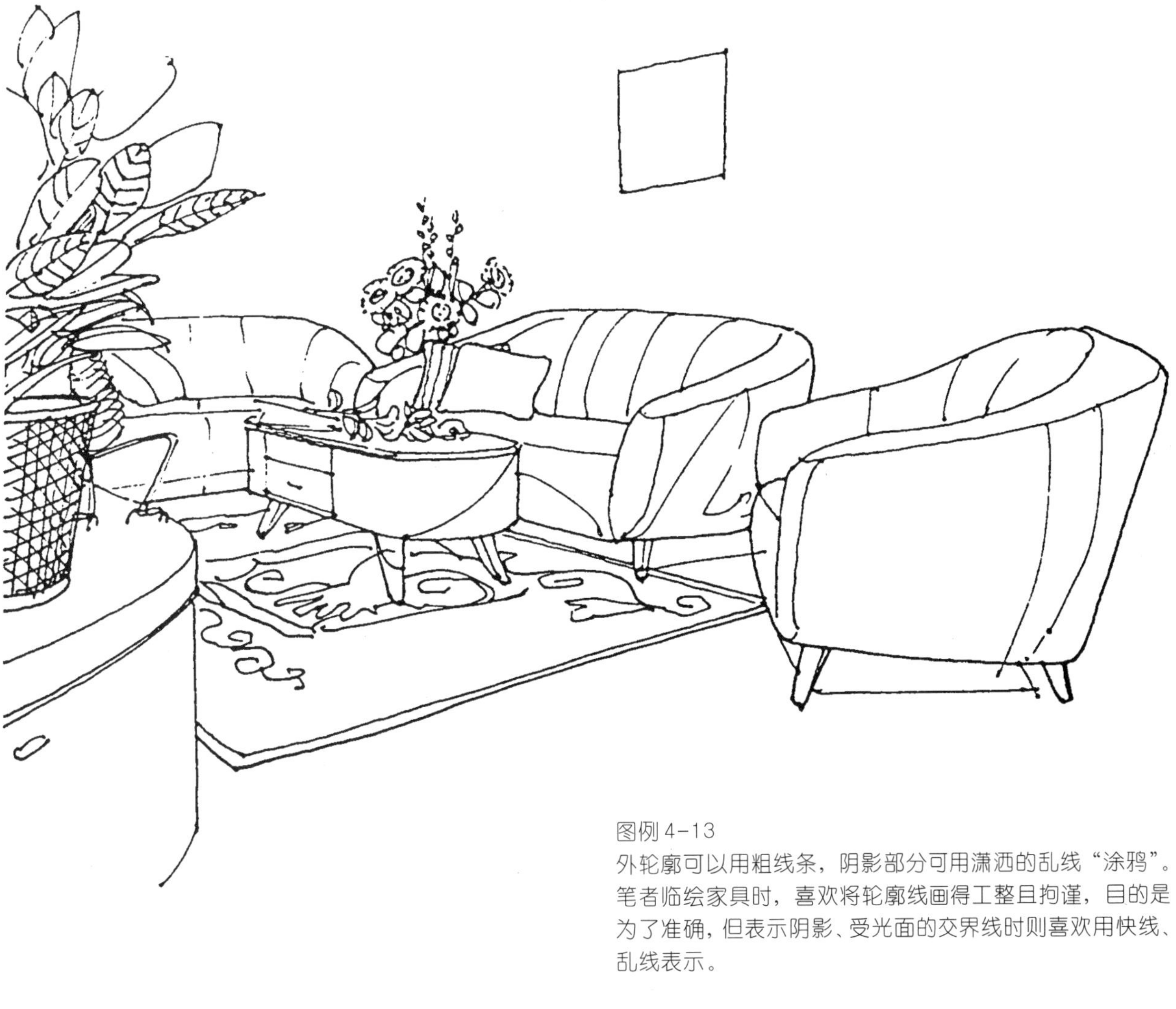

图例 4-13

外轮廓可以用粗线条，阴影部分可用潇洒的乱线“涂鸦”。笔者临绘家具时，喜欢将轮廓线画得工整且拘谨，目的是为了准确，但表示阴影、受光面的交界线时则喜欢用快线、乱线表示。

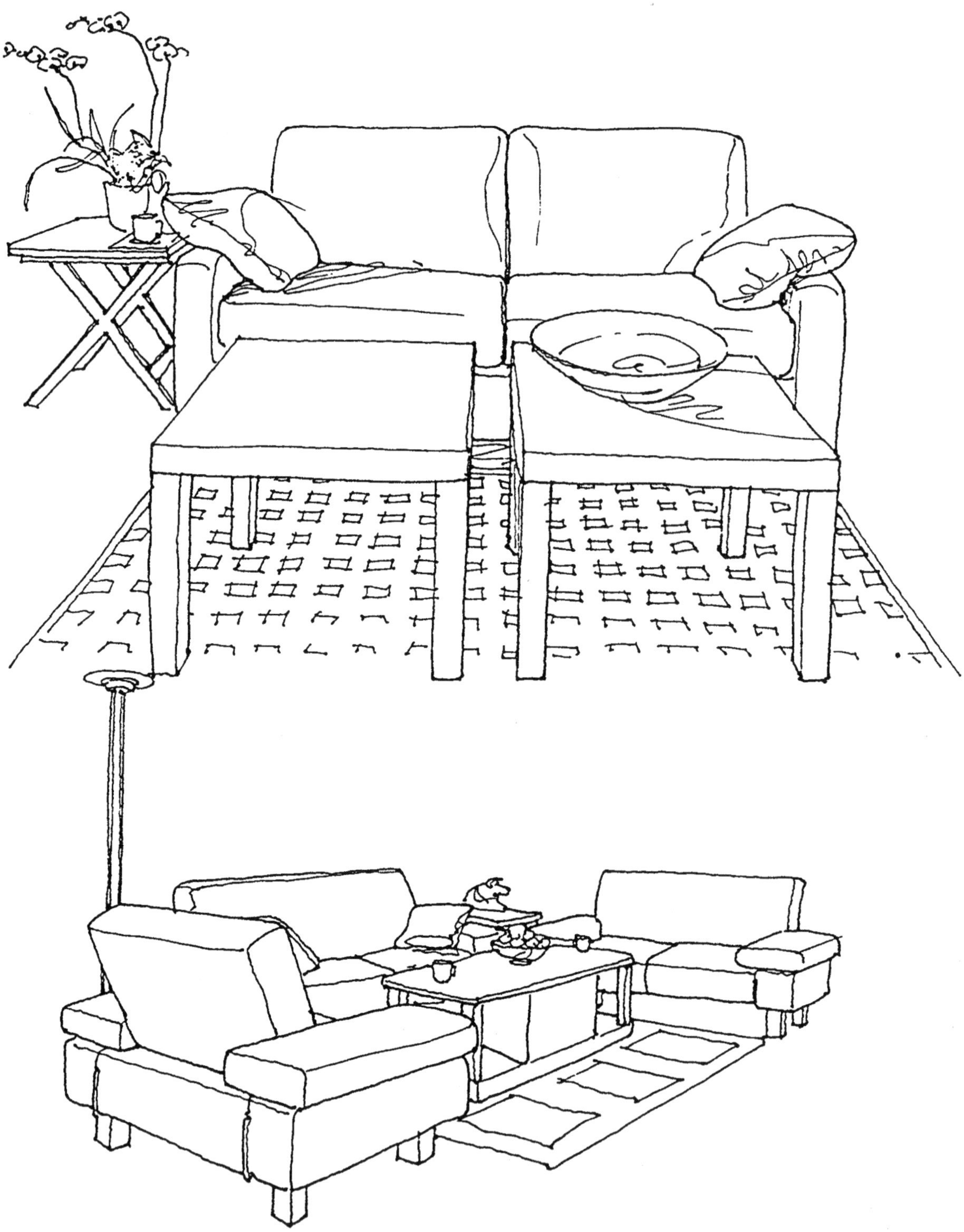

图例 4-14
注意上图：地毯图样的透视变化及桌面果盆的阴影，地毯图样小方格由小渐大，果盆的阴影则用轻松的乱线一笔挥就。
注意下图：沙发近大远小，沙发背顶与沙发支脚处在不同的层面上。

图例 4-15

下图：被杂志上的家具及地面打动，兴而记之。

上图：为设计某桑拿按摩院陪甲方购买桑那设备时所做的视觉笔记。作为一名室内设计师，不可能经历和了解任何事，需要在实践中不断地学习。常言道：好记性不如烂笔头，做视觉笔记有助于设计师理解和认识新事物，加深印象，提高空间思维能力。

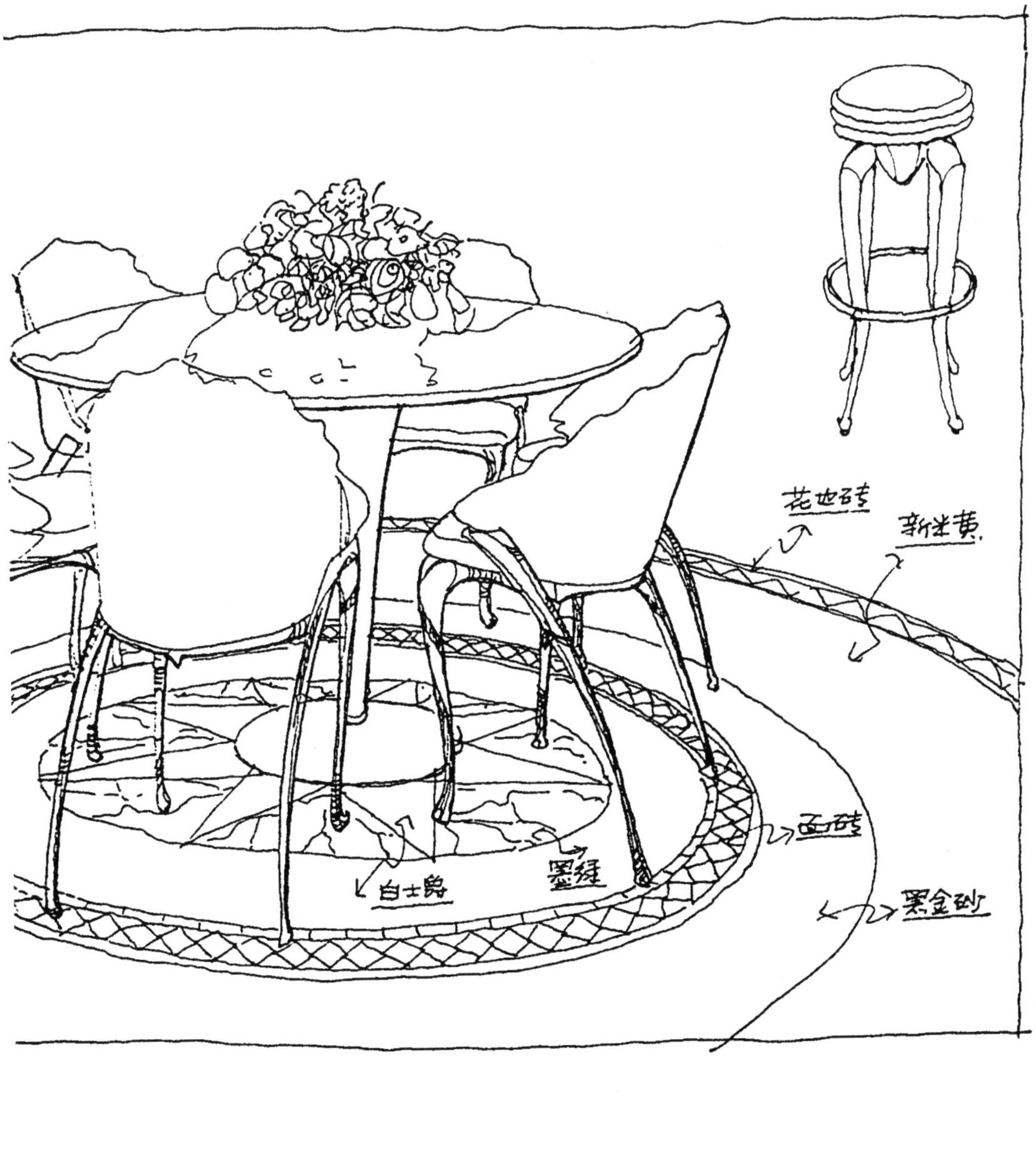

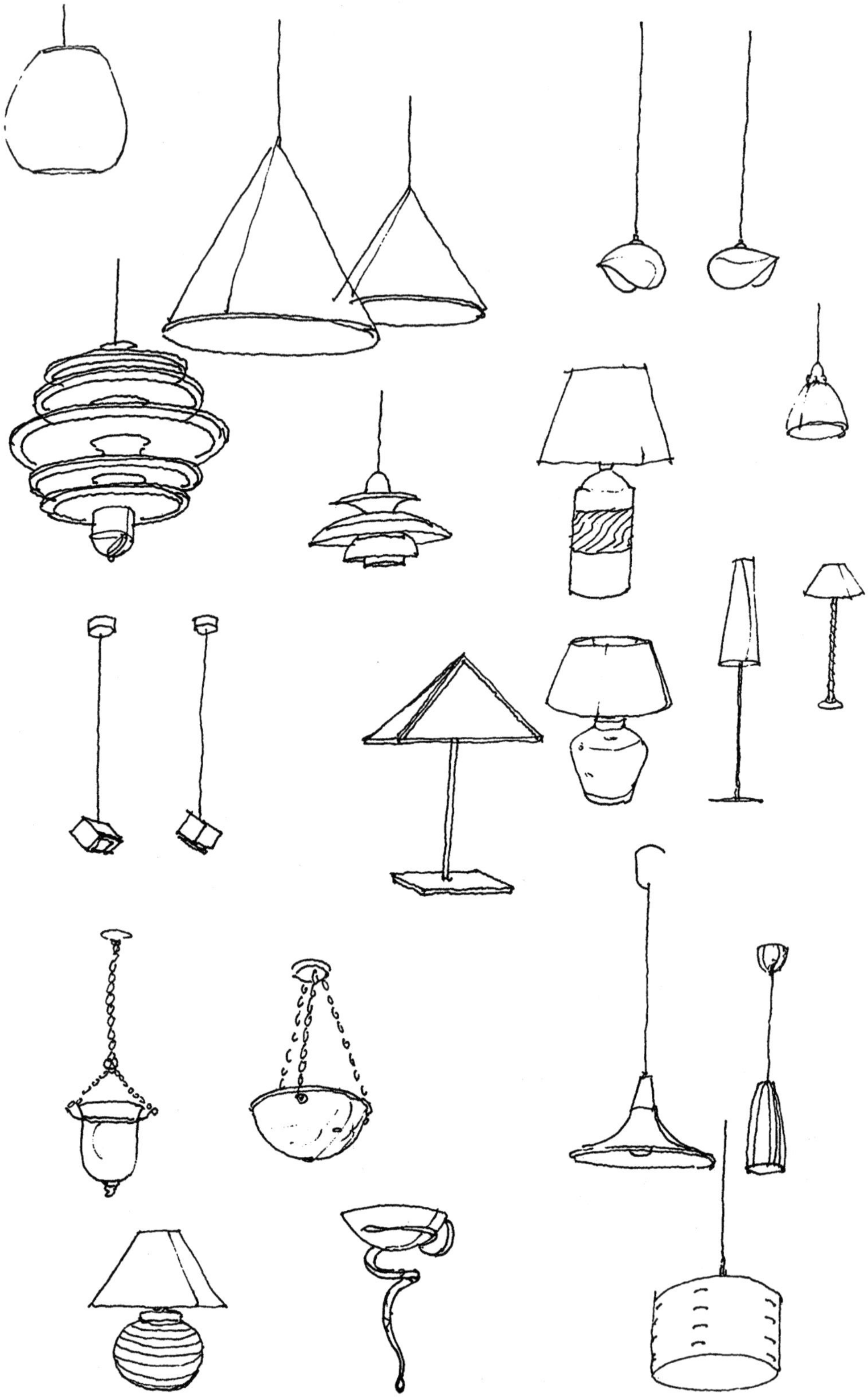

图例 4-16

作为室内设计师，在装修完工后与甲方一起去购买灯具是常有的事，因而要经常关注灯具界的最新潮流，将感兴趣的灯具记录在笔记本上，当你不仅从资料上，而且从商店里看到它们时，一定会感到特别亲切和兴奋。

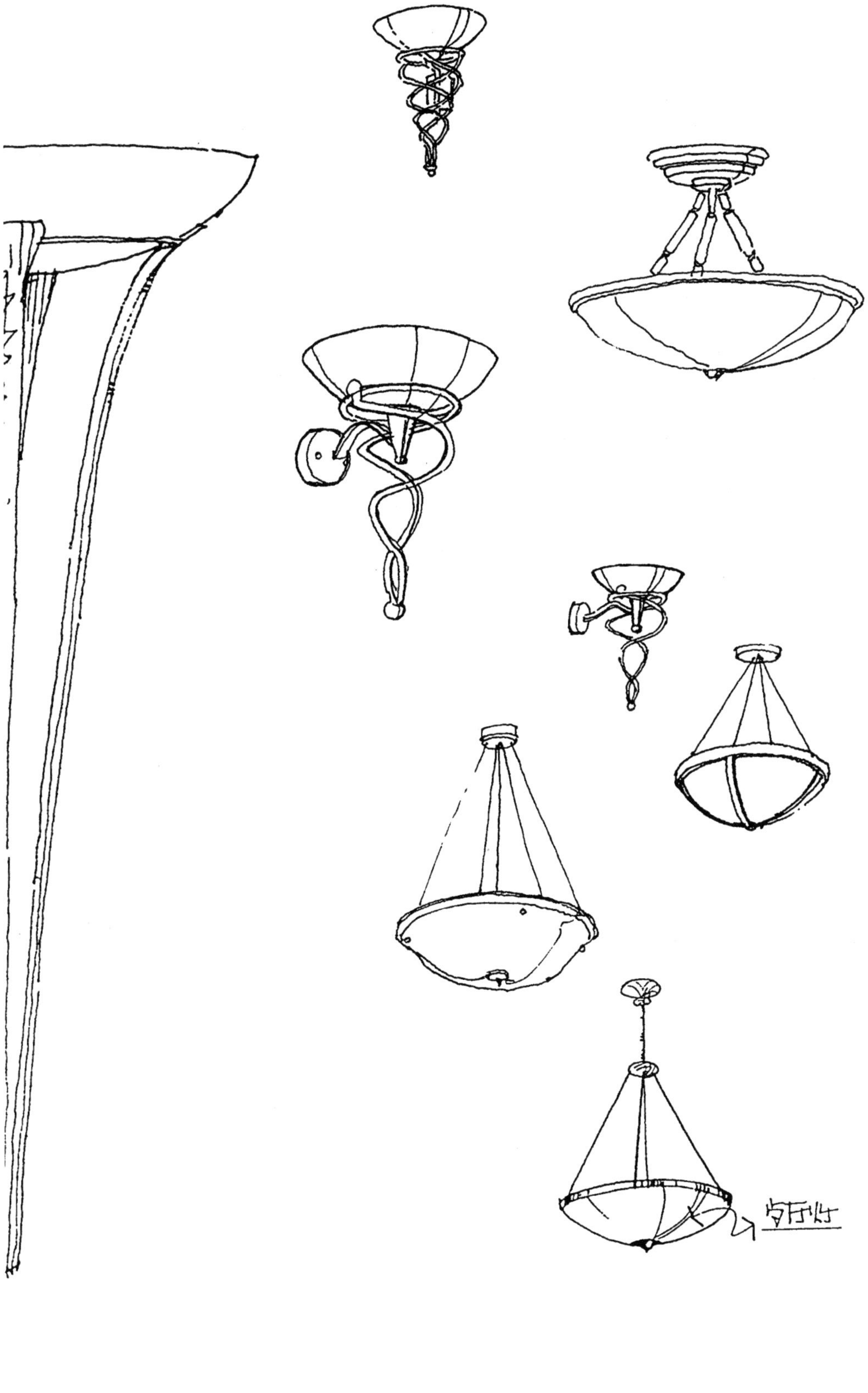

图例 4-17

此图左边的壁灯是笔者本人喜好的式样，在笔者的设计草图中只要有壁灯，就会出现这种式样。我们感叹设计此灯的工业设计师的才华，将中世纪古堡内壁的火把式油灯演变成现代感极强的室内壁灯。

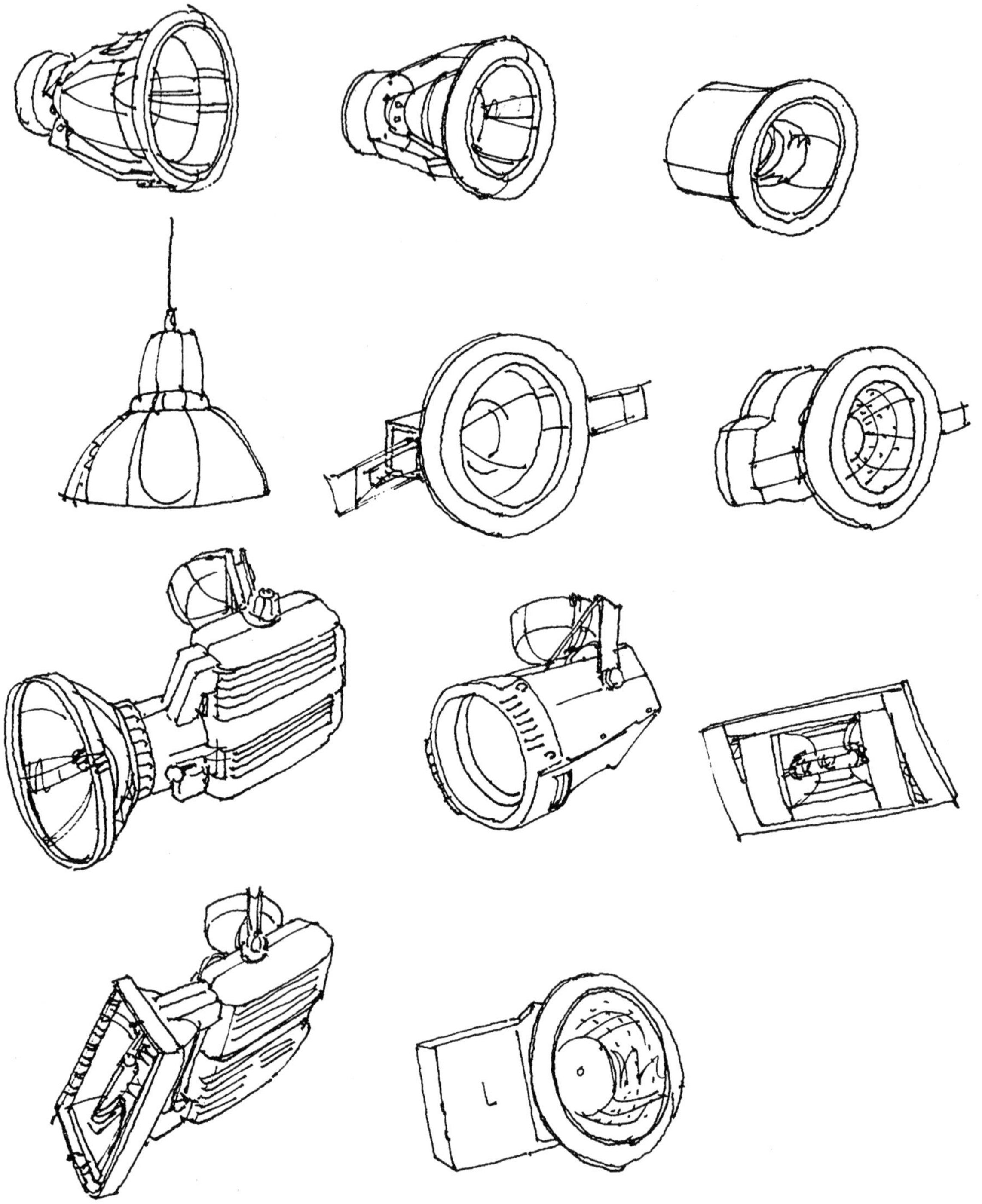

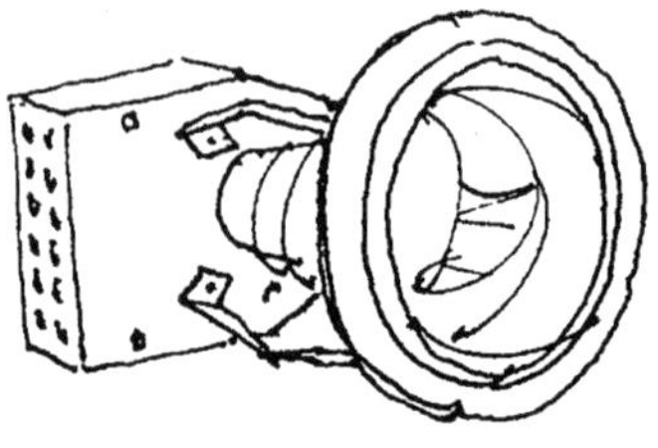

图例 4-18

作为设计师，表现吊顶的筒灯时恐怕只用几个椭圆式点就一带而过了，究竟筒灯的构造如何？值得探究一下。此视觉笔记源于某销售商的广告插页，对于以后装修施工有很大的帮助。另外，笔者认为有时有笔误还有趣且真实些，因为这是个人笔记，不是描红。

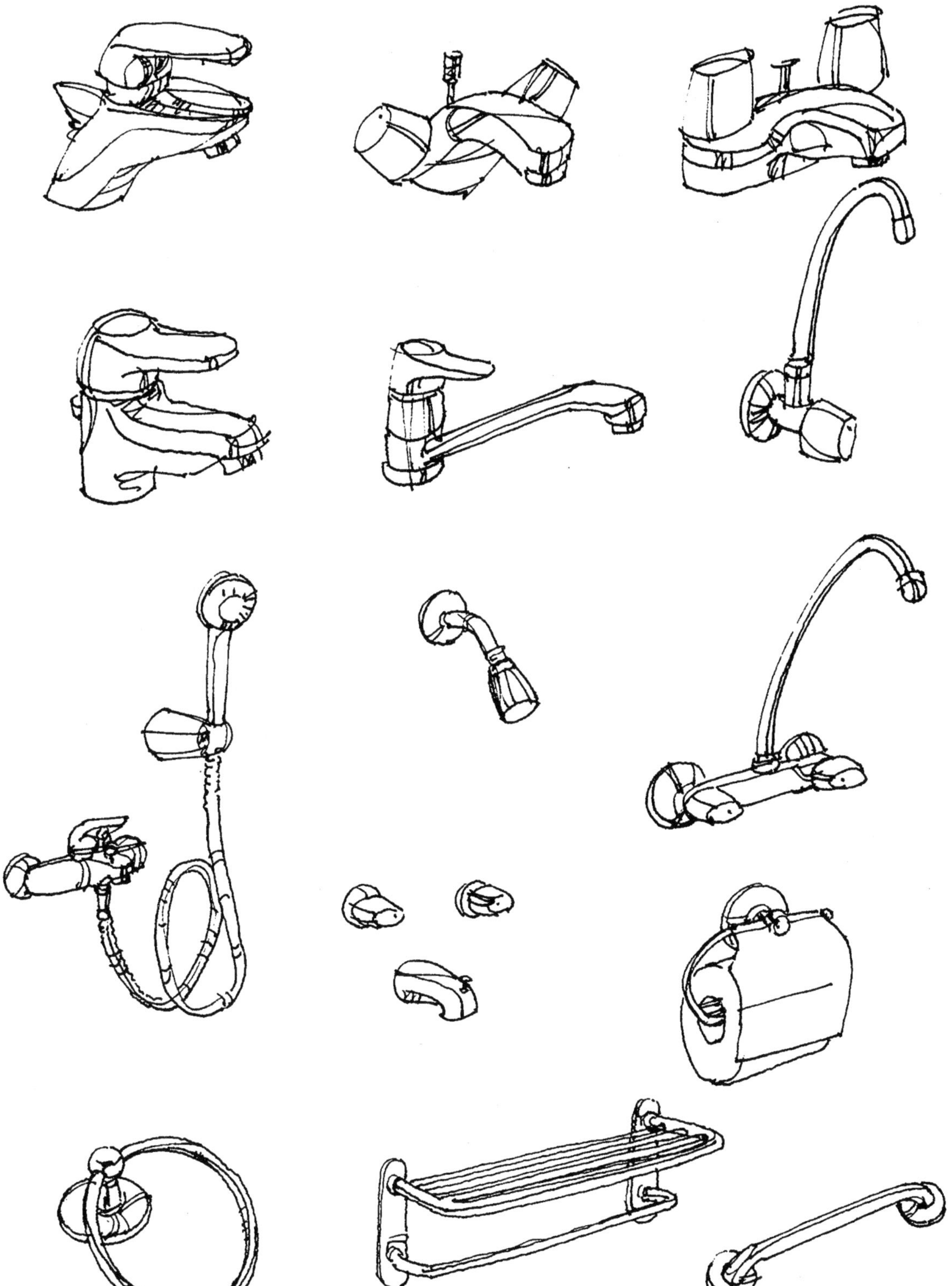

图例 4-19

洁具中水龙头是卫生间、厨房里难以避免要表现的小器具，希望读者有空时，有意识地记录下它们的形态，这将有助于您设计草图的快速表现。

注意：记笔记时请直接用钢笔，不要用铅笔打稿，一是影响做笔记的效率；二是影响练笔效果。

图例 4-20

这是在一个愉快的星期天早晨所绘的整体浴室，我觉得水龙头部分和镀锌铁筒中的花，画得较轻松自如且洒脱，恐怕是那天心情较好的缘故。

这是商家的广告插页笔记。

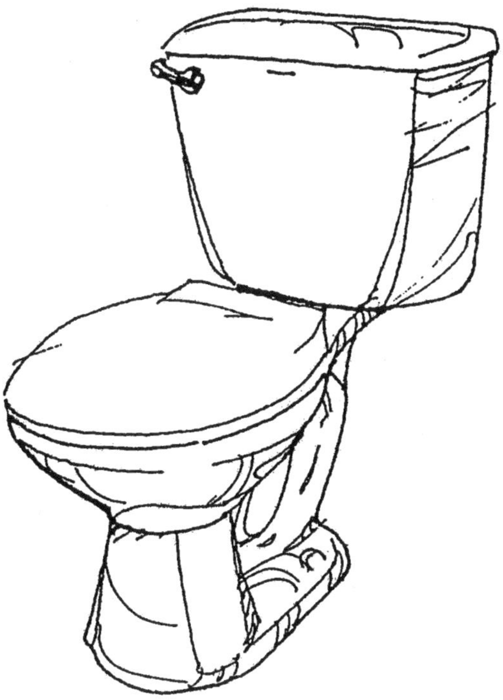

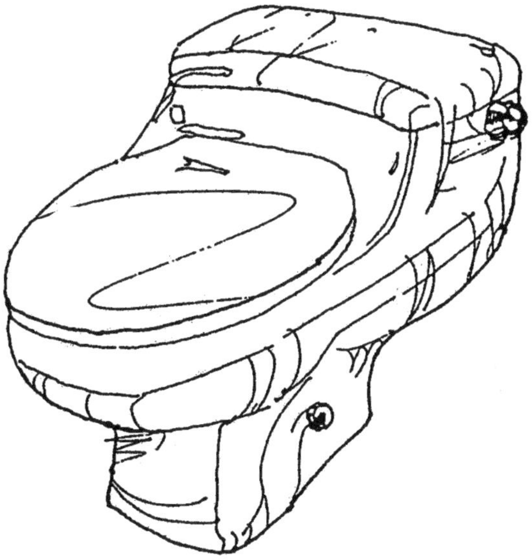

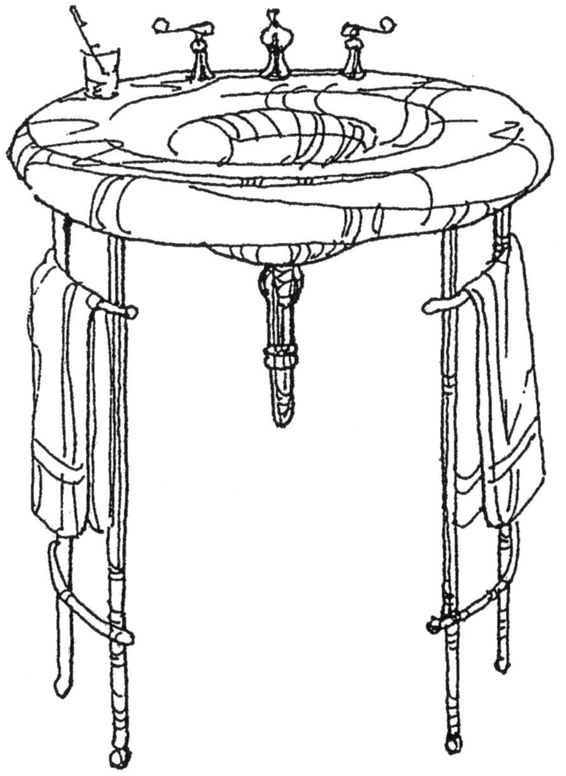

图例 4-21
坐便器阴角用粗线条，阳角用细线条，轮廓线力求准确、画时速度较慢，而表现阴影及块面的线条，则用流畅的曲线表示。左下为洗脸盆造型，作者被其精美可爱的水龙头所吸引，顺手记录于笔记中。
呼吁：请大家多练笔，技巧这种东西，“无他，唯手熟耳”（卖油翁所言极是）。

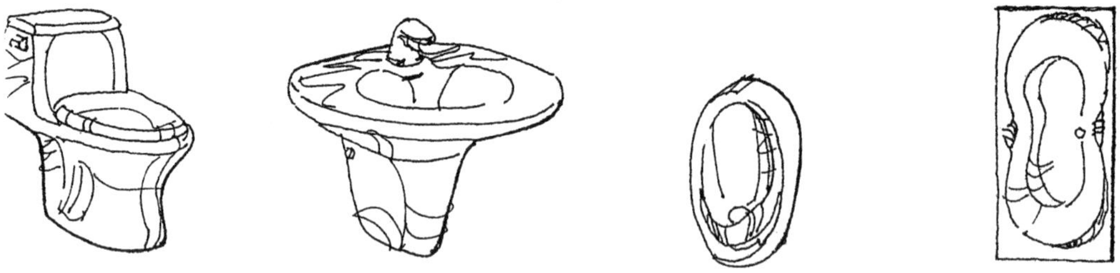

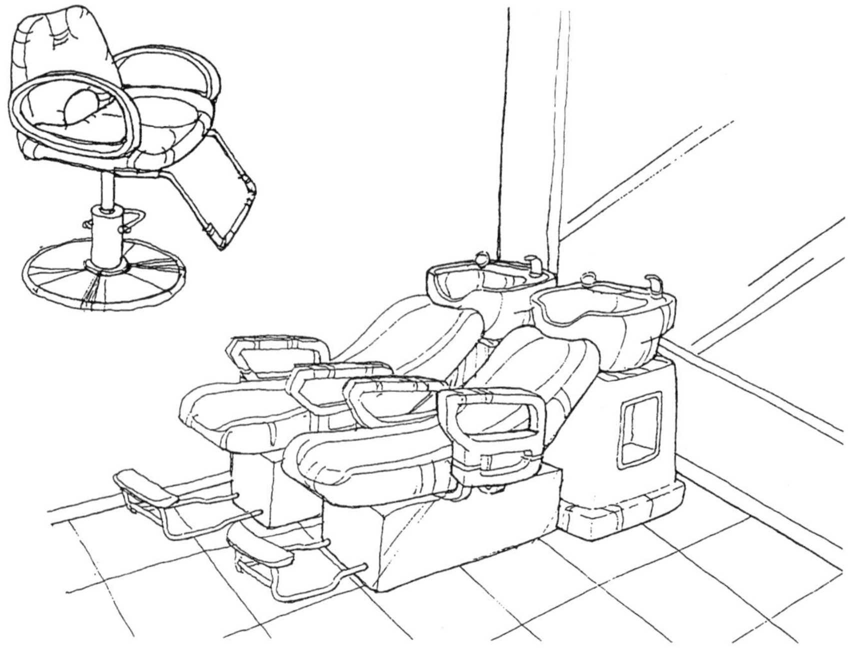

图例 4-22
卫生间中的三大件：浴缸、坐便器、洗脸盒是卫浴设备的孪生姊妹。经常将感兴趣的卫浴设备记录下来，会有助于您的设计草图。下图是陪同妻子理发时，即兴而写，没想到过了几天便有人请我设计美容美发院，此幅视觉笔记便派上了用场，因此作为一名室内设计师应该多方位了解社会，并处处留心观察。

绿色植物是设计效果图中不可缺少的饰物，甚至有人用以作偷懒和遮羞遮丑的道具。所以平时要多逛逛花市，这是从职业的角度出发，也是敬业的表现，幸运是降给有心且用心的人的！

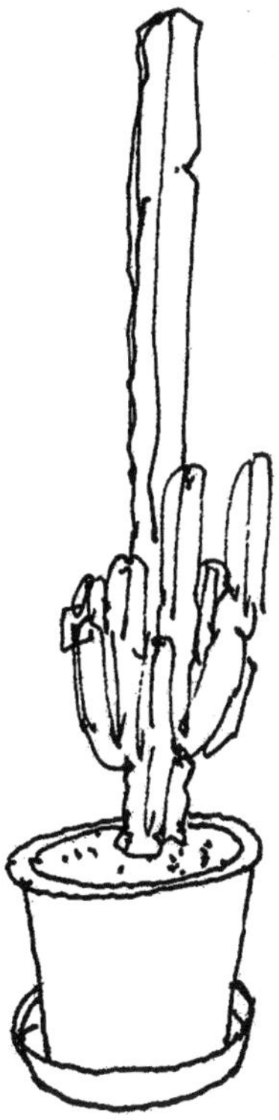

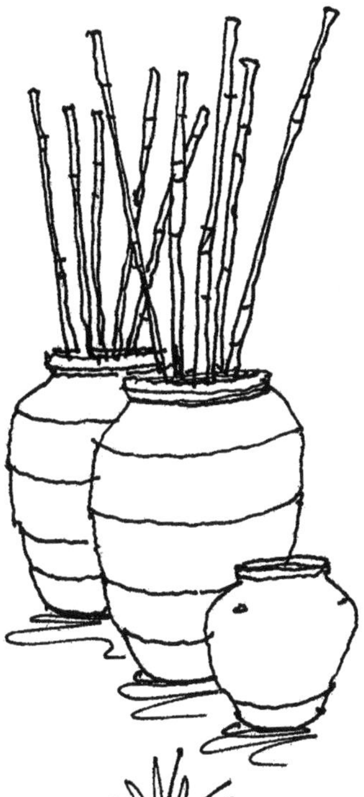

图例 4-23

室内盆景不仅要画好植物，还要画好盆具。一些来自热带的室内观赏植物的优点是没有季节限制的常青树，树形没有大的变化，大家可以利用业余时间结合课堂的有关观赏植物课的内容仔细研究，要紧紧抓住树干、树冠的特点进行临绘。

图例 4-24

室内陈设小品体现了户主的品味、嗜好及文化修养。因此，作为室内设计师有必要收集一些室内摆设精品，这样能够丰富业余生活并增长专业知识。

记笔记时要遵守一条原则：重在记录外形及材质特征，不求完美，因为毕竟徒手绘制不可能做到如照相机一般仿真，允许“走形”，贵在保持这份好奇心，画多了，笔下的形态自然会生动且“逼真”起来。

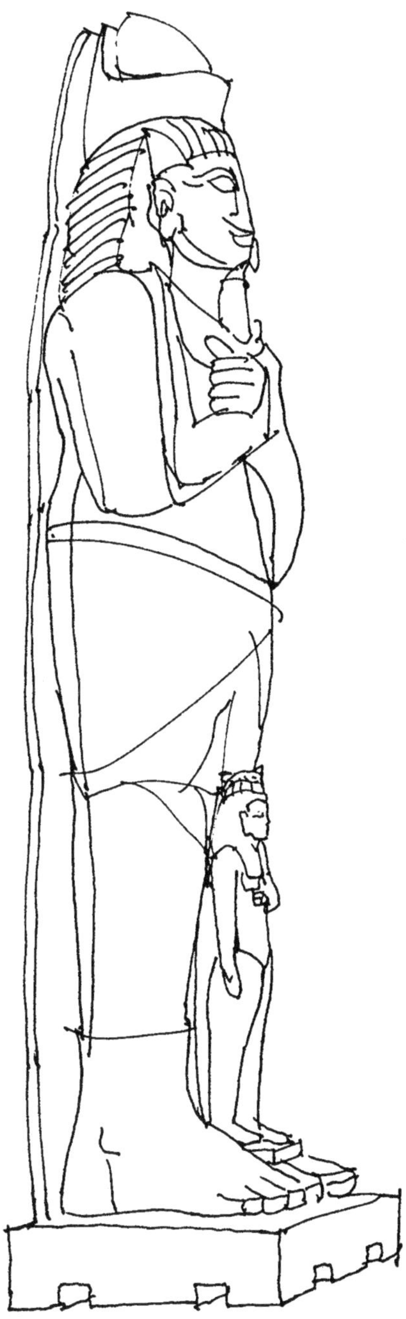
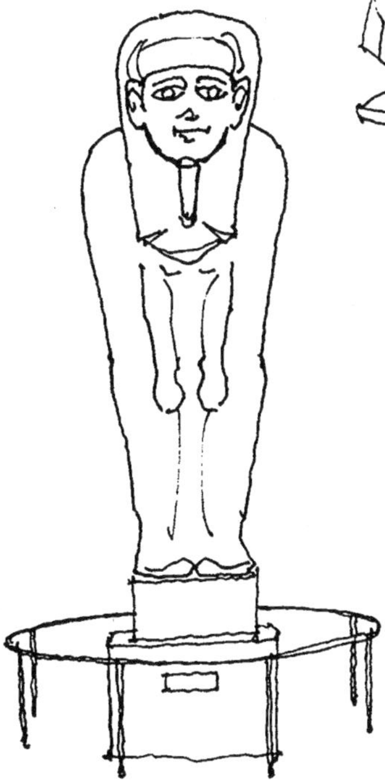

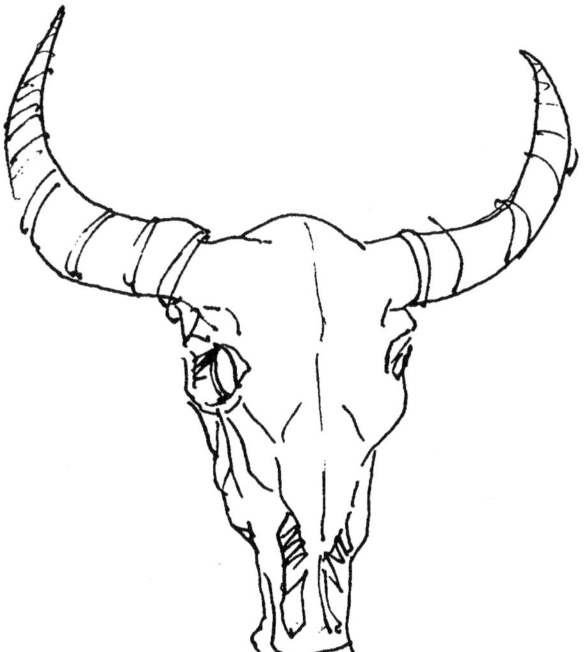

图例 4-25
此幅图中埃及法老像是为大连某娱乐城设计准备资料时所绘。记得大学时代曾对古埃及文化特别着魔，疯狂地到图书馆看书找资料，结果法老没找到，却结识了现在的妻。下幅牛头是在师弟田真寝室中即兴而绘，田真老师喜欢收集各种饰品，在他的邀请及对牛头图腾崇拜的心理之下，花了 5 分钟将其写在纸面上。

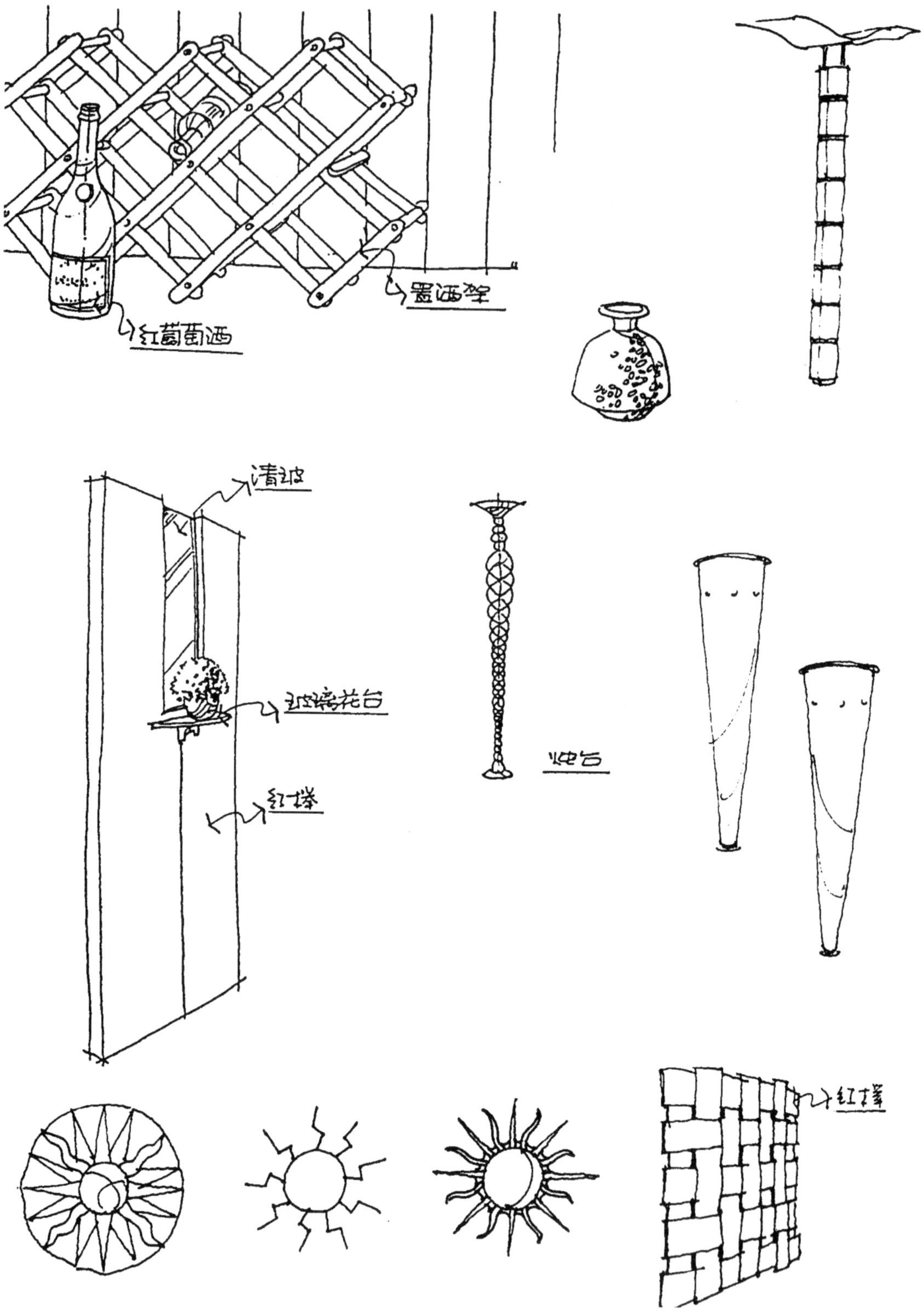

图例 4-26

这里记录着笔者感兴趣和专注的、认为有趣的陈设品，特别是绘制置酒架时，从紧张地观察、绘制每根木条的透视轮廓线，到欣喜地发现自己已经将其全部画完，是一项十分快乐的挑战赛。注意下图的烛台，在笔者的设计草图中你将经常发现他们的存在，同时左下的太阳图腾也是作者喜爱的装饰符号式样。

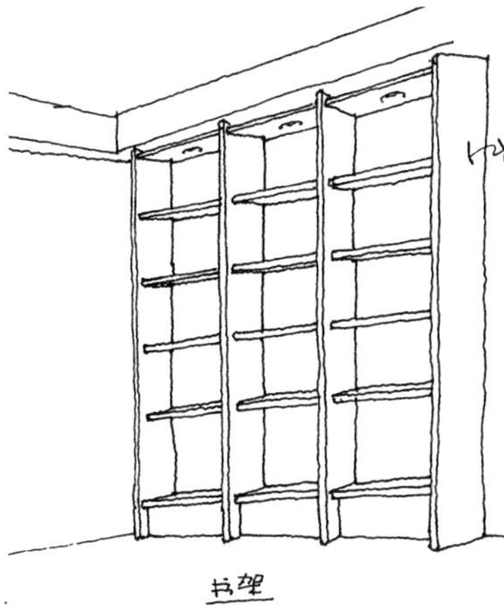

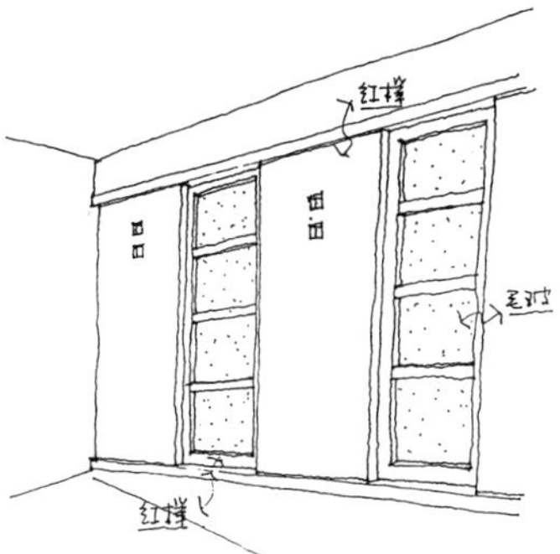

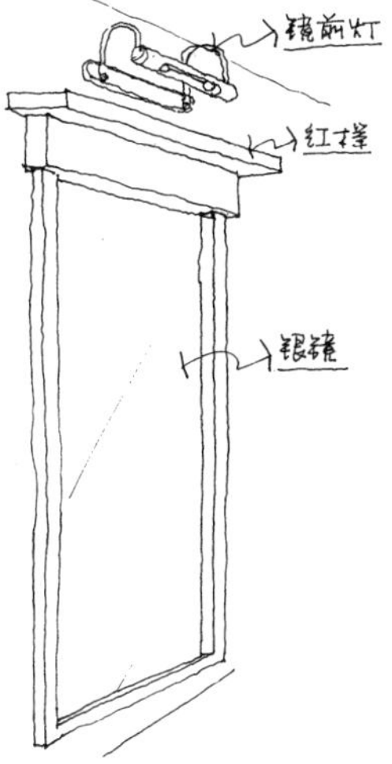

< 这里还记录了内地上世纪末中南地区常采用的红榉实木加手扫漆等装修手法，现已不流行了。

∨ 此两幅均为“片断式”记录，即快速记下一幅画中某个自己最感兴趣的局部，以备今后有相关设计时用。

∧ 图例 4-27

建筑师、画家总喜欢在餐桌上作画，刚开始我也常这样赶时髦，后来是因为自己的时间太少了，饭桌有时常常成为洽谈业务及探讨设计的地方。此幅笔记是为一“富起来”的房地产商做家庭装修，与其共进午餐时为思考其墙面装饰布置所绘，后来装修出来效果居然不错。

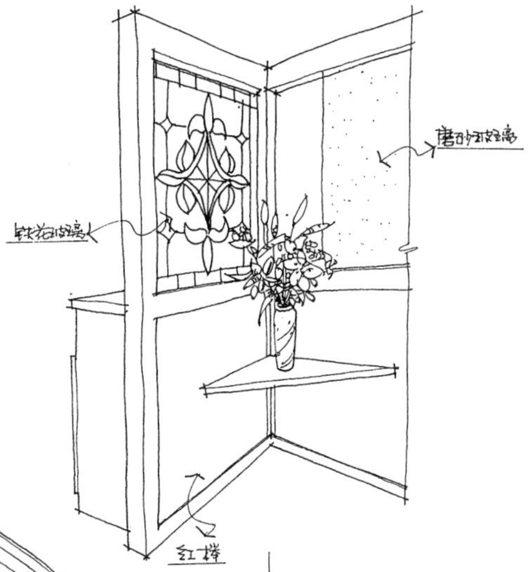

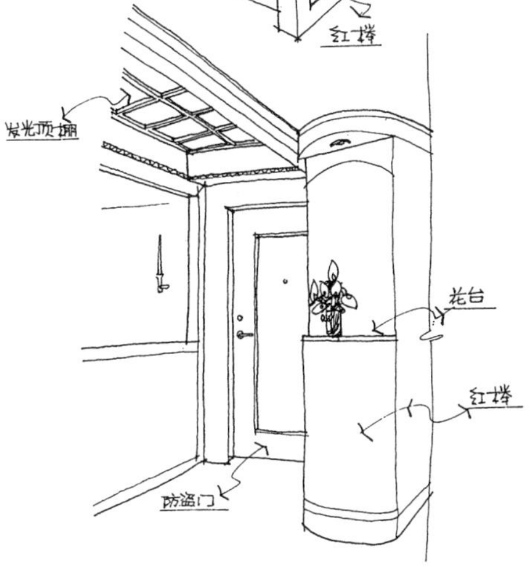

> 作为一名室内设计师，在设计中常常会遇到玄关的处理，所以随时记录下自己感兴趣且较实用的玄关个案于视觉笔记之中很有好处，最好标记上材质及施工做法。

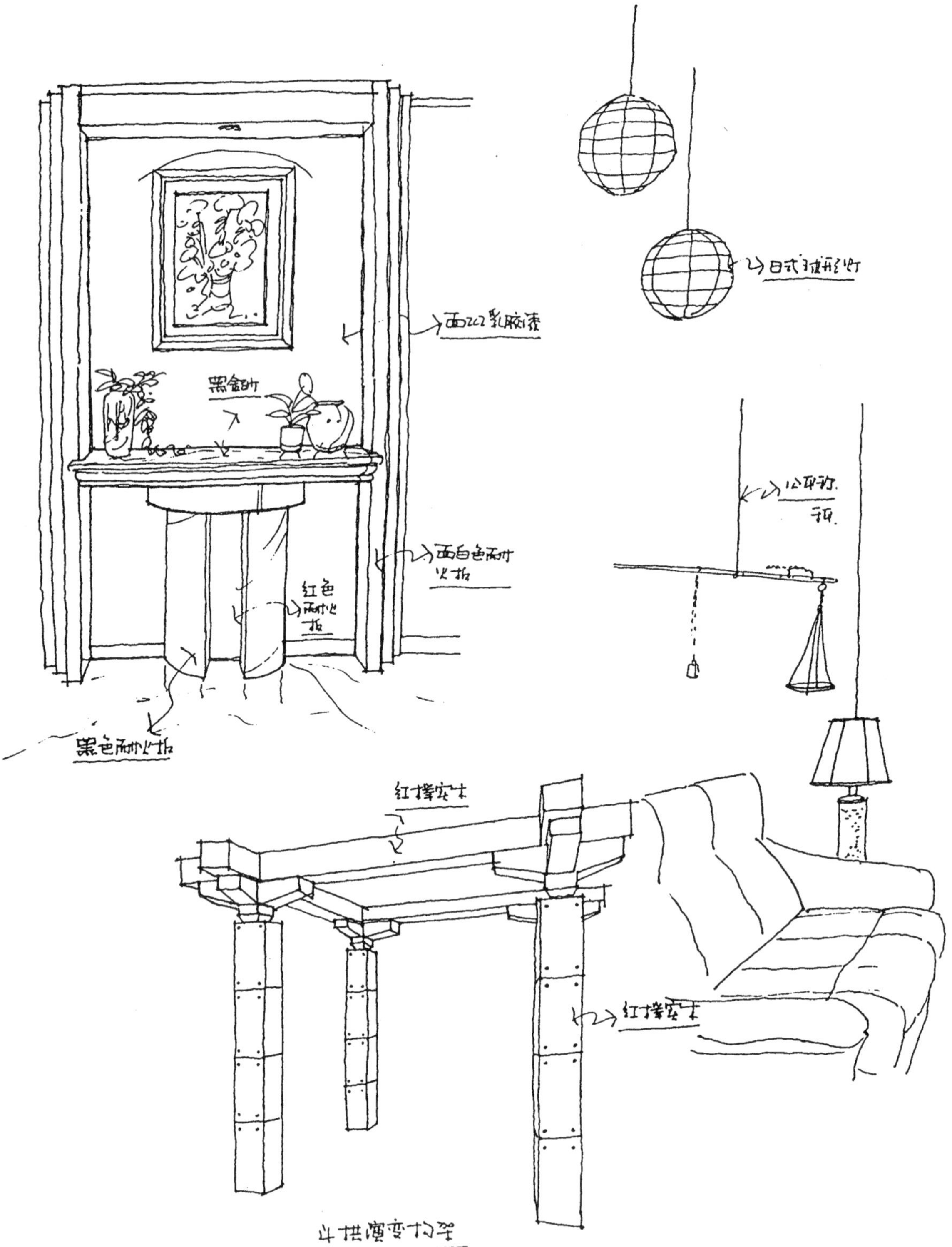

图例 4-28

这幅是在湖南大学建筑系资料室阅读杂志时所绘的笔记。注意下幅的斗拱演变构架，在后来第 6 章设计草图中的“泥吧茶”茶吧设计中被采纳作为柱头的参考。在阅读中应该消化吸收一些有使用价值的符号，通过记笔记将其牢牢地印在大脑中，以备将来设计时使用。

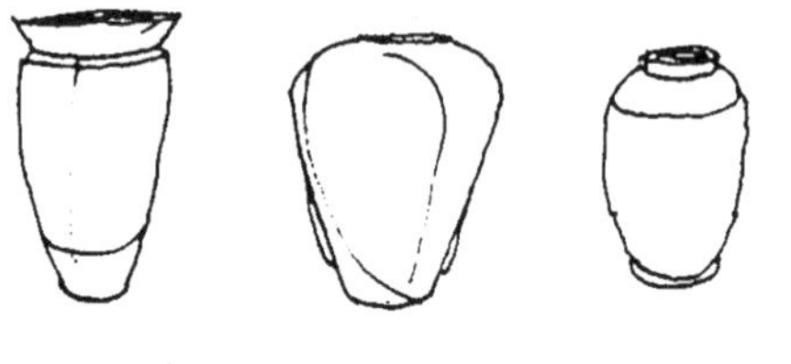

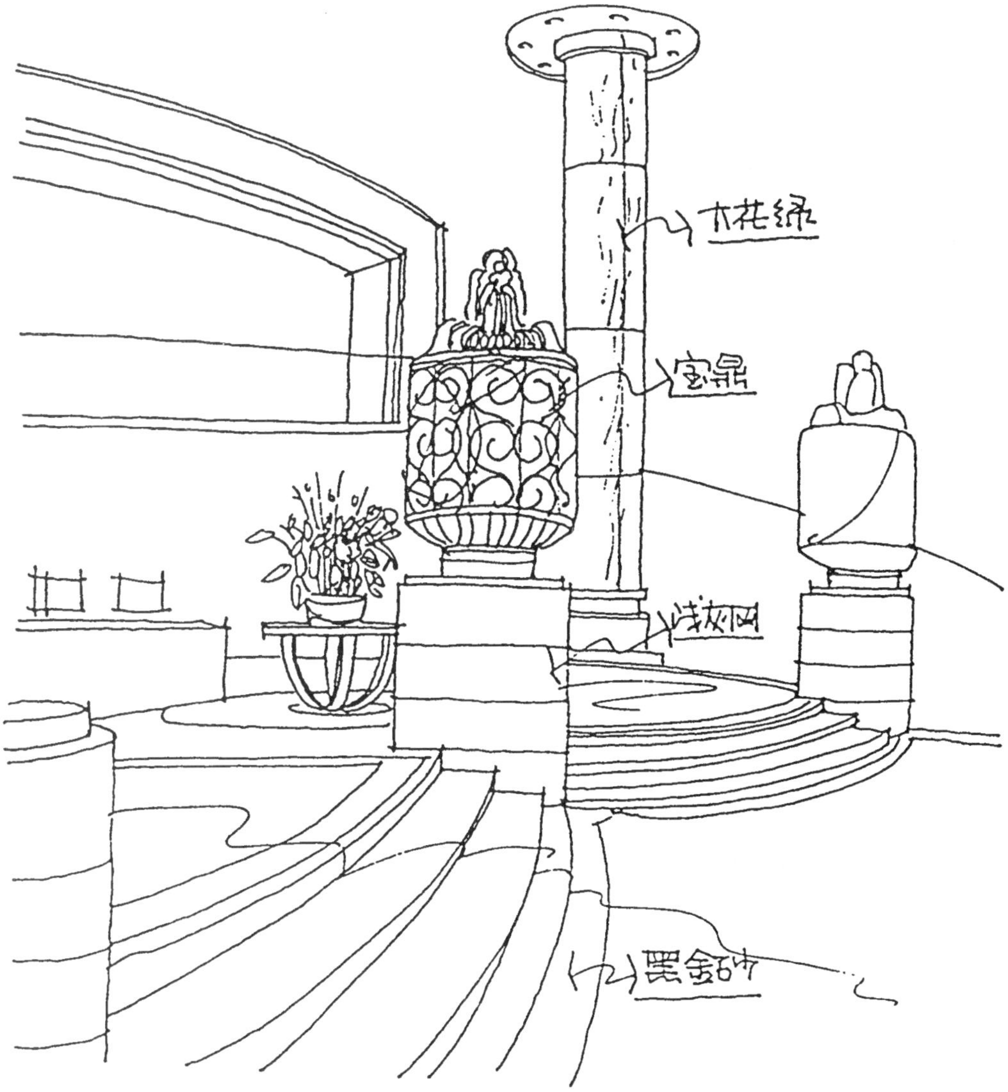

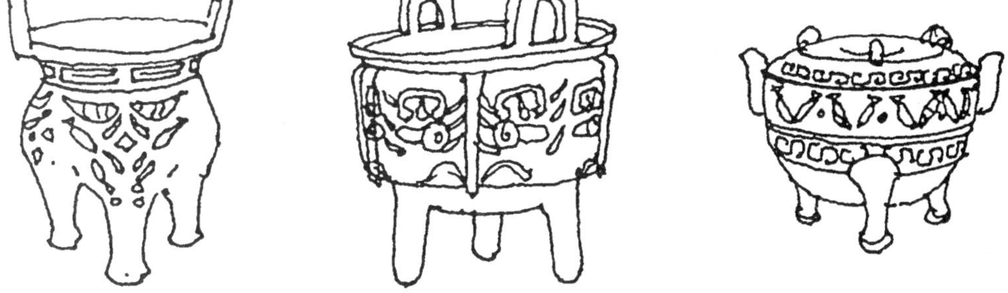

图例 4-29

鼎，一向是中国政权的象征，是中国传统文化的载体和象征符号之一。金庸在其小说《鹿鼎记》中这样记述鼎：“夏禹王收九州之金，铸了九大鼎，每一口鼎上铸了九州的名字和山川图形，后世为天之主的，便保有九鼎。”所谓 “九鼎之尊”便为“帝王之尊”，现引申为形容尊贵、富丽，故笔者喜欢在宾馆大堂里布置鼎作为装饰陈设，营造华丽富贵的氛围。

注：上图中台阶上流畅的线条一方面表现了阶梯的层次；另一方面，用轻松的线条活跃了画面。

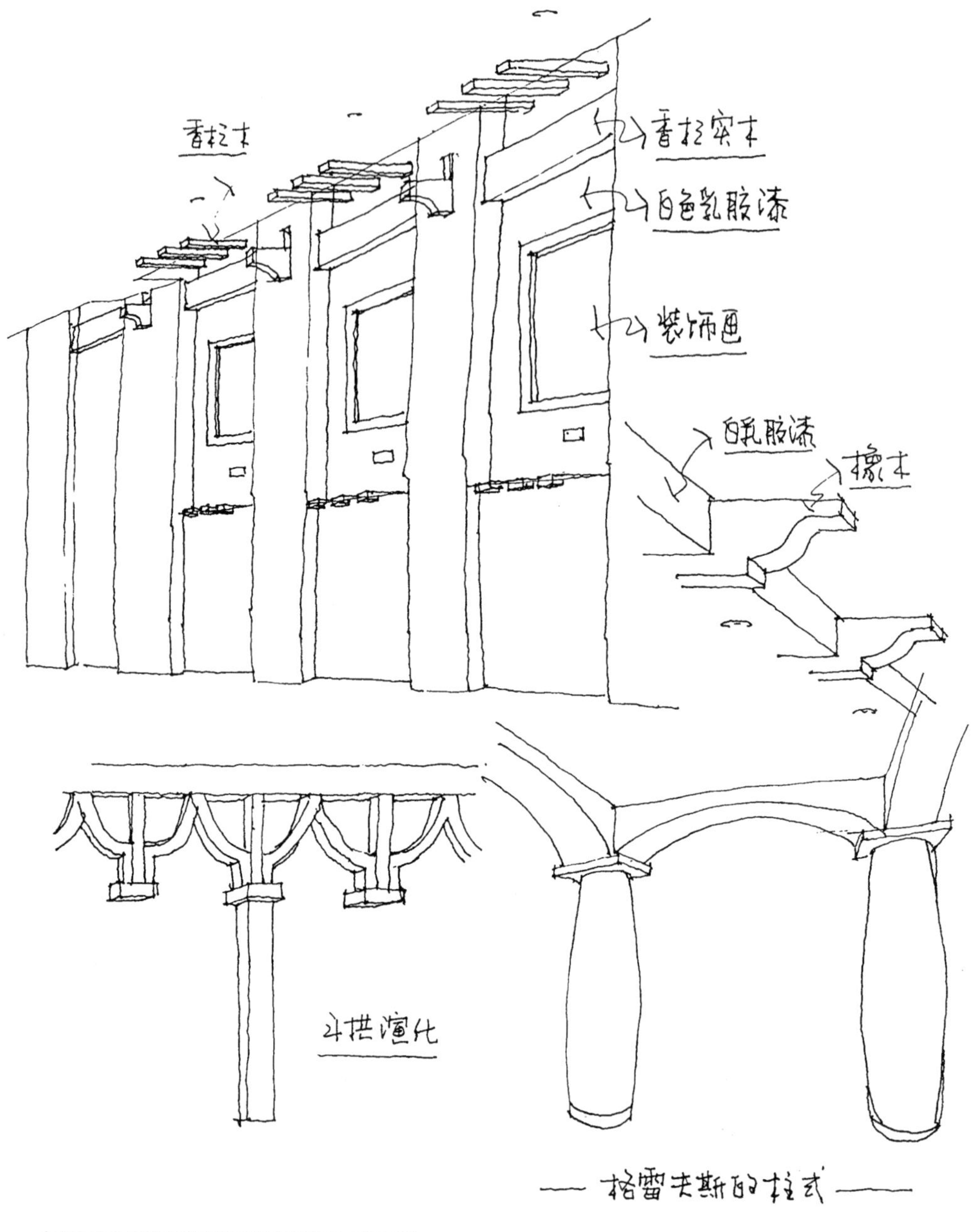

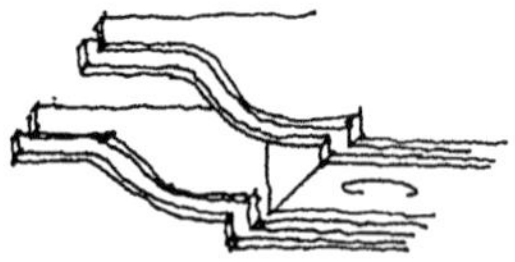

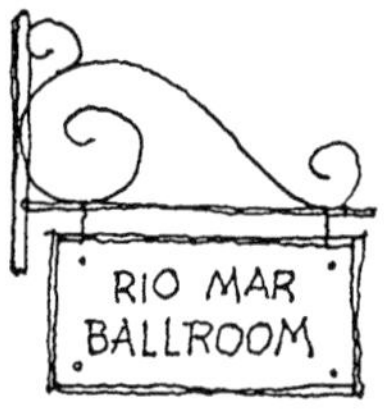

图例 4-30

此幅画是在导师魏春雨教授工作室翻看资料时所绘，其中的某些局部符号在第 7 章作品赏析八味味海鲜酒楼包房设计中有所体现。长期以来我一直很注重一些经典符号的收集和研究，并从中获益匪浅。由于笔者也曾在施工企业工作多年，对室内装修中材料的材质及施工做法比较关注，并形成了习惯，每遇到自认为好的装修个案必停足注目，留意观察其施工做法及选用材料的材质，并以笔记形式记录下来，材质多以箭头引出线形式来标注。

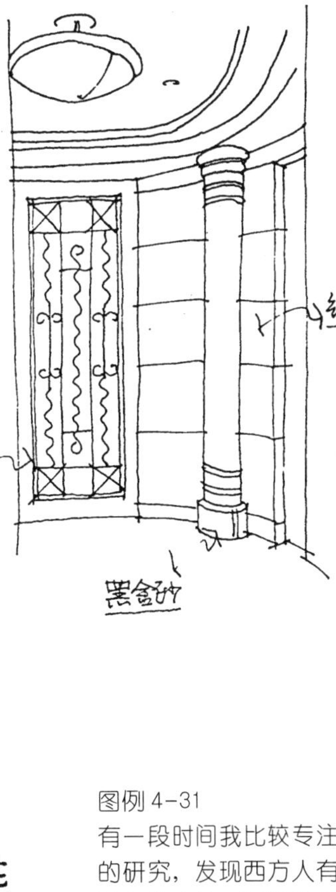

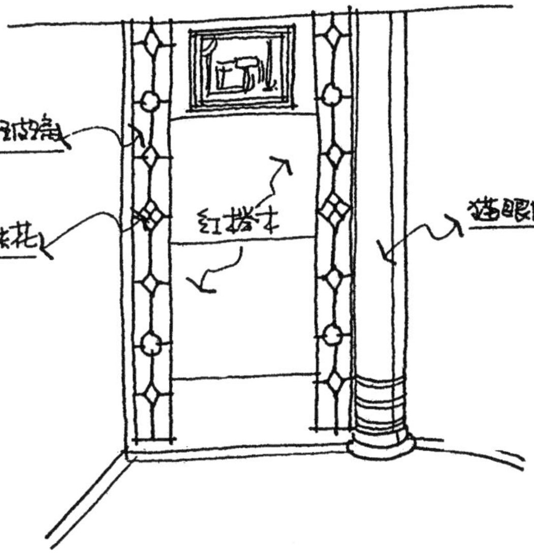

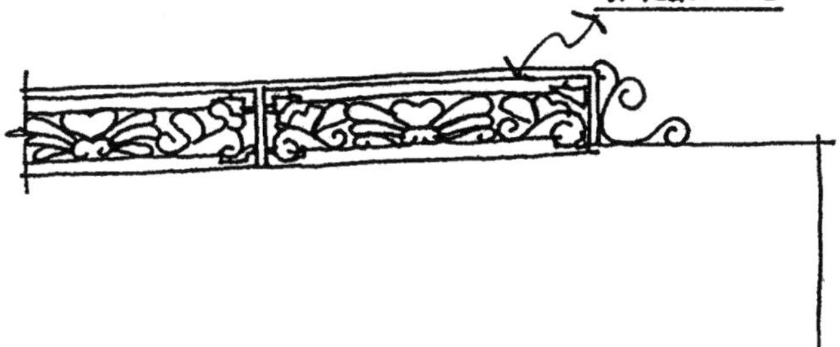

图例 4-31
有一段时间我比较专注于对栏杆的研究，发现西方人有保持使用铁花的传统，而这种手法现在被运用到室内装修上，特别是1998年、1999 年在长沙地区较为盛行，仿佛是比利时布鲁塞尔新艺术运动(Art Nouveau)复古思潮的回光反照？的确铁花的曲线带给人以美的享受，但用多用滥便令人作呕。

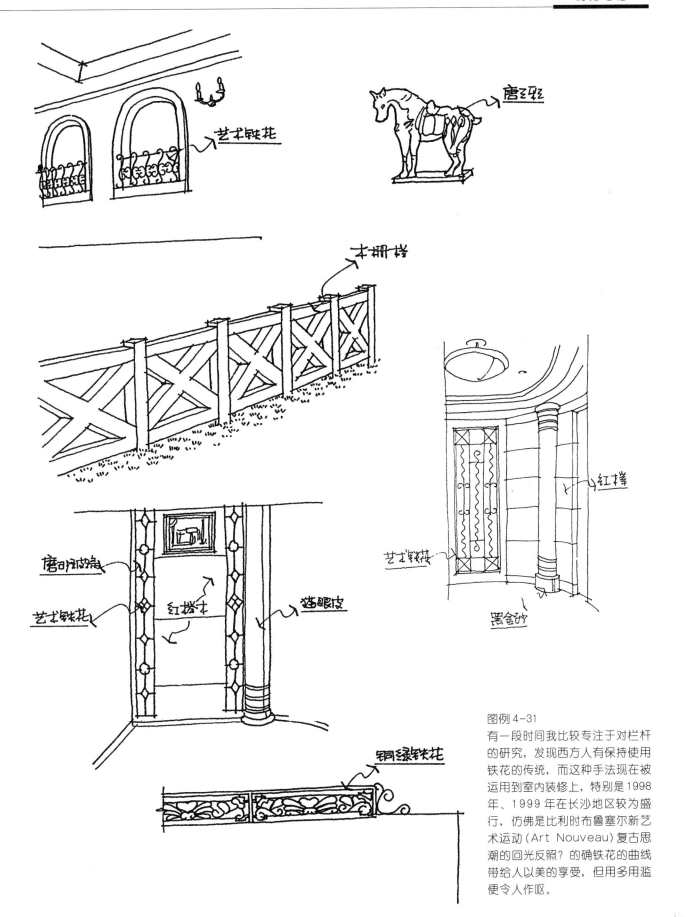

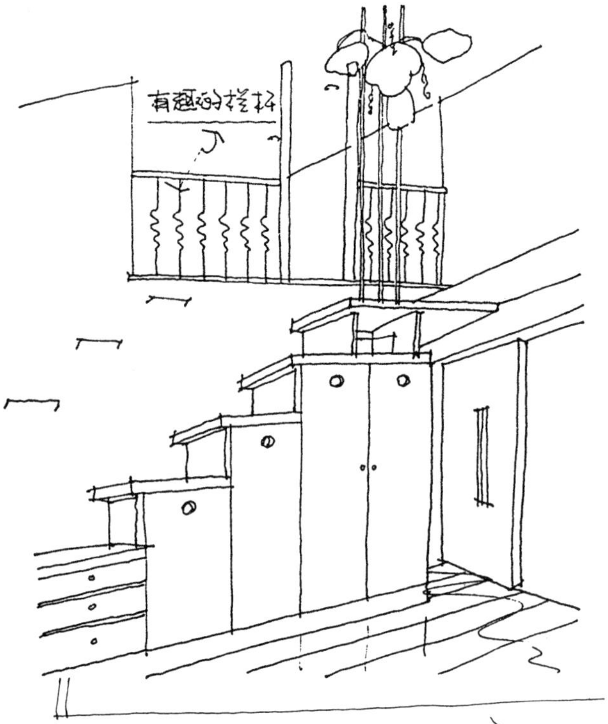

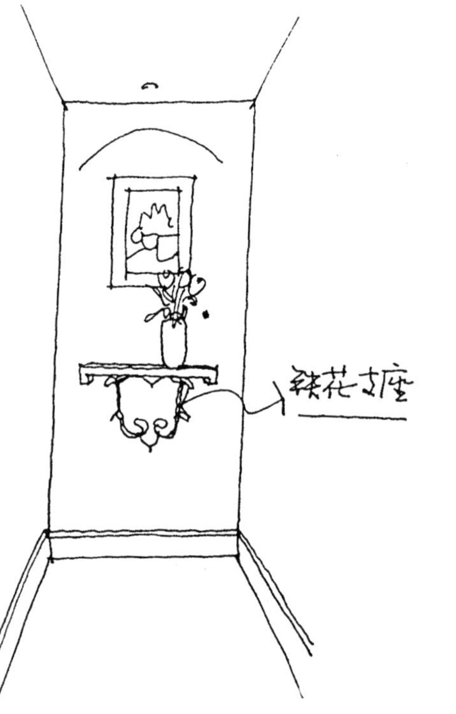

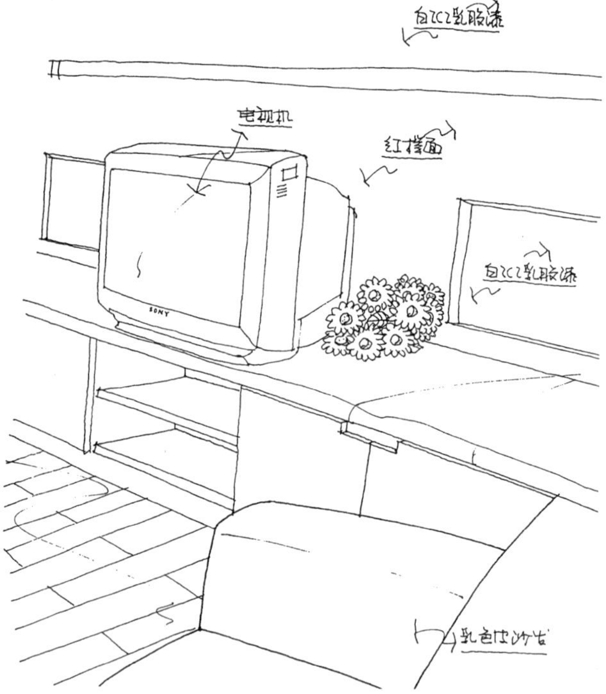

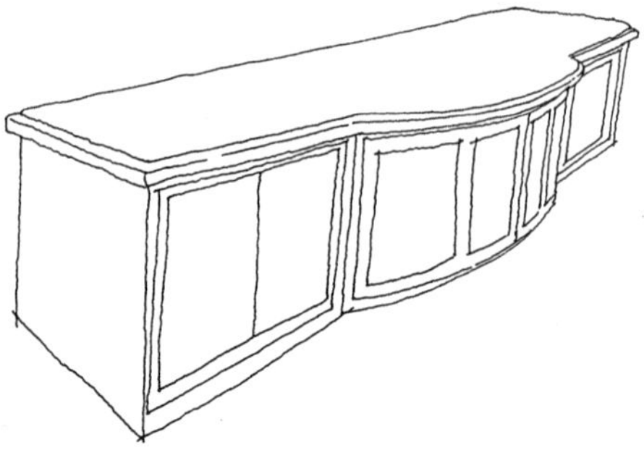

图例 4-32

请注意左边：在家居设计中常碰到走廊尽端壁龛的处理个案。走廊尽端如果不做任何处理，当视线落在走廊的山墙上时，就会反馈回冷漠生硬的感受。而若是布置一瓶插花、一缕“斜阳”（顶部暗藏灯），就会给人以无穷的遐想，成为设计中的亮点。右边是一些资料的片段笔记。

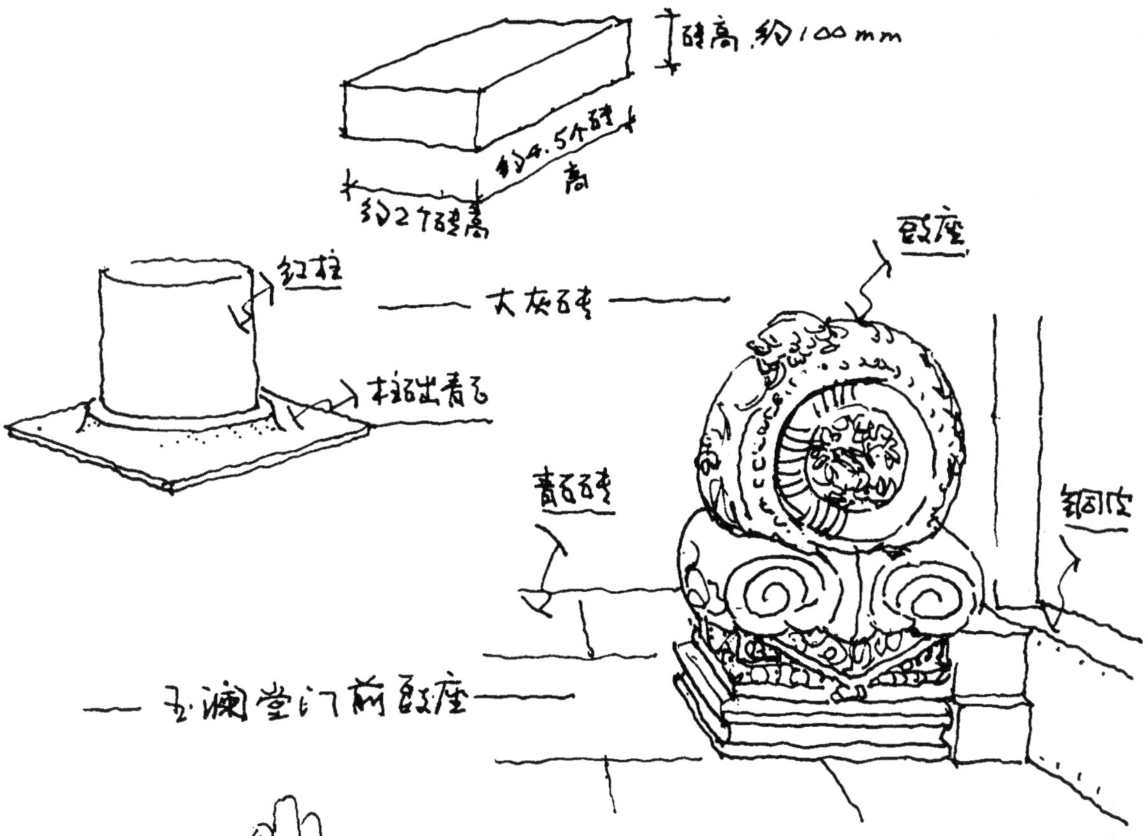

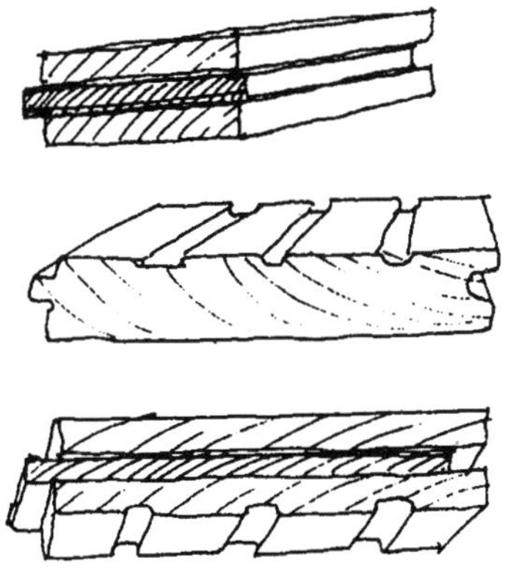

鸿基企口红桦木地板
750mm × 90mm × 18mm

图例 4-33
上图为游颐和园时所绘，感慨于中国古人对石头的独到语义。左下为茶余饭后看闲书时所绘，其中鸿基企口红桦木地板来自于广告册。

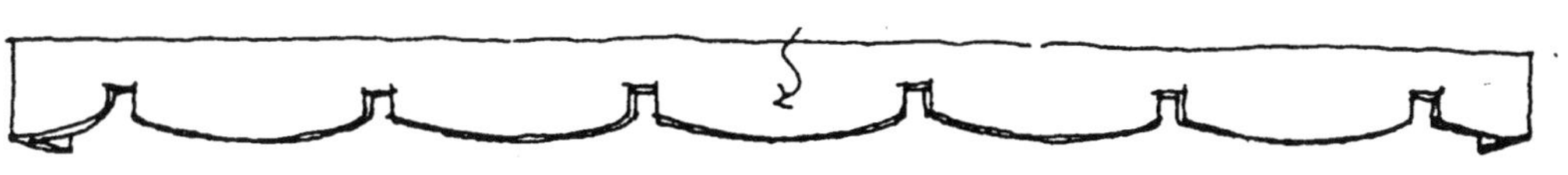

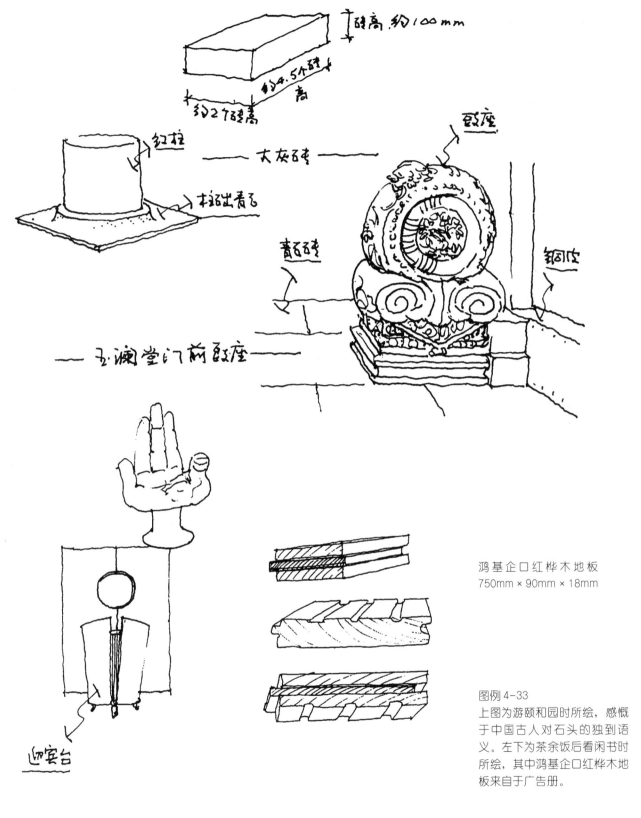

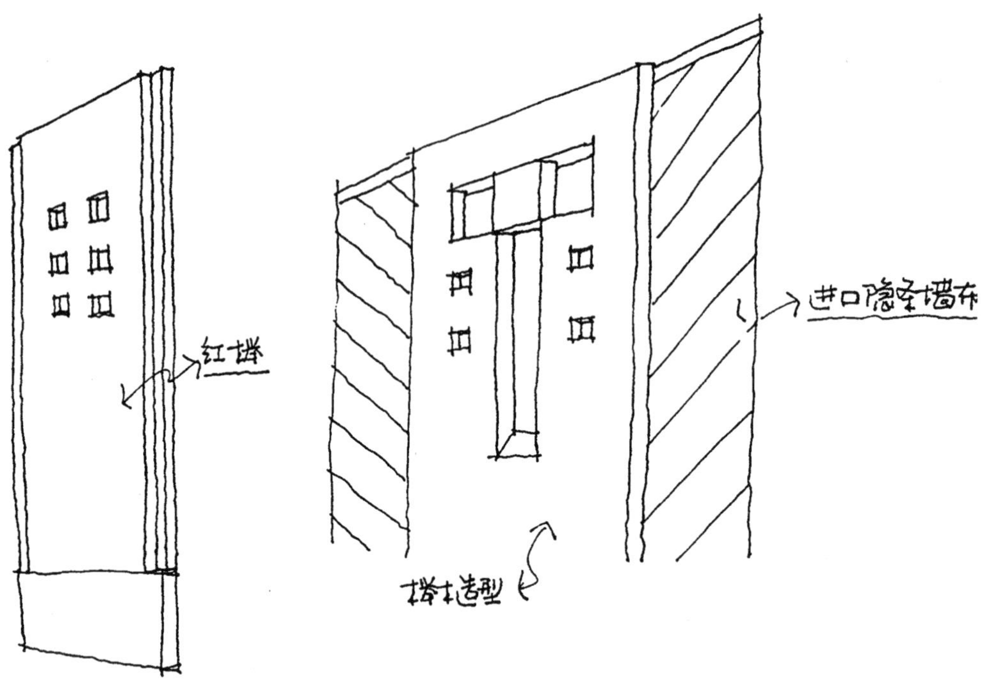

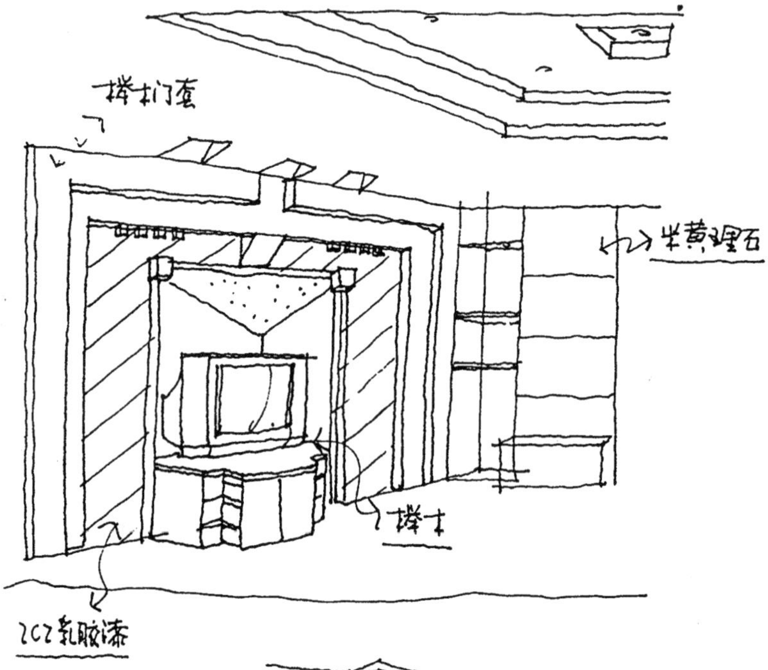

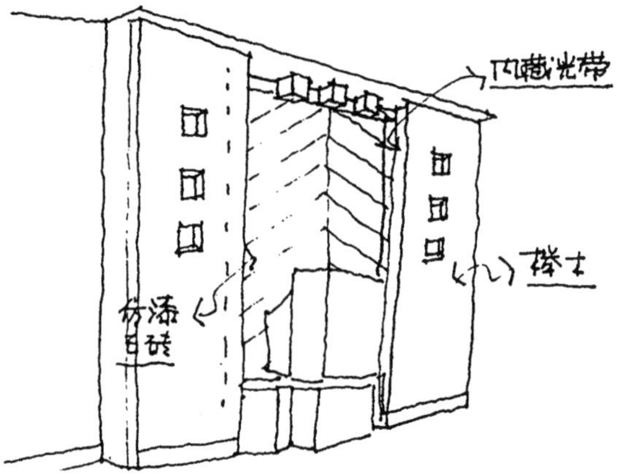

图例 4-34
此图为临绘导师魏春雨教授的手稿笔记，感受其中的创意。我非常喜欢研究名家的手稿，看了又看，仔细品味其中的独到之处。魏老师是湖南省被大家公认的很有才气的建筑师，在室内设计方面也颇有造诣。有一段时间他在处理客厅主立面墙上喜欢凹进去、凸出来，母题多为方块或方块的对角，即楔形。装修后的效果简约大方。

作为现场施工员，与师傅们打交道时，画施工图还不如画简单的轴侧图或透视图简单明了。我之所以喜欢绘透视图，是因为大多数师傅并不真正了解工程图。我常常在现场用木工铅笔，在夹板上或地面墙壁上画透视图给他们看，久而久之就形成了直接用透视草图去思考设计的习惯。有时大脑里想的东西画在纸上后，初步形成的图又能反过来帮助你思考。

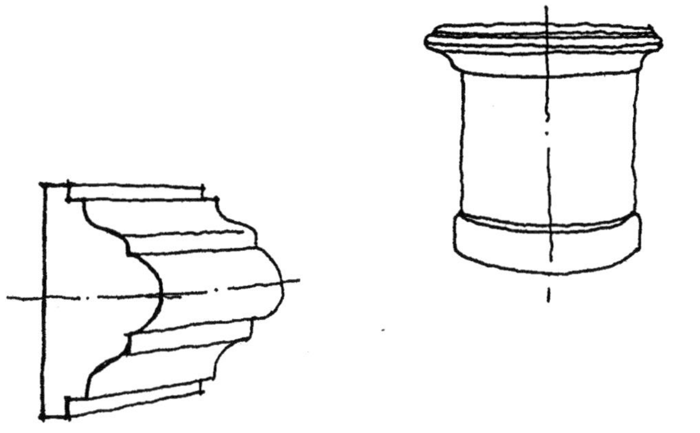

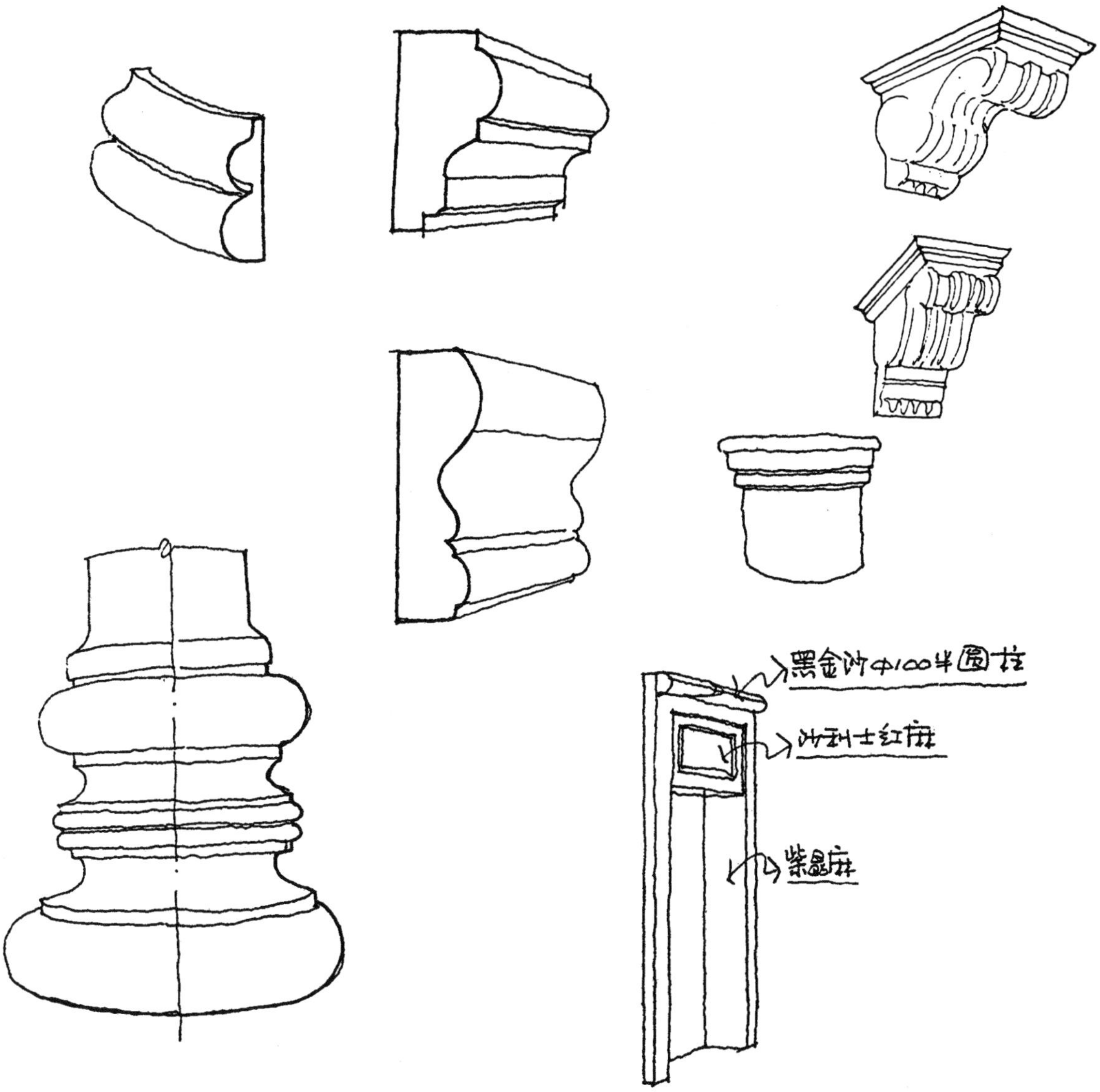

图例 4-35
此幅为参加湖南省邮电培训中心大堂设计及装修时，与施工方探讨云石边角的下料问题时所绘，并感叹现代石材加工水平的卓越，真是“没有做不出来的，只有想不到的”。

第 5 章
透 视 说

附图：清明上河图（宋，张择端）
钢笔摹本，摹者：吴卫，原稿尺寸：A4，笔具：0.2 针管笔、财会细笔、派克金笔。

1. 回眸透视学

透视学是一门研究和解决在平面（画纸、画布、墙壁、板块……）上表现立体的，具有空间结构的人物和景象的绘画与设计的基础学科[1]。从数学的观点看，透视学是几何学的一个独特的分支，但是它的发生和发展却又和建筑、雕刻、绘画以及戏剧等艺术实践紧密相联[2]，“透视学是绘画的舵轮和缰绳”。世间第一幅透视图画可能是古希腊（公元前5世纪）阿嘎塔尔库斯（Agatharcus）根据近大远小的规律为爱梭路斯（Eschylus）的古希腊悲剧绘制的舞台布景。透视学在欧洲文艺复兴时期已经达到了空前的高潮。例如，德国文艺复兴时期最著名的代表人物、杰出的画家阿尔布赖希特·丢勒（Albrecht Durer 1476～1528年）在他的《圆规直尺测量法》一书中用木刻版画介绍了为求得正确透视图而设计的几种不同的装置，为教学提供了直观的理论依据，且更加形象地揭示了透视规律（图5-1、图5-2）。现在大学教材中的透视理论基本上仍保持了文艺复兴后形成的经典画法几何及阴影透视理论的原始风貌。可见，透视学是从一个模糊的概念逐步走向清晰和精确的理论学说的。

2. 模糊透视的存在

1965年美国系统科学家L.A.Zadeh 教授发表了著名的论文《模糊集合》，标志着模糊学的诞生。其实在透视学领域也存在着模糊的概念，由于人脑思维自身是模糊思维，所谓透视的准确性是相对的，而模糊性则是绝对的。模糊思维同模糊数学、模糊系统理论、模糊控制论一样，是模糊学中重要的富有成果的应用领域之一。

在画法几何及阴影透视中人们总要借助于器具（如直尺、圆规），才能够得到较精确的制图结果，但是如果人脑一旦离开器具，而是通过肉眼判断，以徒手拉线来连接两点，其透视结果就不可能有那么精确了，这种不精确性就是模糊性，因此徒手制图方式必然导致模糊透视的存在。人的大脑在控制手的活动时，必须通过工具才能有精确的可能［何况这种所谓精确的概念若在显微镜下，就不一定精确了。例如，一点透视中的心点在显微镜下也只能是以经典透视理论的心点为圆心，以某不确定值（此值在不同的显微倍率下可能改变）为半径所做的圆而不是点］，这说明大脑通过肉眼支配手来完成两点连线的工作更是不精确的，只能是一个估计值。但这种值富含经验量，绘画修养越高，经验越丰富的室内设计师，其“打中靶心”（笔者将军人打靶与透视连点联系起来）的可能性越大。对于大脑来说，人有七情六欲，有情绪好坏，有睡眠质量高低以及对某件事的喜好程度，这些都有可能导致大脑思维产生模糊意识。同样用电脑求透视也有可能出现差错，因为人是有感情的，而电脑是机器是没有情感的，因此它可能是精密的，但由于要靠人脑去操作，还是有可能出现误操作的。

设计草图由于是为图式思维服务，是为了快速捕捉人脑瞬间的灵感而绘，因而一个好的创意、点子，相对于透视的精确来说更重要。为了表达出一个好的想法，如果过于强调透视的准确性，势必影响大脑的创意功能。试想把注意力集中在求透视及制图上，还要拿起三角尺划线，其速度之慢、功效之低、精力之费是不言而喻的。应该说设计草图主要是表现大脑的创

图 5-1　丢勒的透视示意图：直观求点法

图 5-2　丢勒的透视示意图：网格坐标法

意，众所周知创新才是设计的生命所在，而制图求透视则是匠气、刻板的重复劳动（当然也是需要智慧的、甚至有些是设计师做不到的），缺乏个性，缺乏新意。本来透视求点是可以由制图员来完成的（有些可能是按部就班的事情，设计含量并不高），而创新是需要通过设计师修养的提高、经验的积累才可能达到的，如果也要他们花费大量的时间去绘制透视图，充当一名制图员，是否有必要呢？

笔者认为设计师的工作是富有创造性的工作，目的是根据功能、场地、客户的要求创造一个崭新的世界，这时候如果过于将精力、注意力放在透视求点上，是不合适的，那么就需要一种快速表现的透视求法，这就是模糊透视——靶心说。

3. 靶心说

靶心说也不是什么新鲜的东西，早有设计师在这方面进行了探讨，只是没有明确地给它一个称谓而已（图 5-3、图 5-4、图 5-5）。靶心说多局限于设计草图，局限于已走向工作岗位的建筑及室内设计师群体，对于在校的大学生，则运用的较少。原因是传统的教学体制，总是要求由机械制图及建筑制图教研室的教师来传授画法几何及阴影透视，而他们可能多是机械工程、土木工程的专家，其思维定势是严谨的、一丝不苟的，以理性思维来分析事物，排斥感性思维，这同建筑师、设计师不同，后者的思维定势（如果有定势的话）是强调创意，反对教条，提倡推陈出新，崇尚个性和创造力。在工程类学者的教育下，设计类学

军人打靶要瞄准靶心开枪，但也有打不准的时候

靶心说中的靶子：以一点透视的心点为圆心，以某值为半径（此值因人而异，对于绘图高手则此半径值小，对于初学者则半径值大，且大到一定程度图像可能会失真）所做的靶心圆。靶心的半径到底在多大范围内能符合肉眼的视觉习惯，超出多大范围就会产生失真的现象，这就不是笔者能有时间和有能力做得到的了，留给制图科学工作者以理性的数学模式去精确计算这个问题吧。

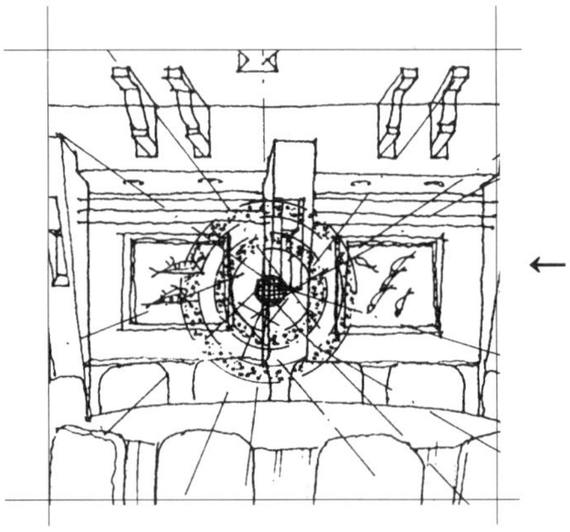

放大后的效果：以一点透视的心点为圆心，以某值为半径所做的靶子示意。

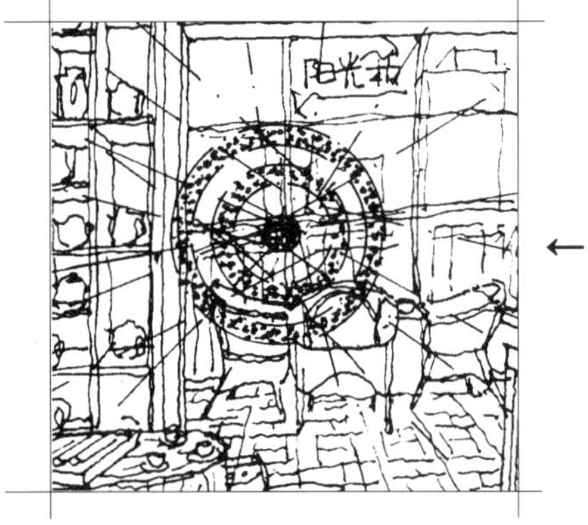

心点较集中，透视效果当然更好

图 5-3　某中式餐厅预想草图　设计、绘画：吴卫，耗时 60 分钟，原稿尺寸：A3，提示：将所有的透视线向心点方向汇聚，而不管心点有几个。

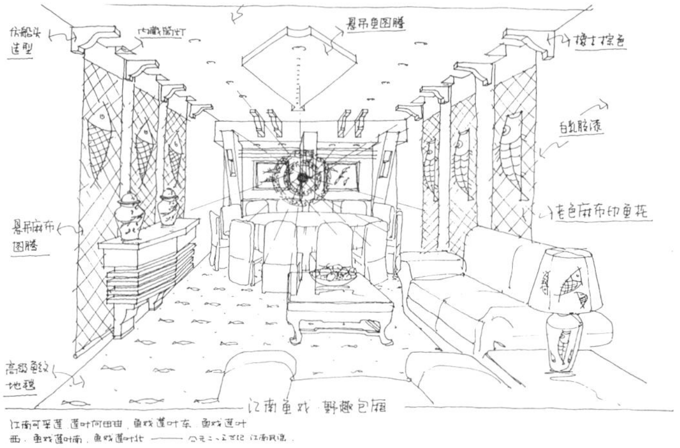

图 5-4　某图腾式包房预想草图　设计、绘画：吴卫，耗时 45 分钟，原稿尺寸：A3，提示：请把注意力放在设计的创意上，而不是求透视上。

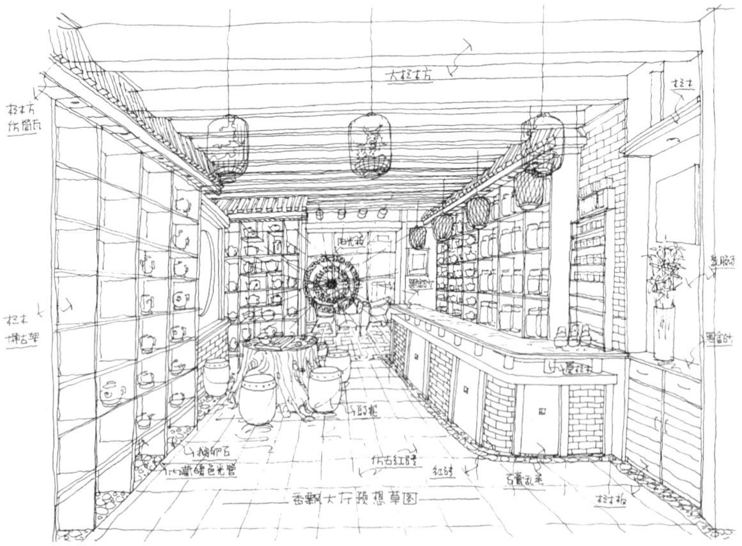

图 5-5　某茶室预想草图 设计、绘画：吴卫，耗时 50 分钟，原稿尺寸：A3，提示：在绘制草图时要做到透视线只凭直觉，而不用常规求法，不让你的眼睛和大脑被所谓的透视“原理”所束缚。

生机械地一根一根地去求透视线，结果在学生的脑海里形成了透视是很严密、很严肃的思维定势，必须一丝不苟地去求、去绘制。笔者也不例外，上大学时学过画法几何及阴影透视，花费了很大的气力才终于得了一个优。参加工作后，发现书中很多知识派不上用场，特别是构思草图阶段如花太多时间在透视图的绘制上，势必会影响设计构思，扼制创造力的发挥。过去为画一幅效果图（1996年以前电脑效果图还没有占据市场），用喷笔绘制大约需要花费两三天的时间，头一天的工作几乎全部要用于透视求点上，很是辛苦，每根线都要求到，而且都要消失在灭点上。结果，虽然效果图画面看上去挺漂亮，但缺乏创意，构思不巧，最后还是流于平庸。

靶心说的启示最早源自于中国的散点透视。在绘画中有散点透视与焦点透视的说法，所谓散点透视，就是在一幅画面上可有几个视点（注意不是心点或灭点）；焦点透视是指在一幅画面上只有一个固定不变的视点。由于从事室内装修工作，结识了不少艺术类的“画家设计师”，常听到他们说起散点透视，由于没有得到正确的解释，就以为是有许多灭点构成的透视，感到十分好奇，甚至认为为靶心说找到了理论依据。结果通过大量学习、阅读中国画的有关理论著作才发现，所谓散点透视实际上是指“步移景异”，也就是人在走动时，视点、心点也在变化，散点是视平线上心点移动的轨迹，而不是以心点为圆心，某不确定值为半径的无数散乱点的集合（即本文所指的靶心说中的靶子）；又研究下去发现中国古代一直沿用斜平行线透视法（又称方盒式透视法，实际上是类似于西洋透视中的轴测投影法）[3]。中国的绘画理论有一点值得借鉴，也就是中国古人强调想像力的发挥，眼睛可以张开想像的翅膀飞到高空，从空中观看建筑对象，也许是古人“以大观小”[注]的理论的使从，其实按现在的西洋透视理论来观之，实际上就是当视距较远时（如站在高山上往下看），即可类似于轴测投影方法。大家知道视距太小，则容易使物像产生太大的透视变形；视距太大，画出的物像则显得没有多大的立体感和空间感；而在视点较远的情况下，可以考虑用轴测图来代替透视图（如鸟瞰图）。严格来说西洋轴测图是不存在灭点的（这点与中国画散点透视概念有所不同，后者指画面上可有多个视点，如宋代张择端的《清明上河图》），这是因为轴测图是用平行投影法画出的图形，而透视图则是用中心投影法求出的[4]。现代的透视理论中所谓的中心投影法，只是最接近于人眼球的生理成像原理而已[1]，难免会出现一些所谓的伪透视和视错觉现象（这也恰恰说明人的思维是模糊的）。人的眼球构造使得肉眼观察物像时，其视线是通过瞳孔投向物像各点，物像在视网膜上形成了倒像，再经人脑转换而成我们所看到的透视图像的。进一步说透视图像只是最适合于我们的肉眼习惯，适合于人类，对于动物界及科幻中的外星人也许就不合适了。

撇开我们视觉上存在的伪透视、视错觉不谈，反思一下，我们现在学习透视的目的到底是为了什么呢？

4. 透视的目的

设计师是通过一种形象语言在人际之间进行交流的，利用图形符号表达思维的群体，设计师应该是善于用图形来表达思维的人[5]。其实透视的目的，就在于帮助人们更好地交流及识别设计意图，判断建筑师、设计师要表达、传递什么样的信息，是利用直观透视的现象来控制画面图形的准确性[6]。可以说图式思维靠的是图式语言[5]。我们设计师的创作语言就是绘制草图、电脑效果图及制作模型。效果图的目的是为了交流传递视觉信息，告诉他人我们的创意是什么，我们想要表达一个什么样的设计概念，尤其是草图（许多大师都喜欢采用草图来进行设计推敲），那就是建筑师的图解语言，它以最快、最直观的方法沟通了手、眼、脑[7]。徒手画草图不仅是设计师的图像语言，而且是一种模糊思维方式的体现，大多数富有创造力的建筑师都拥有出色的徒手画技能。

如前所述，一个草图中的创意应该是占主导地位的，而透视制图只能起辅助作用，因此在设计草图阶段没有必要花费太多的时间精力在透视求点上，而应该在设计的创意上多下功夫，这时候如果用笔者的靶心方法绘制设计草图就容易多了。靶心说提倡的是徒手绘制，如果你仍依赖直尺，草图能力就难以很快得到提高。徒手画感觉的成分多一些，而直尺求点偏重理性，会导致僵化、匠气。如果你掌握了靶心说，又有扎实的绘画基本功，且有较全面的艺术素养，那么不远的将来你一定能成为一名绘图高手的。

思维分为艺术思维和科学思维，二者实际上是同一思维过程对感性材料（感觉、知觉、表象）和理性材料（概念、数字、符号）的不同加工方式[7]。在17世纪的法国，艺术思维和科学思维的矛盾促成了一场艺术上的30年论战，为的是弄清楚究竟是严密的几何学，还是经过画家眼睛考验过的透视直觉，最接近于真实[2]。科学的理性经典透视图法存在以下的弊端：①千人一面，没有个性；②耗费过多的时间精力、转移设计的注意力；③画面效果单调、呆板、没有生气。靶心说是一个模糊的概念，是艺术思维与科学思维的交汇点，是模糊思维方法。靶心说中需要探讨的是靶心的半径到底在多大范围内能符合肉眼的视觉习惯，超出多大范围就会产生失真现象，这就不是笔者能有时间和能力做得到的了，只能留给以科学思维见长的制图工作者以理性的数学模式去精确地解决这个问题了。但是可以肯定的是靶心说必须建立在经典透视理论（如一点透视，两点透视）的基础之上，离开经典透视作为理论依据，靶心说是站不住脚的，因为它失去了打靶的终极目标——靶心即经典透视理论中的心点（灭点、余点）。

5. 结语

中国人注重人文，注重想像，而西洋人则注重科学，注重理性。如果把感性与理性较好地联系起来，就成为靶心说的思想理论依据，靶心说的核心简而言之就是欧洲透视几何学的形、中国画散点透视的意[8]。因此，希望初学者首先要学好画法几何及阴影透视课程，虽然在绘制设计草图时没有必要过于精密地进行透视求点，但在电脑效果图中必须严格按照经典透视几何理论，因为只有这样绘出的效果图才在某种程度上是最精确的。同时，我们还要看到透视规律与透视几何的不同，前者是感觉、感性的成分多一些，而后者则理性数学的成分多一些。透视规律是可以用语言来描述的，正如杜甫的诗“孤帆远影碧空尽，唯见长江天际流”就是用形象的语言道出了近大远小的透视现象，而透视几何则同立体几何、解析几何一样属于数学的范畴，需要数学推导和几何作图才能验证，而不是仅仅靠语言能够描述的。

笔者再次提醒初学者，在绘制草图时要做到透视线只凭直觉，而不用常规求法，绝不让你的眼睛被所谓的透视“原理”所束缚。笔者提出的靶心说是针对绘制设计草图的，是模糊透视。同时要强调的是在设计中创新才是目的，其他只是表现手段，而且这种手段随着科学技术的不断进步，一定会更加完善、更加快捷和便利的。

透视感悟点滴

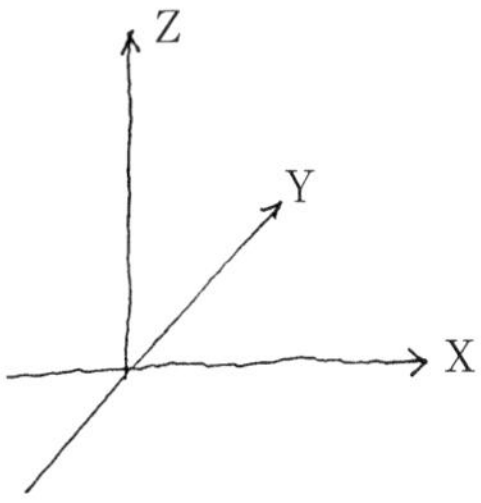

高度方向用Z轴表示;
地面（顶面）用X、Y
轴表示。

建立正确的坐标轴向

在建立坐标轴向时许多人的习惯是以X轴为水平方向；Y轴为垂直方向即表示高度的方向；Z轴为进深方向。从现在起为避免一些不必要的错误，请使用正确的透视图轴向：即高度方向用Z轴表示；地面（顶面）用X、Y轴表示。

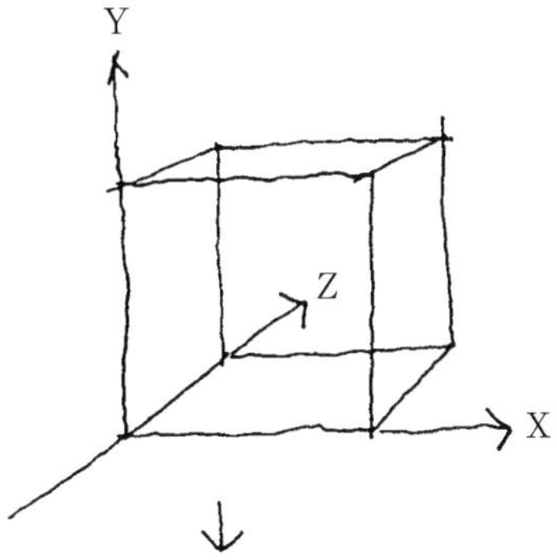

习惯轴向是以X轴为水平方向；Y轴为垂直方向即表示高度的方向；Z轴为进深方向。

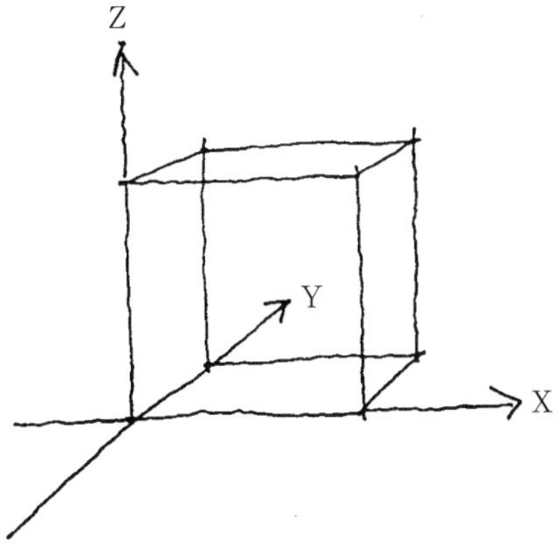

正确的坐标轴向以Z轴为垂直方向；X轴为水平方向；Y轴为进深方向。

常用的两种透视法：一点透视及两点透视

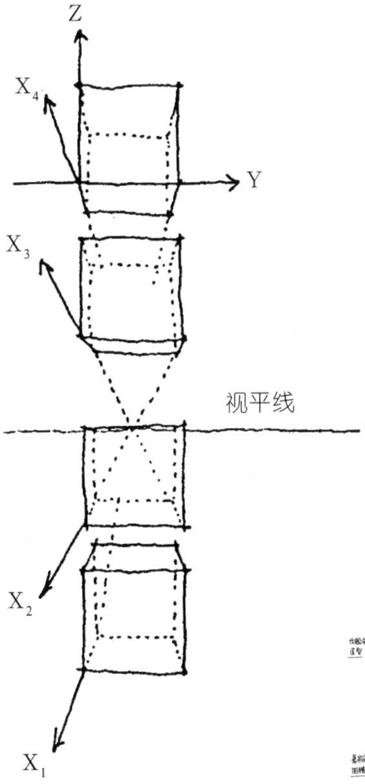

一点透视（室内常用）

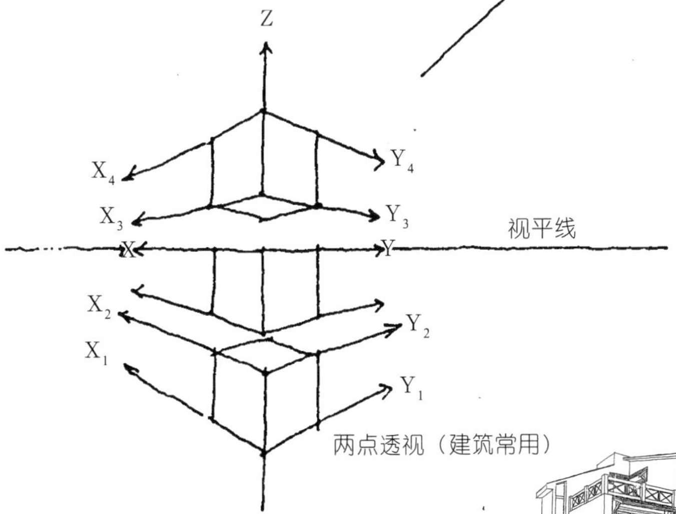

两点透视（建筑常用）

^ 两点透视设计草图实例

< 一点透视设计草图实例

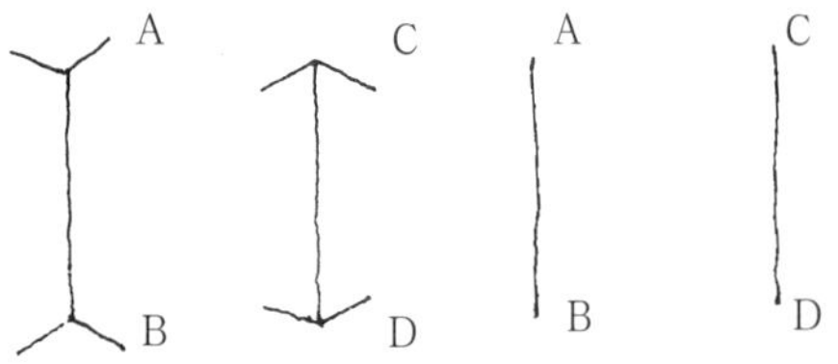

著名的Muller-lyer 箭头

透视（perspective）这个词来源于拉丁文，原意是“透过而视”，透视能用二维平面创造三维立体的视错觉。上图为著名的视错觉Muller-lyer 的箭头示意图，图中的AB、CD为两根等长的线段，但加上箭头以后却产生了AB与CD不等长的错觉，这是因为此图与我们的透视习惯有关，即原本是二维的线段加上箭头后便产生了三维的错觉。现在我们用透视方法来解释这个现象：如右图所示，将箭头线分别延长，于是视觉效果发生了变化，形成空间形体的室内透视与室外透视的错觉了。按视觉习惯箭头线越延长，AB与CD的线段长度在视觉上越拉开距离。

小结：以上分析说明原来等长的两根线段加上箭头后，变成了形体的三维效果，已不再是平面上的两个线段，即原来独立的两根线段变成了两个形体中的线段，从透视习惯上说二者显然是不相等的。因此，当我们要表现空间形体时，可以在线头的两端加上方向线就能产生空间透视效果。

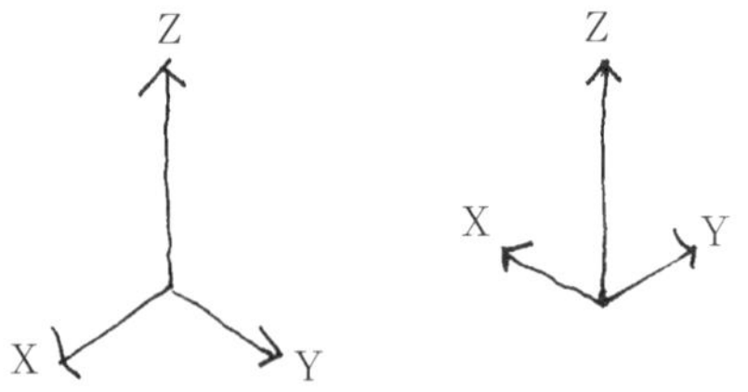

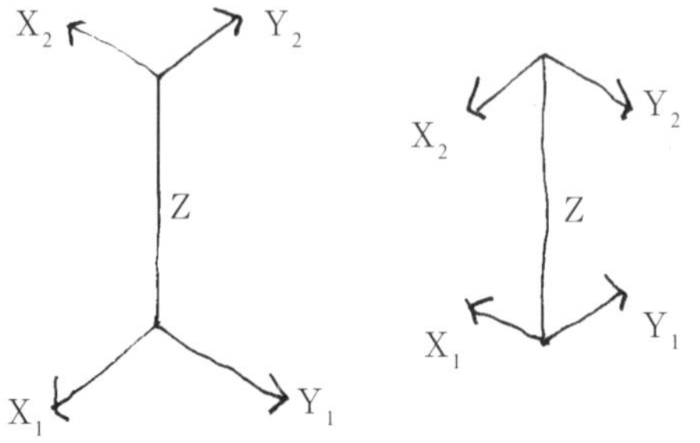

室内透视　　室外透视

顶底面的朝向判断规律

我们在画设计草图时，当遇到室内陈设物较多时，非常容易混淆的是对一个物体顶底面的透视判断。如右图所示，V点为透视心点，当画一个圆柱体（无论体积大小），在1中透视心点V位于中部，注意其顶底面的弧形变化；在2中透视心点V在圆柱上方则顶底面均朝上；而3中心点V位于圆柱之下，其顶底面均朝下。

小结：如何判断形体顶底面朝上或朝下主要看所选心点的位置。延伸开来我们可理解为视平线所在位置决定形体的顶底面朝向。现举例说明如下：

如右图所示，在此快题笔记中，花盆、金箔碗、台灯、花台桌面都是圆柱形，这四者的朝向容易弄错。这时我们可以通过形体轮廓线的消逝方向找出心点和视平线，然后根据上面总结的规律来绘制圆柱形顶面的朝向就容易多了，同时可参考第2章钢笔素描中结构素描部分图例2-4。

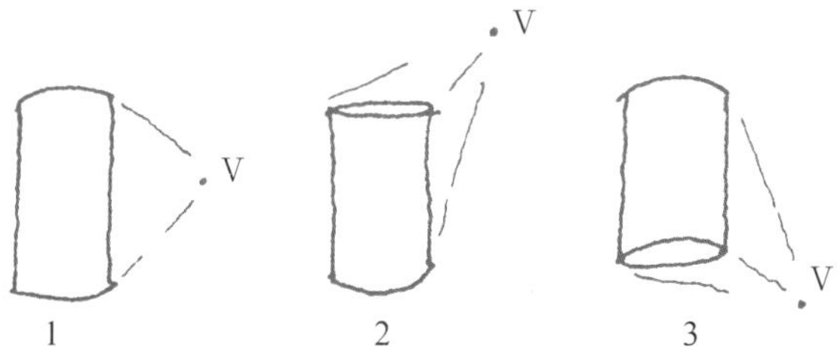

圆柱的顶、底面朝向与心点的关系图

圆柱顶、底面绘制实例

室内画凹槽的规律

当我们绘制厨房里的洁菜池、洗手间的洗脸盆或其他洞槽时，容易碰到凹槽如何画的问题，其实很简单，一般凹槽外形与其平面外形相同，如右图所示。

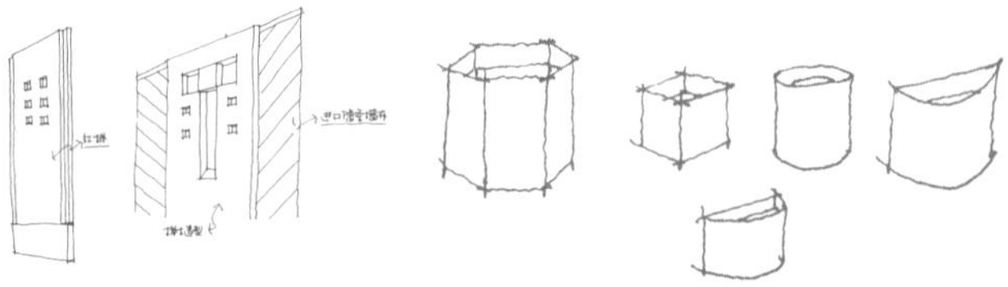

凹槽的画法

以形体定透视

透视图中虽说是三维的有三个轴向X、Y、Z轴，但其实只有两个变量，即竖向Z轴方向保持不变，只有X、Y轴两个方向体现透视变量。因此，我们可以利用这个特点，用形体来定透视。用一定视点下的形体作为透视单元扩展或组合（如右图所示），只要抓住X、Y两个轴向的变化特点，再利用模糊透视理论就可以不断地去绘制并完善你的透视图。

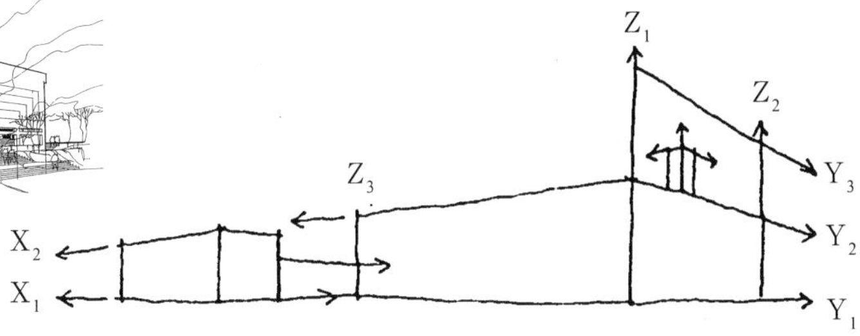

Z轴方向不变，只有X、Y轴方向根据视点不同而有规律地变化。

透视形体单元

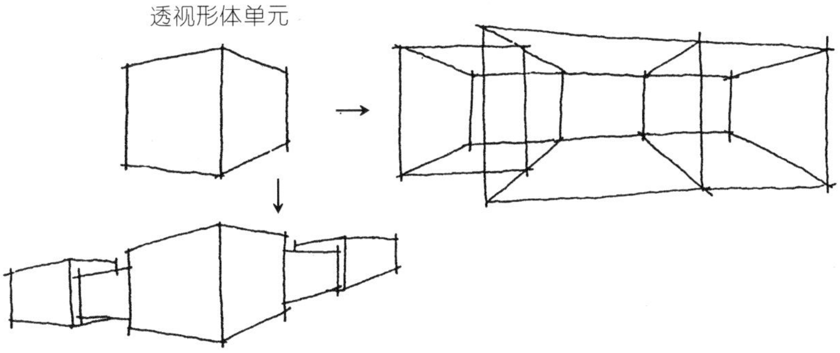

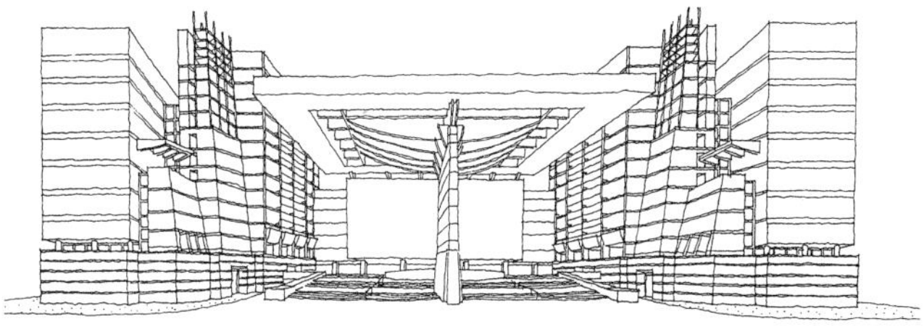

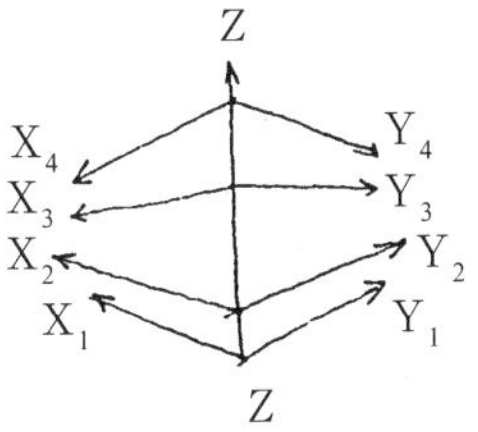

室外两点透视，Z轴方向不变，X、Y轴分别向透视点集聚。

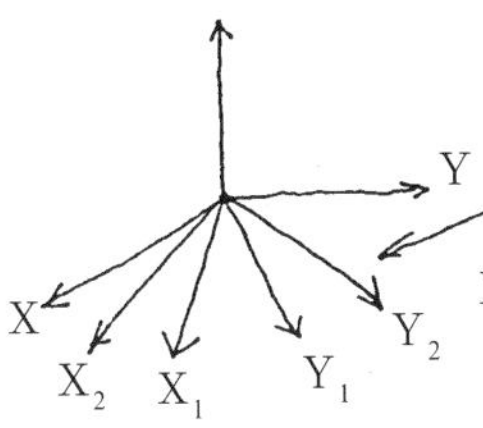

室内一点透视，Z轴方向不变，X、Y轴以心点向外发散。

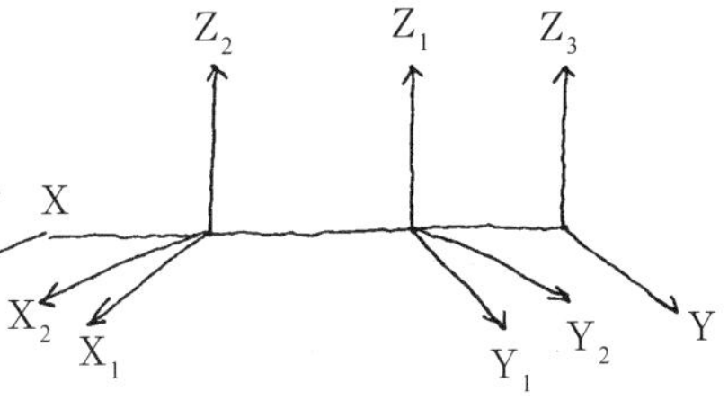

Z轴方向不变，X、Y轴以透视点发散。

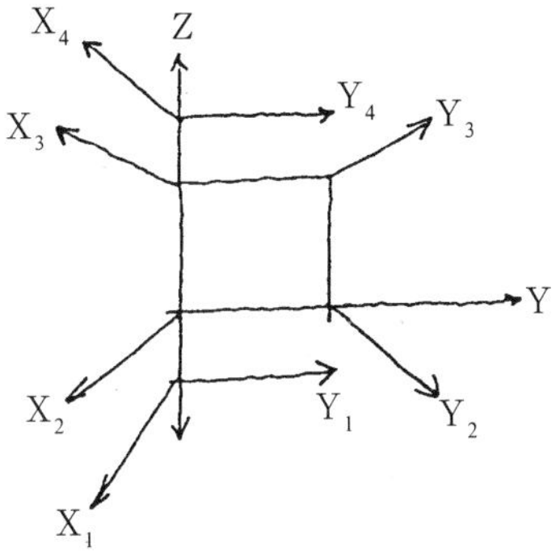

小结：我们用形体来定透视实际上是用锁定视点的形体的两个X、Y轴向来做参照坐标系去判断其他物体的透视轴向，不至于被繁杂的场景所迷惑而停笔不前，甚至出现透视错误。我们只要在作画时牢记两根轴向的透视线走向，就能基本上画准透视了，并养成习惯，随时检查物体的透视线走向是否准确。如左图所示是一个大餐厅设计草图，场景较大，室内布置繁杂，但只要抓住X、Y轴方向符合透视规律即可。相对来说透视点有几个倒无妨，但X、Y轴的方向却一定不能错，否则看上去就不舒服了。

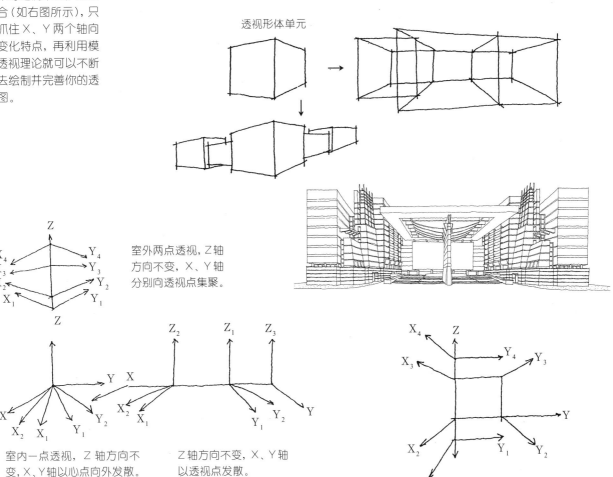

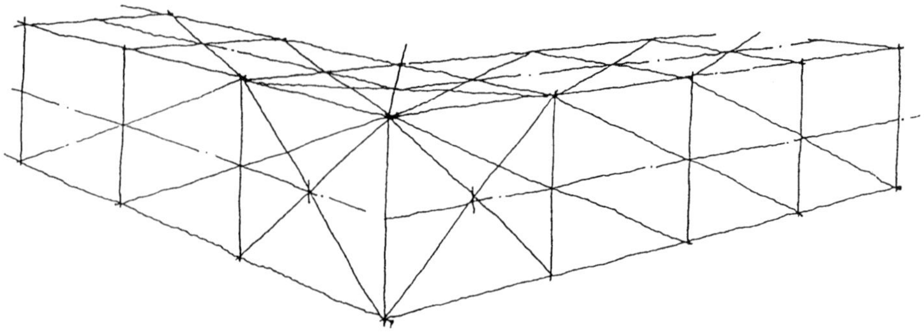

以基本形体向外及两侧发展，请掌握这种最基本的透视求点法。

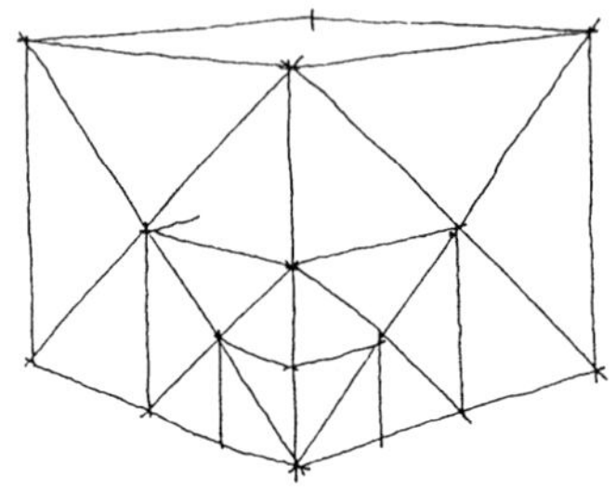

以基本形体向内缩进

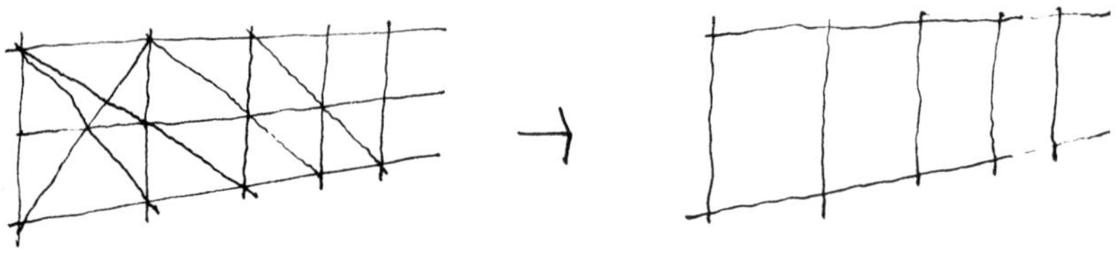

上面的一般作图法可延伸为透视规律（透视感）来记，如左图方格由大逐渐变小，因此有时可不必作图求点直接按此规律画出这种透视感觉就行（如右图所示）。

与上述的以形体定透视一样，我们在透视开始时，将此形体确定为尺度基准单位，其他连续的单元体同基准形体尺寸成一定的比例。初始徒手时主要是注重比例，不需要用求点来达到准确，也不需要注意十分精确的细部。

图中吊顶方格在渐变，画出了透视的感觉

室内地面拼花画法 1：
假设某室内地面是用 600mm × 600mm 的花岗岩铺设而成，先按施工图所提供的尺寸定好 a、b、c、d 四点，将 bc（假设为 4800mm）分为八等分点，并分别与消逝点相连，这些连线与地面对角线 ec 相交处即为地面等分点，再过等分点做平行于 bc 的线就能得到等分的地面拼花了。

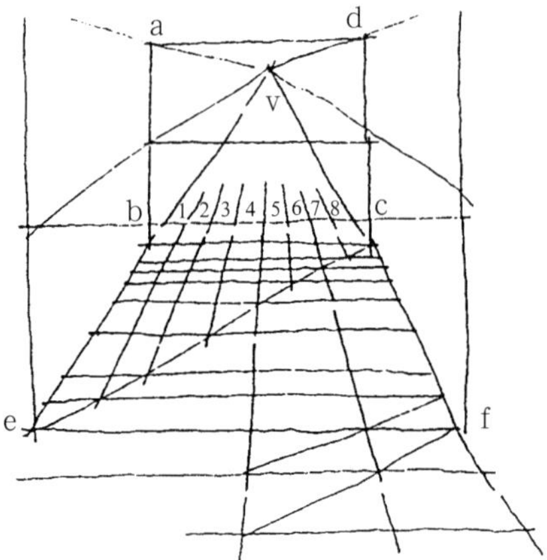

室内地面拼花画法 1

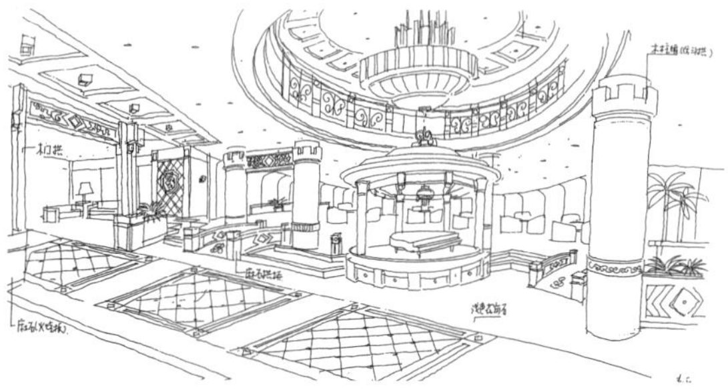

如上图地面拼花发生渐变，给人以进深的透视感受

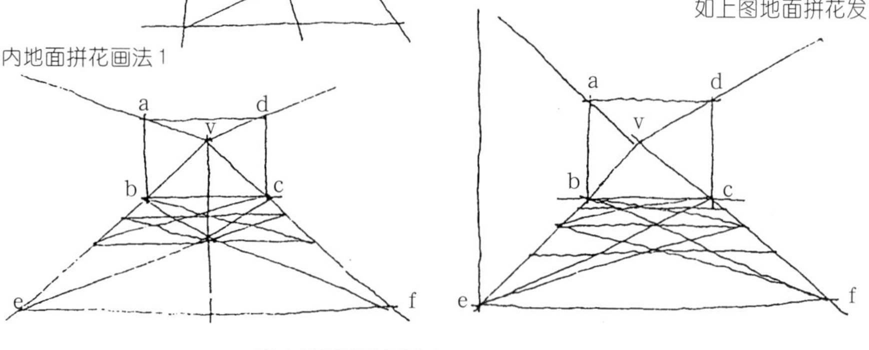

室内地面拼花画法 2

室内地面拼花画法 2：
反过来也可以用对角线求点法去一步一步地求等分。
小结：我们可以通过地面花岗岩大小、块数去判断室内空间的尺度，这样可以帮助我们判断透视草图是否符合施工图所给定的尺度，不至于过于失真，失去其现实指导意义。

椭圆的草图画法

众所周知，在设计草图绘制中椭圆的透视是最难画好的，原因是它是由弧线组成的，不像方形等由直线构成有交点容易控制，为此我们首先要找到椭圆的控制点。如下图所示，找出了8个控制点，就较容易准确地画出椭圆了。

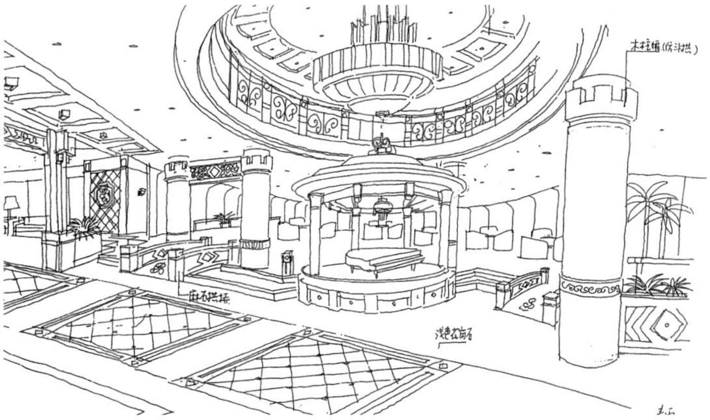

︿ 绘制圆形吊顶实例，注意画中亭子上下椭圆的变化。

﹀外切正方形与圆的切点位于圆心与对角线约2/3处，圆形交外切正方形与中点，定出椭圆的8个点，即可较准确地画出椭圆。

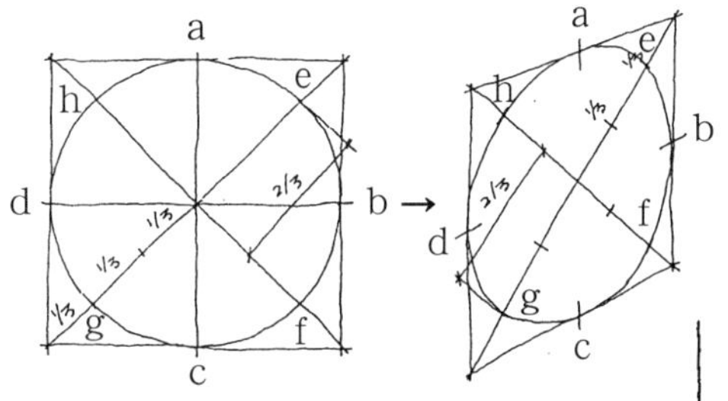

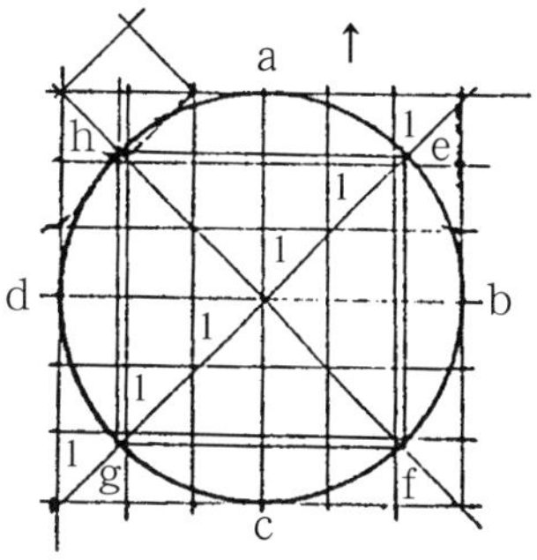

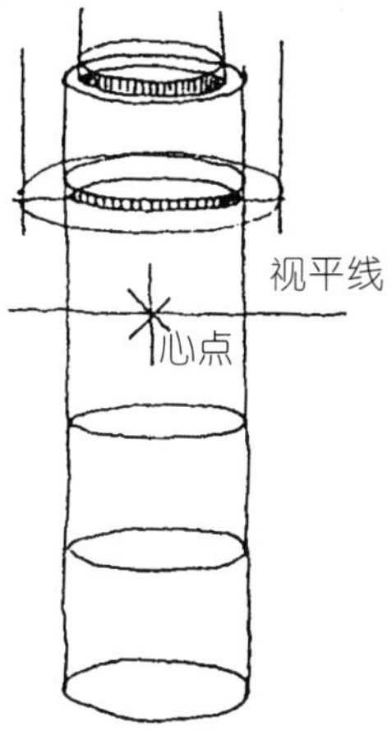

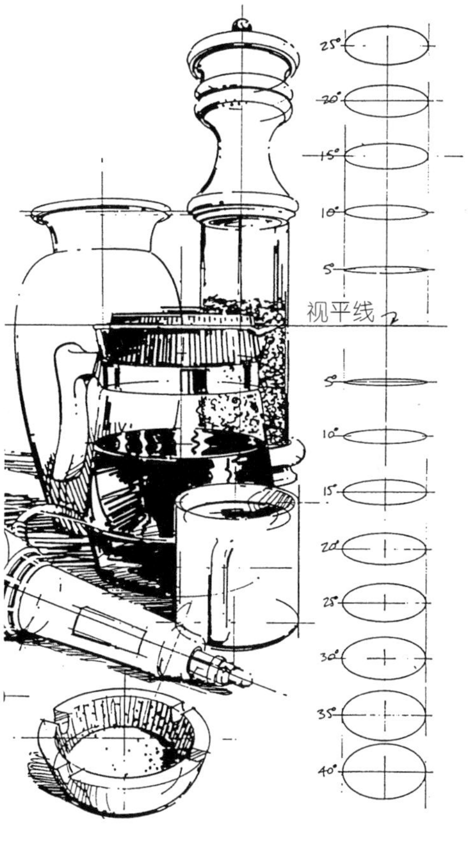

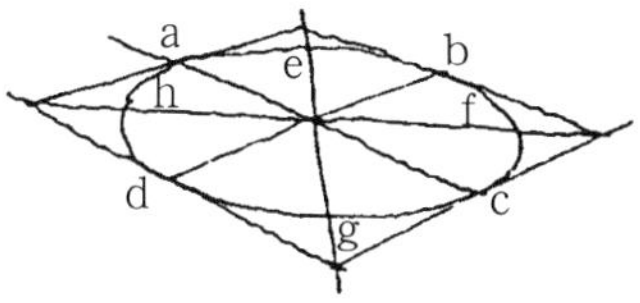

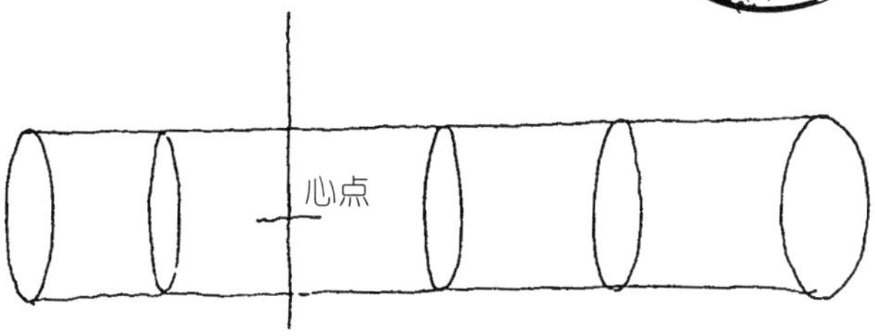

︿ 圆在同一视角不同高度上的弧线变化，注意它是以模板的形式介绍的。

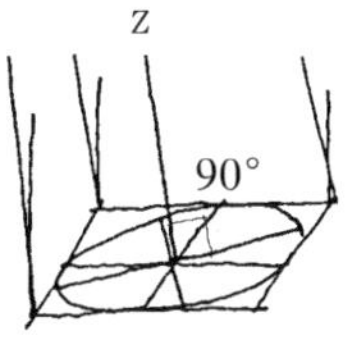

一般情况下Z轴垂直于椭圆的长轴方向。

从以上可看出椭圆形弧线越远离心点变形越大，椭圆的面积越来越大，即在长轴直径不变的情况下，离心点越远短轴直径变大，在椭圆板上表现为度数增大。

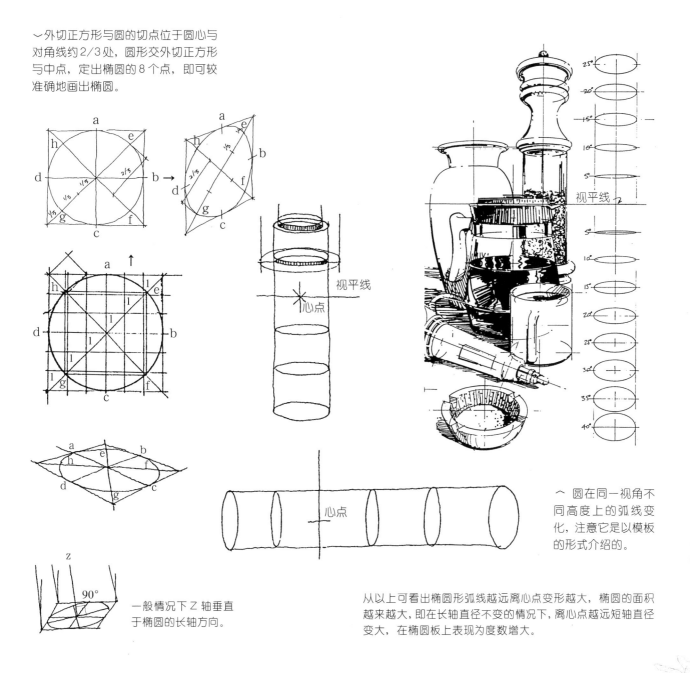

室内设计草图透视技巧

1. 若想主要表现地面则将ec与fd延长相交所得到的消逝点v提高，连接va、vb并延长至h和g点即可。

2. 若以人的视高为视平线则看表现左右哪个面来定消逝点，再将v与a、b、c、d点连接并延长即得到ah、bg、ce、df。

小结：室内透视心点（消逝点）位置很重要，现举例如下：

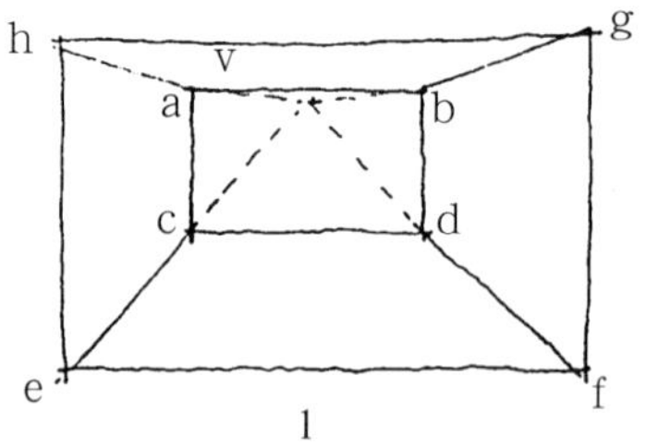

1

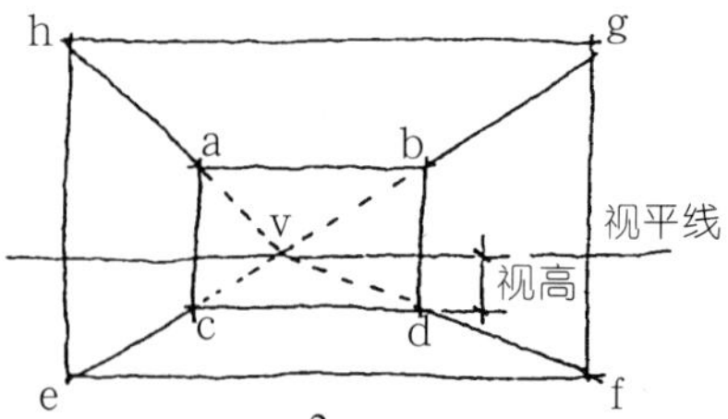

2

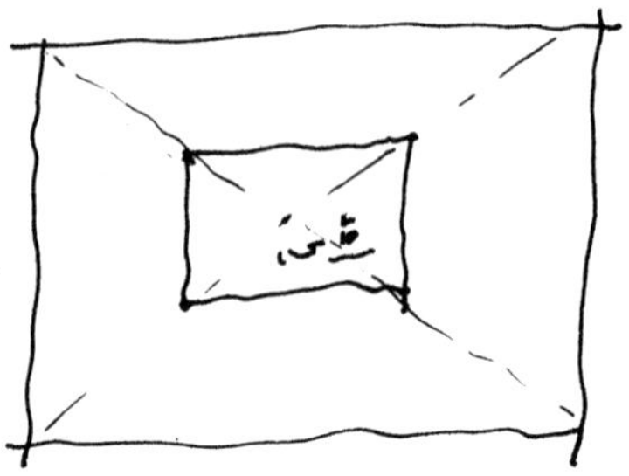

心点适中→同时表现墙、顶、地各面

对于室内设计草图心点位置是关键，如左图所示：心点适中，可以同时表现顶面、地面及两侧墙面。

心点适中实例

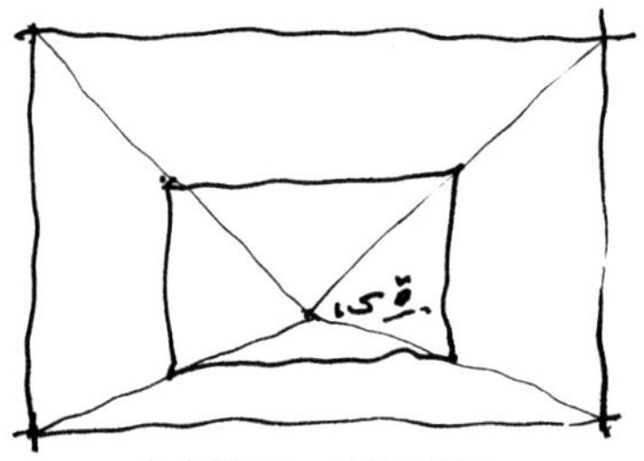

心点偏低→表现吊顶

心点偏低，可以很好地表现顶面，多用于较复杂的吊顶。

心点偏低实例

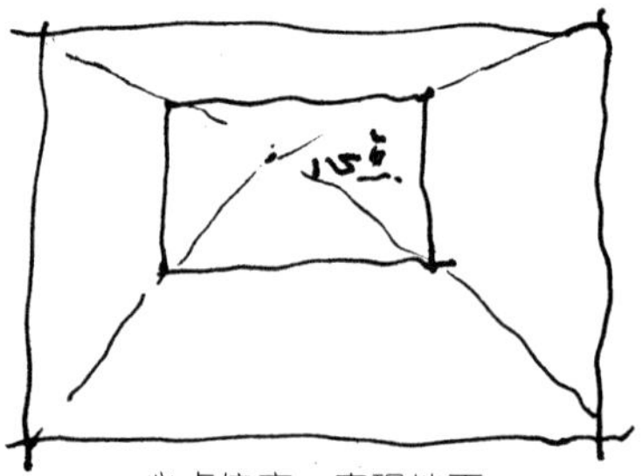

心点偏高→表现地面

心点偏高，主要用于表现地面，当室内陈设较复杂及要重点表现地面拼花时这种方案较理想。

心点偏高实例

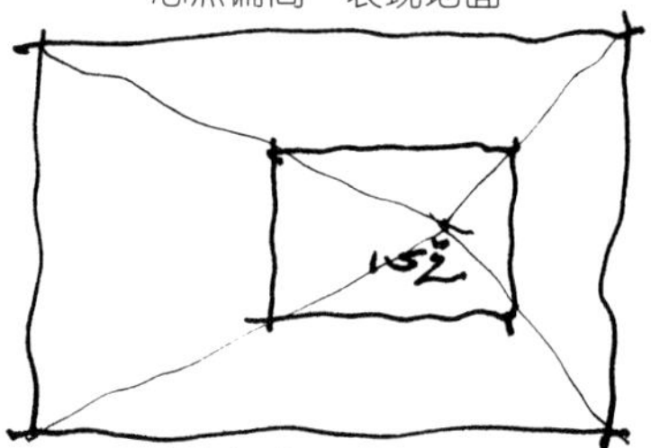

心点偏右→表现左墙

心点偏右，重点表现左墙面，对于左墙较复杂的设计非常适合。

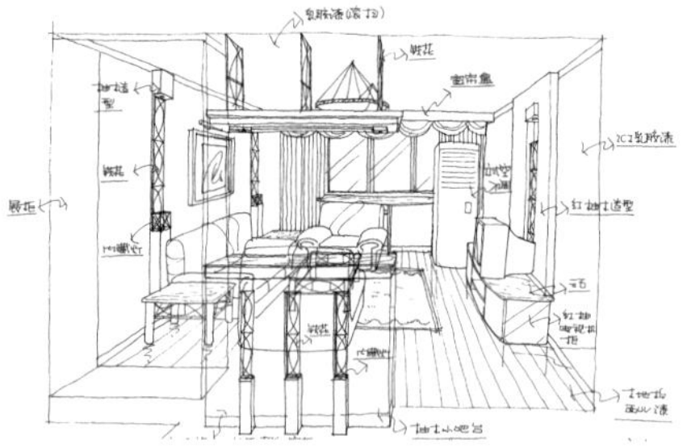

心点偏右实例

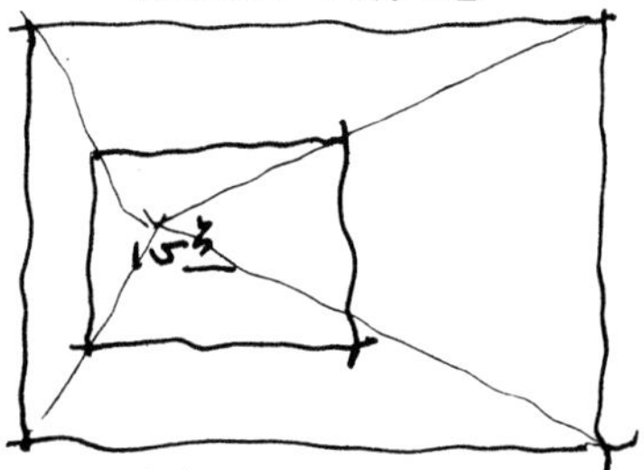

心点偏左→表现右墙

心点偏左，主要用于表现右墙，当要重点表现右墙时这种方案不错。

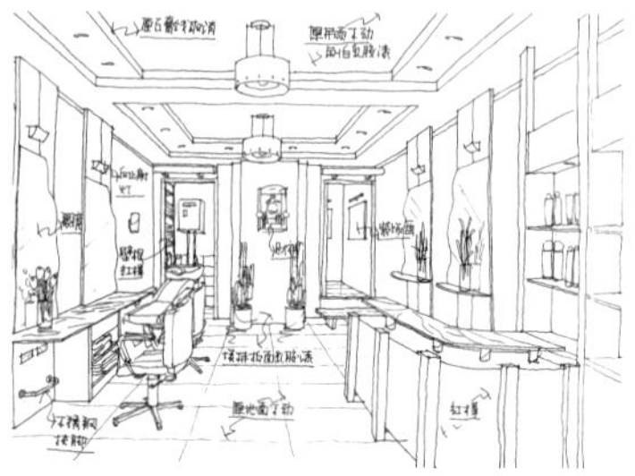

心点偏左实例

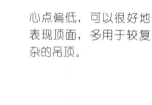

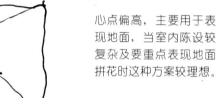

第 6 章
设计草图

——从平面到透视、从二维到三维的视觉演化

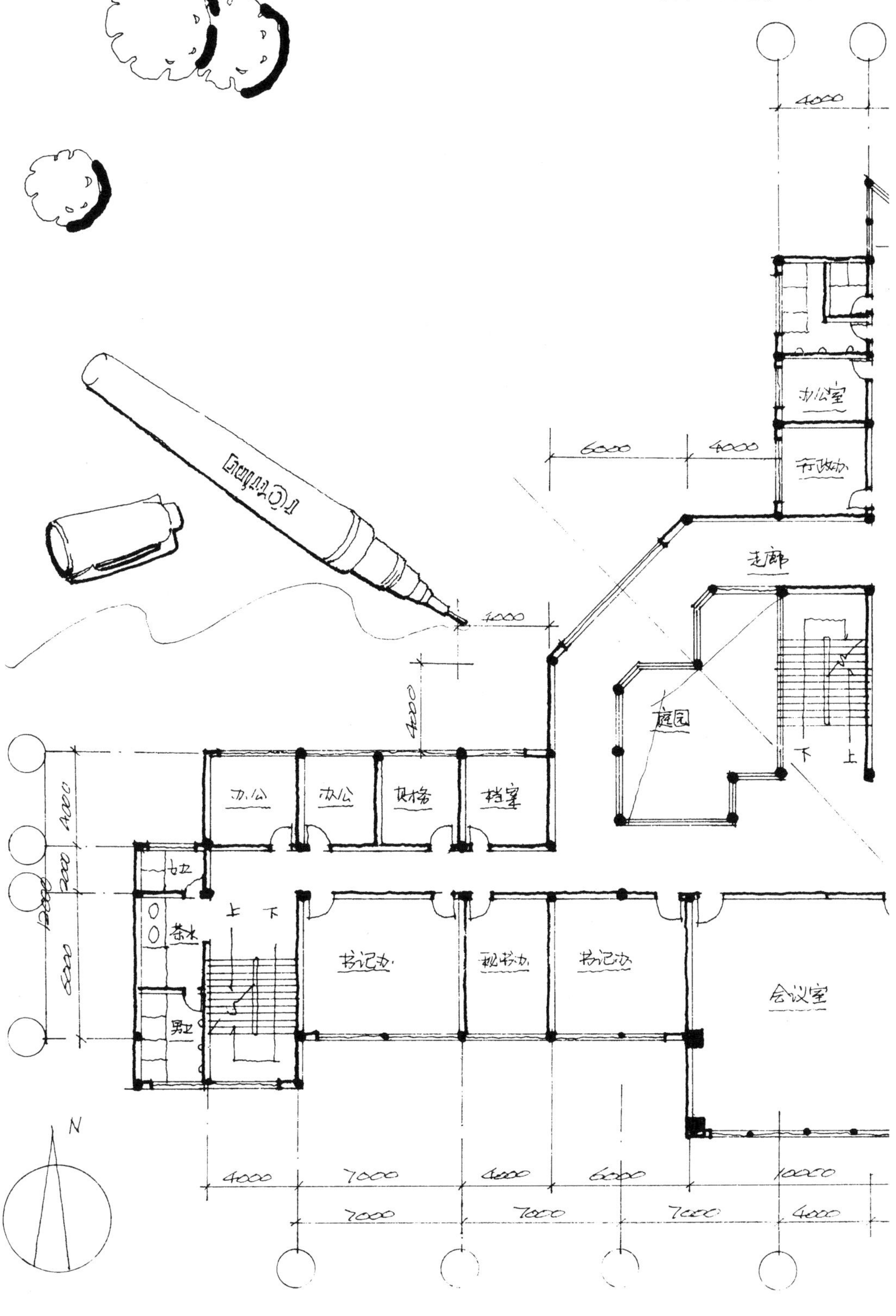

当今信息时代，强调快节奏、高效率，电脑效果图可以说已经取代了过去手绘效果图的传统地位，那么设计草图还需要吗？当代的年轻设计师，心是燥动的，大脑、眼睛、耳朵时刻在接收着新的讯息，电脑、上网、QQ、MP3，已经成为他们生活的一部分。一旦接到设计任务，马上上机操作，仿佛电脑是给他们带来一切好运及高额回报的载体，很少有人再愿意用手去勾勒草图了，现在再说设计草图似乎已经过时了。其实不然，我在1995年就购买了电脑开始研究3DS，并教授AutoCAD至今。而我始终认为在方案设计阶段，设计草图具有电脑不能取代的地位。由于电脑和电脑绘图在设计教育领域的普及，设计草图相对遭到冷落甚至忽视，但从长远发展看掌握传统表现技法——徒手草图，在当今IT时代仍尤为重要。

1. 设计草图的定义

1.1 设计草图是交流的重要手段

设计草图是设计师的图形语言，是用图像这种直观的形式表达设计师的意图及理念；是用以反映、交流、传递设计构思的符号载体，具有自由、快速、概括、简练的特点。设计草图多以徒手绘制。设计师绘设计草图正如音乐家作曲，是在大脑里构成，表现在画面或写成音符，是快速记录的过程，这个过程体现了设计师的工程技术素养、艺术绘画功底。我以为作为一名建筑师、室内设计师一定要有很好的空间尺度感，要学会不运用器具就能徒手去表现最具创造力的意识绘画——设计草图。目前设计师与甲方之间交流图像信息的主要手段是靠效果图，我想与业主交流不仅仅是将结果告知业主，而电脑效果图大多着重于最终的设计构思方案，没有与甲方交流的余地，有些甚至是在甲方根本没有参与的情况下进行的，这样设计出的作品是可想而知的。设计不同于绘画艺术，甲方是上帝，只表达自己的个性不考虑甲方的要求，只能是纸上谈兵。因此，要注重与甲方的交流，而此时最好的方法是画设计草图，能够即席以语言和草图等形式表达自己意图的人是大受尊重和欢迎的。

1.2 设计草图既是效果图又是施工图

不知从什么时候开始建筑绘图一分为二，成了两项专门工作，即设计师用以表达构思的透视效果图和指导工人操作的施工图。绘制透视效果图是孕育设计意图的手段，借以促发内心的思维，设计大师们常乐此不疲（图6-1、图6-2）；而画施工图却是劳累的工作，每天8小时，按照设计师的意旨用精确的线条画满成张成张的图纸。大家知道电脑效果图是可以较精确表达设计草图的重要手段，但在目前也还是一个苦差。我以为计算机没有人类所具有的激情，设计师不是纯粹的电脑绘制员，应更多地采用徒手画去捕捉设计灵感，要强调自身的创意，而不是匠气。效果图只是一种表现手段，它是不能离开设计的；设计是本、效果图是末，二者不可倒置。一幅好的设计草图有时可以兼具两方面的功能，也就是既可以作透视效果图给人立体的感受，又能指导电脑绘图人员制作效果图，甚至还可以指导工人师傅施工（图6-3、图6-4、图6-5、图6-6、图6-7）。据说12世纪和13世纪的大教堂设计施工草图就是画在木板上的，从地上吊上去，然后再钉到构架上去指导施工的[1]。设计草图应是建筑及室内设计专业基础训练课的一个组成部分，

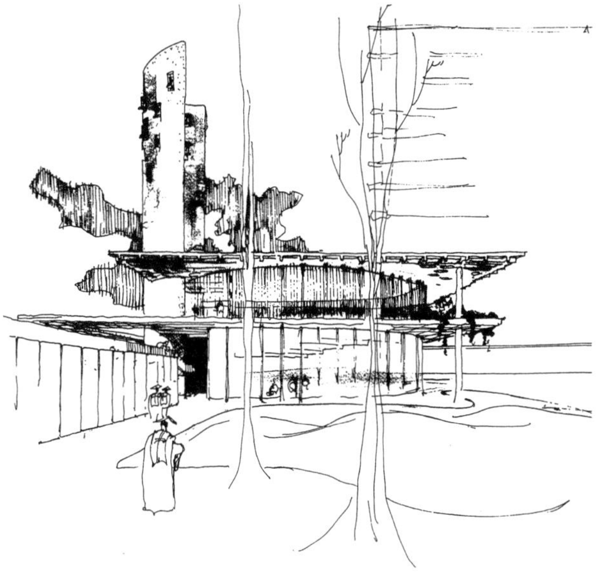

〈 图6-1
美国某大学建筑方案草图
注意将其与图6-2进行比较，图6-1更加概念化，设计师寥寥几笔就勾勒出预想的草图，两幅图视角有所变化，前者视点低，后者视点高。
作者：［美］A · 昆西 · 琼斯，性质：方案草图，原稿尺寸不详

〈 图6-2
此图为图6-1的钢笔效果图，穿插布置了许多配景图，如树木、草蔓、人物。作者诺姆尤拉画女性人物很有个性，只要一看就知道是其作品，注意环境中还后置了教学楼。此图比图6-1更规范化、程式化。
特点：建筑物表现得较严谨，用线一丝不苟；而配景、树木线条则较奔放，树及人物的造型十分个性化，已形成个人的独特风格。
作者：日裔美国建筑师卡兹 · 诺姆尤拉（A · 昆西 · 琼斯的学生及合作者）
性质：钢笔效果图，原稿尺寸不详

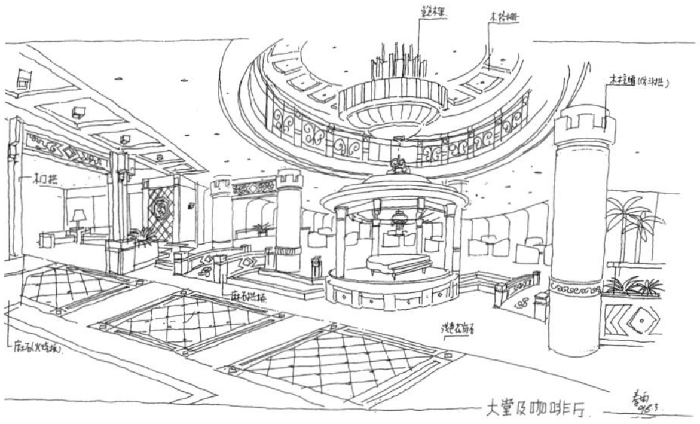

〉 图6-3　大连某宾馆大堂及咖啡厅方案效果草图
解构中国传统装饰构件并展开设计，构思巧妙，运笔轻松自然。
作者：魏春雨，　性质：方案效果草图
原稿尺寸：A3
笔具：硬杆0.3日本三菱签字笔

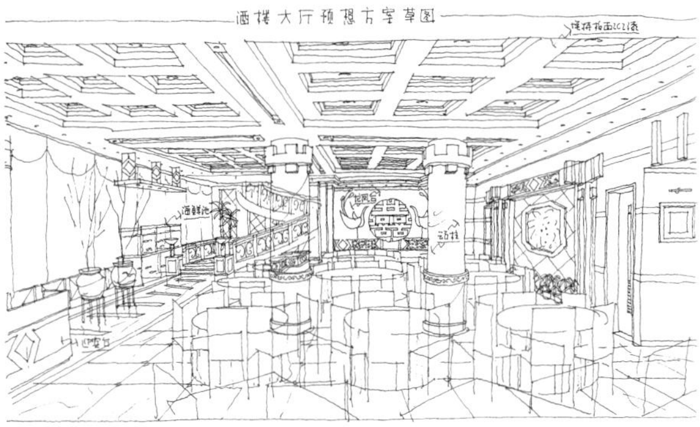

〉 图6-4　大连某海鲜酒楼大厅工程概念草图
将斗拱结构分解重构到柱头上，运用中国传统建筑符号进行设计，餐桌、椅为概念式绘制表达。
注意：吊顶的透视线消失点不止一个〔即所谓靶心透视方法，见吴卫．模糊透视——靶心说．家具与室内装饰，2001，(4)〕
作者：吴卫，性质：工程概念草图
原稿尺寸：A3，笔具：0.5派克金笔+0.2财会细笔

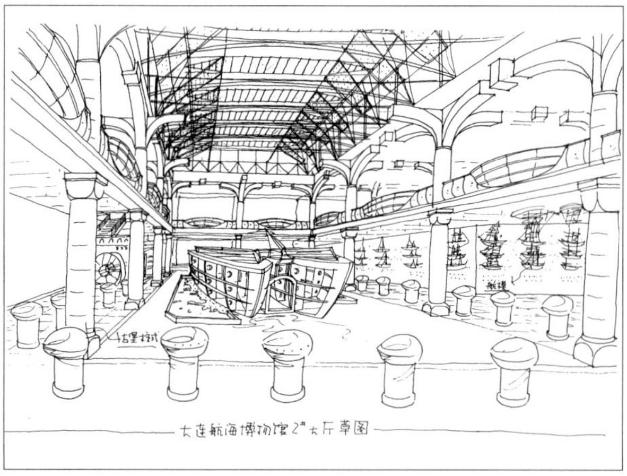

图 6-5　航海馆大展厅 B 区预想钢笔草图　绘制：吴卫

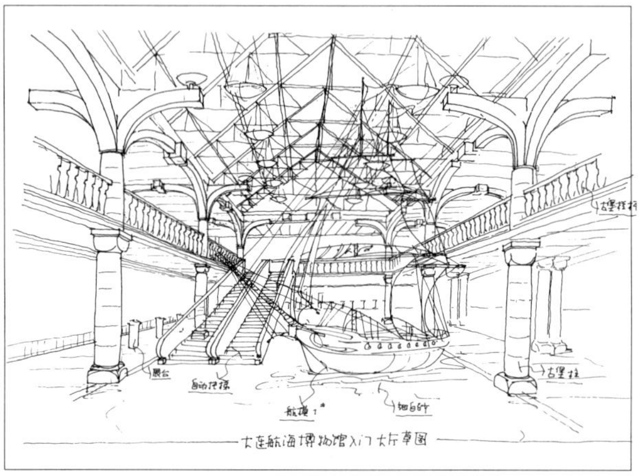

图 6-6　航海馆大展厅 A 区预想钢笔草图　绘制：吴卫

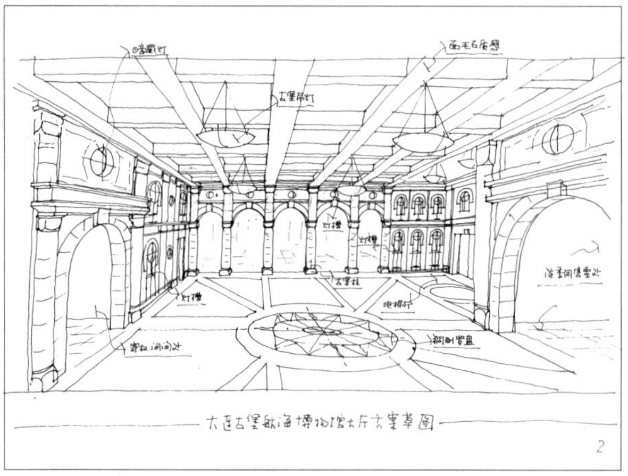

图 6-7　航海馆前厅预想草图　绘制：吴卫

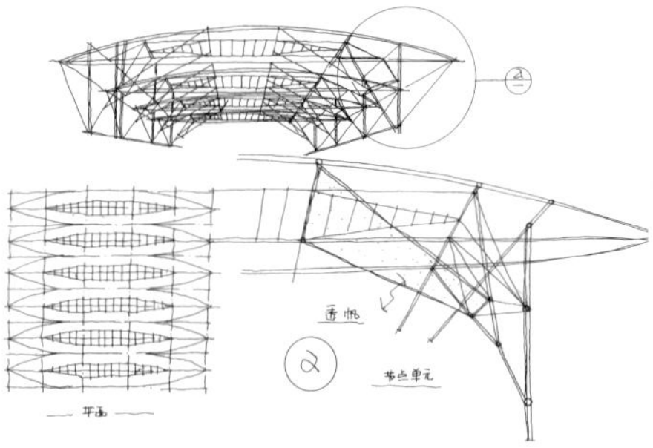

图 6-8　大展厅 B 区网架示意

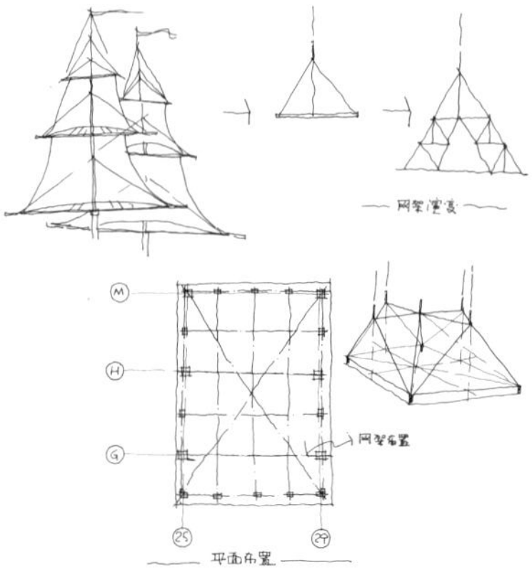

图 6-9　从三角帆到网架顶

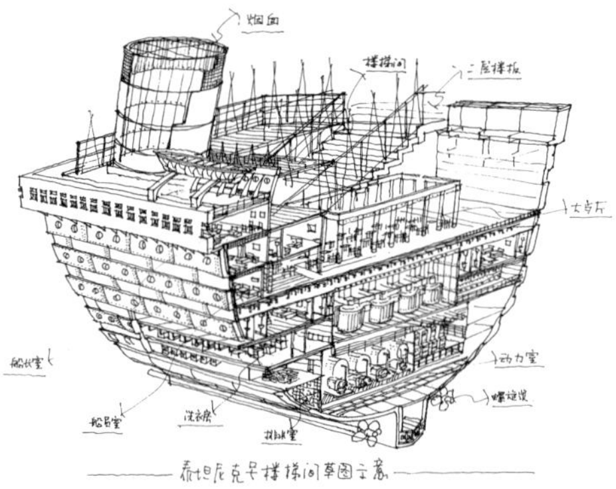

图 6-10　将楼梯间用现代船的剖断包围

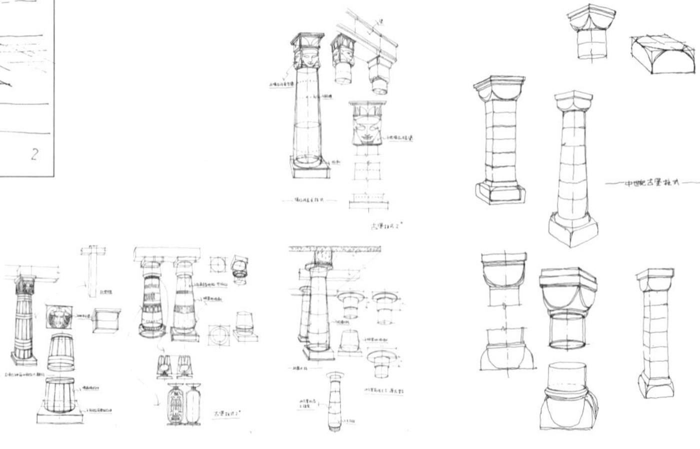

〉 图6-11 柱式方案的推敲

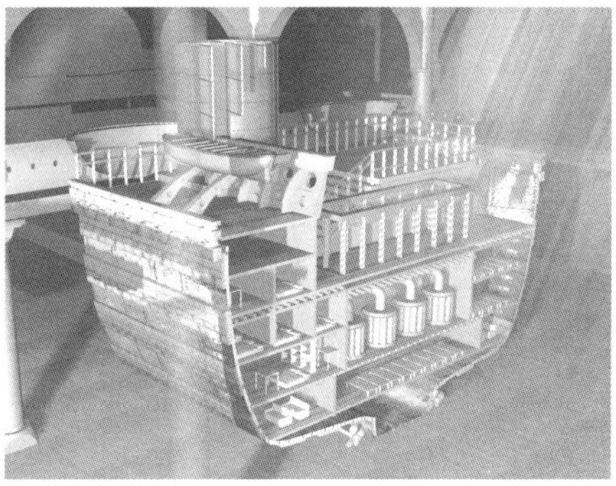

图例 6-12

图例 6-13	图例 6-15
图例 6-14	

图例 6-12　为图 6-5 的航海馆大展厅 B 区预想电脑效果图
图例 6-13　为图 6-6 航海馆大展厅 A 区预想电脑效果图
图例 6-14　为图 6-7 航海馆前厅预想电脑效果图
图例 6-15　为图 6-9 楼梯间现代船剖断预想电脑效果图
图片来源：清华大学美术学院柳冠中系统设计工作室

但是至今还一直未被学校教育方面所充分重视，只是偶尔作为专业设计课上借题发挥和令人惊羡的对象，没有正式作为一门课来上。

1.3 电脑只是工具不能代替思维

我曾与几位清华美院、建筑学院的博士生、硕士生谈及表现设计构思的速写草图，他们当中不乏电脑高手，大多数人认为设计草图是赖以承续设计的重要手段，是电脑效果图目前无法逾越的极富个性的视觉符号媒介。历史上许多富有创造力的建筑师、设计师都拥有出色的徒手画技能，这样他们才能在思考与表达交流传递时做到得心应手。许多资深建筑师和设计师对现在进入建筑学、设计艺术学专业的学生，明显地缺乏徒手画技能这一现象均表示十分关注。《南方建筑》杂志社主编郑振纮先生还专门打电话告诫我，一定要加强学生的基础训练，“电脑只是工具不能代替思维！”

2. 设计草图的作用

2.1 设计草图是“凝固的”思想

在穴居人心目中图画即是“凝固的”思想或者是外界的重大事件，还可能是一个历史的缩影。“山顶洞人”的时代其绘画工具是简陋的，表现方法更是单一的，一般是先打上草稿再刻上去。而我们这个时代的设计草图，也仅仅是一种思维的最初形式而已，却是原创精神的体现，我们现在的表现手段可谓丰富多彩，但设计草图所起到的作用，是任何手段难以取代的母体，是在设计师与设计师之间、设计师与甲方之间架起的一座沟通交流的桥梁。设计草图这种形象化的思维表现为设计中的关键性设想提供了视觉对象和形体，使之可以与同事们共享。设计草图使我们在同一时刻看到大量的信息，展示其相互关系并且广泛地描述了细微的差别。

2.2 凝固的思想促进了交流

设计草图与表现画不同，都是试探性的、简单粗糙的，所表达的往往是并不全面的想法。但正是这些草图却反映了在问题尚未解决之前大量的艰苦探索的困惑历程。大家知道图画有助于排除专业术语所引起的障碍，因此不同行业的人们，都可以参与进设计中并相互交流思想。因为草图是思想的载体，建筑设计草图可以同时观察种种不同的设想，从而大大激发人的思维。设计思考和设计交流应该相互作用，这就暗示了设计草图的新作用：即凝固的思考促进了交流，立体的交流又刺激了思考；思考支持了草图，草图又反映了思考，设计草图关注集中于总体而不拘泥于细节。设计草图以图的形式将思维外显化，草图绘制过程可以看作自我交谈，在交谈中，作者与设计图相互交流。草图再现设计构思，其视觉形象又能反过来帮助和刺激思维。设计草图的潜力在于从纸面经过眼睛到大脑，然后返回纸面的信息循环之中[1]。国外建筑师、设计师大都喜欢讲述这样的一个老生常谈的故事：一项耗资数百万元工程的基本构思图最初是如何出现在一张餐巾纸上的，并以此为快事。我曾奇怪，为什么如此重大的工程竟以这样轻松、随便的设计态度来解决，与其相应的工程耗费是太不相称了。其实就设计草图来看，令人激发的创造性思想出现在餐桌上s并不奇怪，因为那时至少有两个人的大脑、眼睛和手相互对餐巾纸上的形象起作用，他们还由于讨论而激发思维。此外，他们正摆脱连续设计工作的疲劳，处于休息的愉快气氛中，享受着美味佳肴。他们心情舒畅，思路开阔，当然能跳跃出好的设计构思。因此，绘制设计草图需要一份好的心境，压力过大不一定能出好的作品。

2.3 设计草图能够释放设计能量

目前西方许多国家的设计投标多以模型展示，甚至小到大学生的设计作业，也用模型取代效果图，我们某些留学归国的先生常津津乐道之。我不反对模型，但我们的国情是什么。我个人认为从我国大学教育的实际情况出发，能够用图纸表达就没有必要浪费模型资源；能够用草图表现就没有必要用电脑效果图去表现。可喜的是，目前深圳、广州等沿海开放地区在室内装修工程投标中，不仅要求看电脑效果图而且要求附上设计草图，作为有设计原创力的表现。很多人感叹原创作品太少了，业内抄袭拼贴现象过于严重，这些都不是言过其实，当然仅仅以设计草图来衡量是否为设计原创也值得探讨。

3. 设计草图的绘制

3.1 要有画好草图的信念

或许有人会这样说："我真是羡慕别人漂亮的草图和潇洒的笔触，但事实是：也许我永远也做不到"，我觉得事实恰恰相反！任何人都能画好草图。那些画技娴熟的人们最初的画也都是拙劣的、幼稚的，但是他们善于抓住一切机会来练习徒手画，随着长期而艰苦的努力，绘画的技能就日益熟练[2]。绘制设计草图其实并不难，我在给学生上设计课时，发现学生喜欢在电脑中用3DMax[3]建模去勾透视图，究其原因是平立剖好画，立体感强的透视图难画，我告诉他们要大胆地去画，我们不追究表现图的好与坏，只要能从草图中读懂你的设计意图即可。要求他们直接用墨水笔（指针管笔和普通钢笔）画，少用铅笔。要让墨水笔成为当然的绘图工具，而不把它当作是只能在详细的铅笔底稿上煞费苦心的用以"填鸭"的画具。

3.2 设计草图要有一个合理的平台

设计草图阶段需要从事以下工作：①收集与设计问题有关的各种资料和信息（场地要求、风俗习惯）；②分析这些资料和信息，以获得对设计问题的了解（关系、层次、需要）；③提出解决问题的办法（文字叙述、方案草图）。首先要绘制平面布置图，建议在电脑上进行，国内天正软件[4]已为此提供了良好的AutoCAD[5]界面，笔者一般先使用天正绘图软件制作平面布置图，再根据平面图绘制设计草图，因为CAD是精确的，除非个人失误，对于科学有效、准确无误地布置平面有很大好处。当然也可以用比例尺来绘制，对于室内平面布置如果用惯了天正软件，您一定会觉得手绘太慢。必须强调的是制图应该给人以严谨精确的感受，平面布置应该是建立在合理、科学、注重功能的设计平台之上的。

3.3 一点透视为主、轴测图为辅

在装修中一点透视是最容易画的，也是最实用的室内透视法（图6-5至图6-15）。也可直接用轴测图来表现，轴测图技巧类似中国画的散点透视[6]，观察者不是从一个定点来观看景物的，而且置身于一切景物的正面，视点是在变化的。轴测图的优点是既表现了三维空间又保持平面和剖面的"真实"尺度。设计在很大程度上依赖于表现，草图这种手段加强了丰富思考的表现和丰富表现的思考。作画的墨守陈规只会导致思考的墨守陈规。另外，可用一些带箭头的引出线去标注材质、施工要求等，箭头是指示关系的专用符号，带线条的箭头指示单向关系、事物的顺序或者一个工艺过程（图6-5至图6-15）。

3.4 大胆地用钢笔，少用铅笔

工具应该便于应用和维修，并且携带方便。为了让图面清晰，钢笔、马克笔比铅笔或其他绘图工具更适用。就我而言，喜欢钢笔，不喜欢铅笔。因为钢笔可产生高反差对比的形象，又易于画高质量的连贯的线条；它墨迹持久，可防止被橡皮抹去、被水侵蚀。为了获得效果良好的草图，用笔必须轻快、松弛，开敞的设计草图往往能传达设计师的直觉和自信。草图本身应该是愉快的创造过程的产品，但并不要求其成为一幅面面俱到的完整的作品。允许设计师无拘束地随意描画，勾勒出各种各样的想法。让原先的思路得以记录保存，并可随心所欲地反馈；又便于把草图的种种形象集中起来加以比较，由此可取得进一步的深化设计。

4. 结语

我觉得一个人获得成功在于以下两点：一是对事业的信仰、喜好和专注；二是勤奋、拼搏、执着、忍耐和抑制力。设计草图是具有鲜明的个人风格的，这种风格的形成不是一蹴而就的，需要扎实的钢笔画基本功及大脑与手高度的协调能力。在今天电脑广泛普及的时代，一方面，我们要努力地学习新的知识技能，不能在传统的技法中徘徊，要迎合时代的发展需要；另一方面又要有去伪存真、不被扑朔迷离的表象所迷惑的本领，电脑也好、模型也好，都是我们表现设计的工具而已，是手段不是目的。因此，在今天我们仍要强调设计草图的重要性，给它打上重音符，继续深入地研究下去，并赋予其新的使命。设计草图如果能够用一个公式去表示，我觉得应该是设计原理＋用户要求＋个人素养＋绘画技巧→设计草图，其中思想是第一位的，技巧是从属的和服务性的。

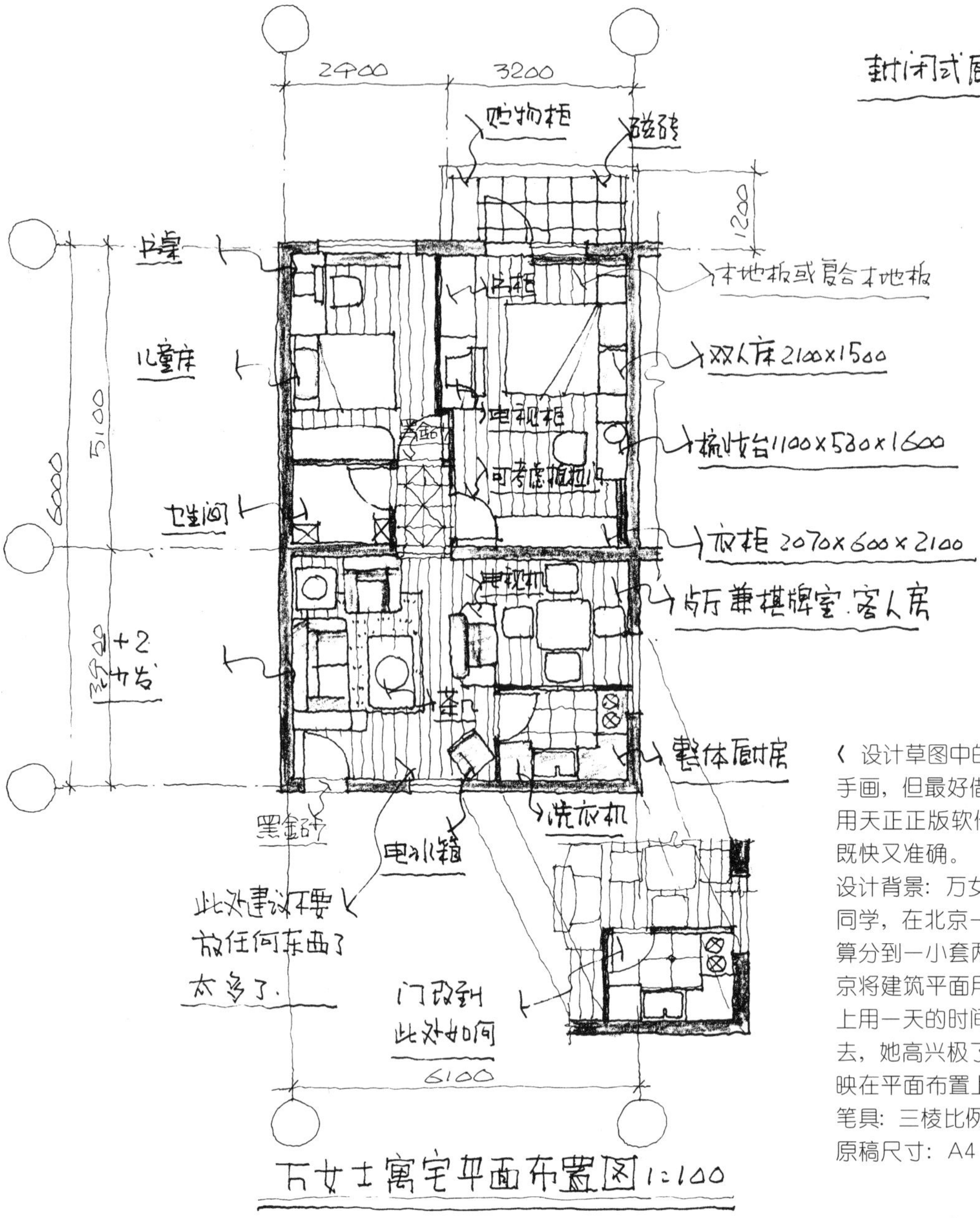

〈 设计草图中的平面布置也可以用徒手画，但最好借助比例尺，并推荐使用天正正版软件来绘制平面布置图，既快又准确。

设计背景：万女士是笔者大学时代的同学，在北京一大机关呆了十年，总算分到一小套两室一厅的居室，从北京将建筑平面用传真送到长沙，我马上用一天的时间绘出设计草图并传过去，她高兴极了。我的设计意图都反映在平面布置上了。

笔具：三棱比例尺、针管笔、色铅笔。

原稿尺寸：A4

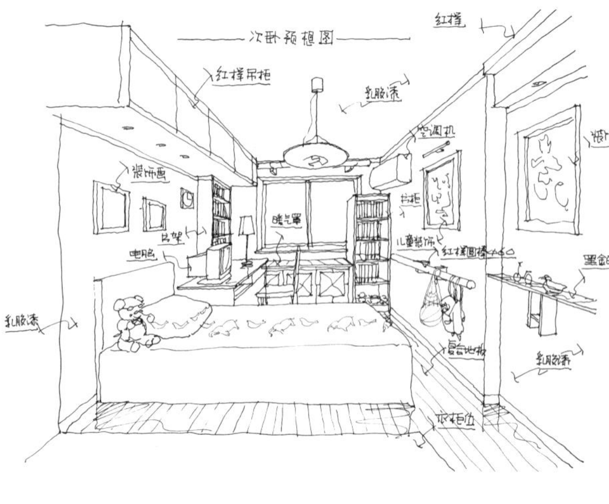

设计草图预览

〉男孩房草图

地面主材：复合地板。

墙、顶刷乳胶漆。

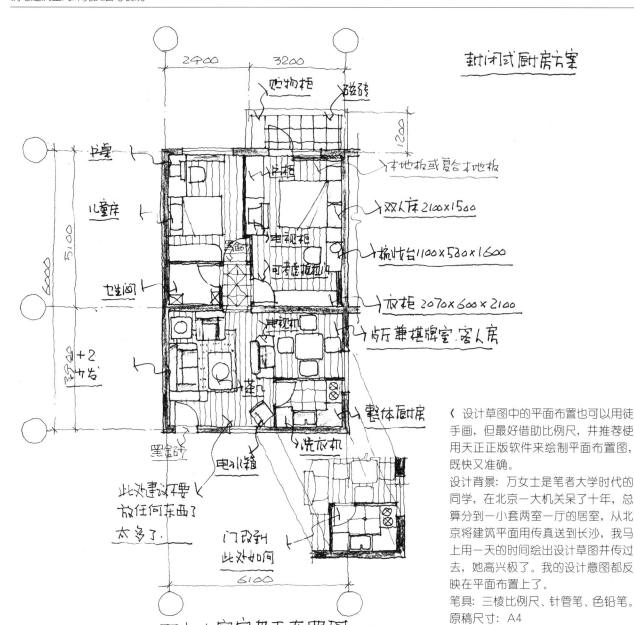

客厅＋餐厅＋厨房，用一构架既作电视机台又成为分割空间的道具。入口处做一吧台式鞋柜，这是当时的流行样式，在整体橱柜上空做一吊顶，使上部空间有层次感，又便于料理制作。地面主材：复合地板。墙、顶刷乳胶漆。

笔具：派克金笔、针管笔

原稿尺寸：A4

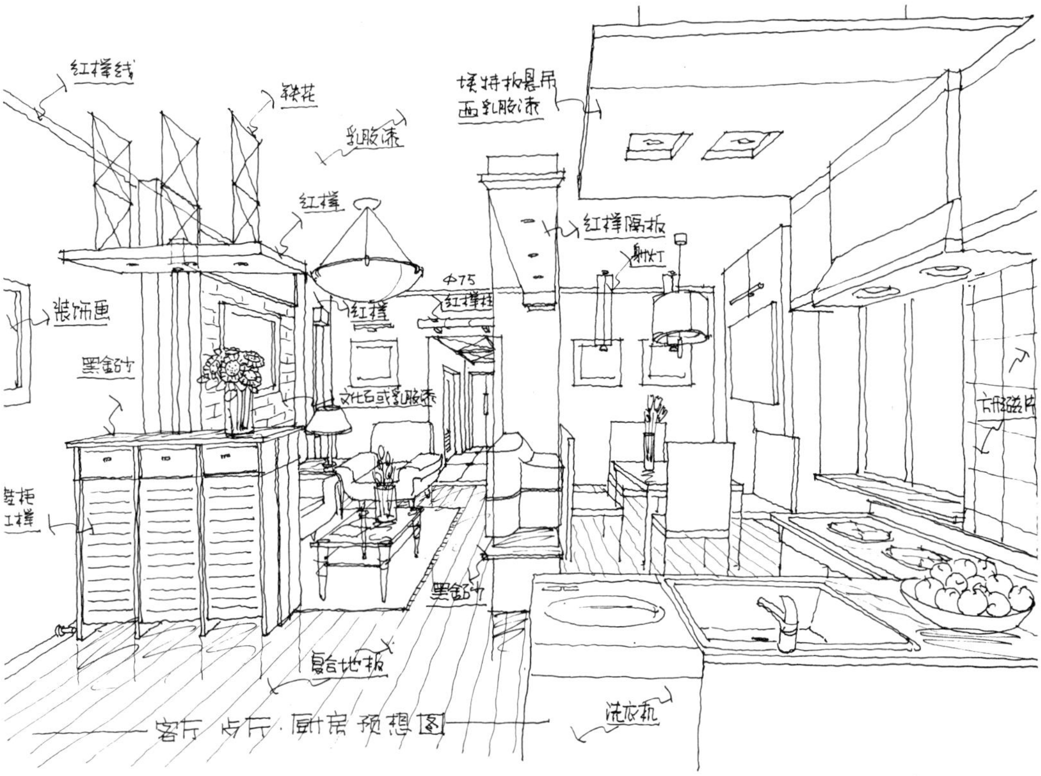

主卧室设计预想图，利用大书柜分割男孩房与主卧室，在床头上加一构架布置照明及增加层次感。

地面主材：复合地板。墙、顶刷乳胶漆。

笔具：派克金笔、针管笔

原稿尺寸：A4

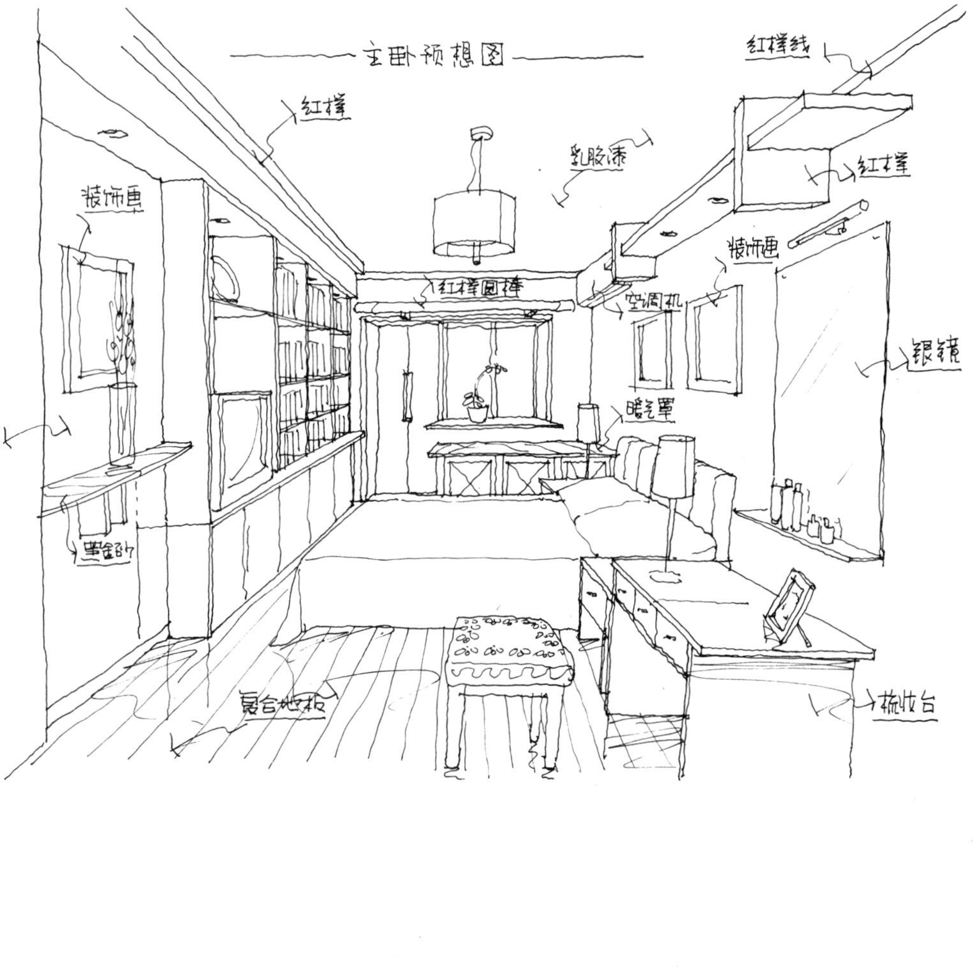

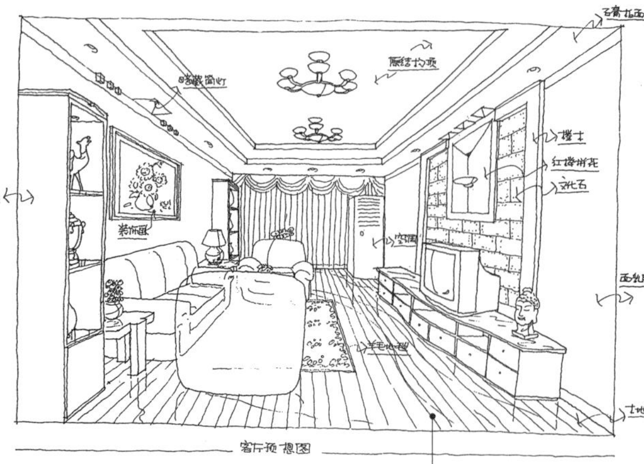

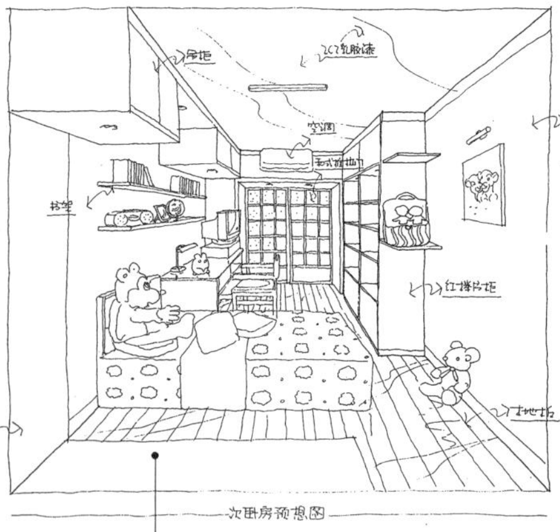

方案1

设计草图
实例一
家居设计

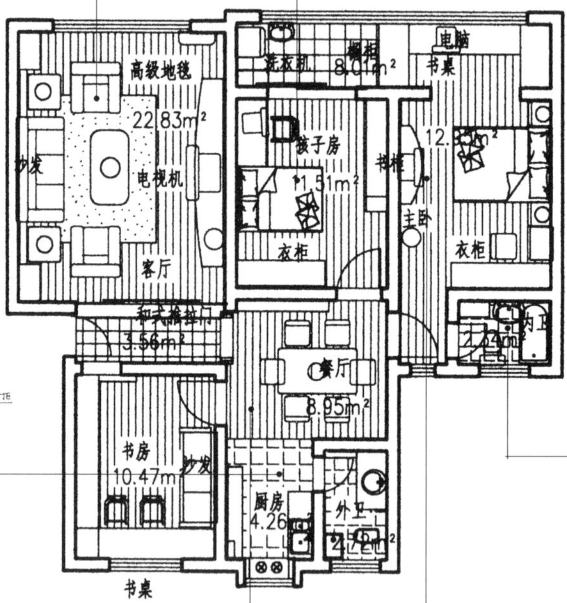

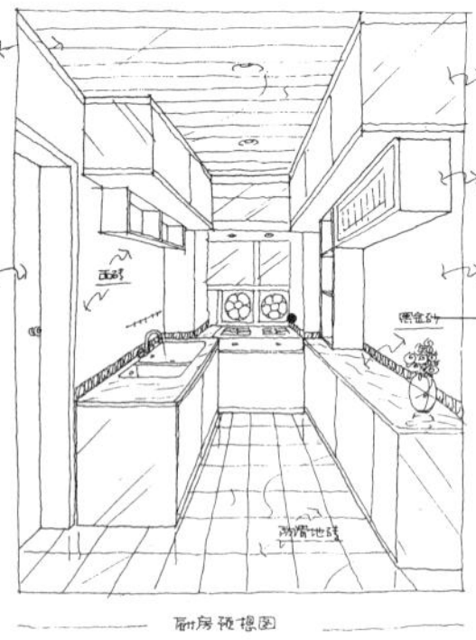

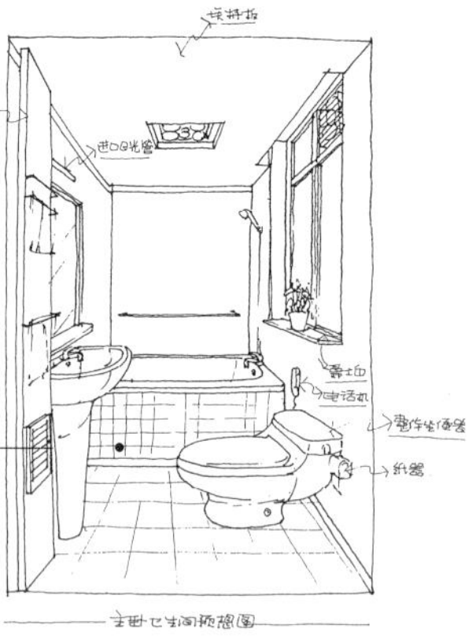

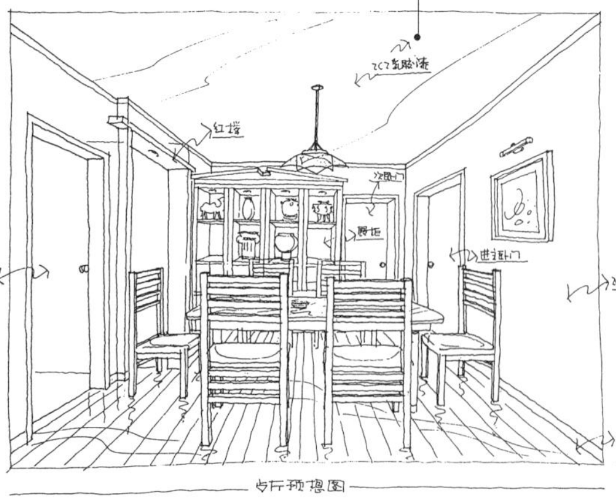

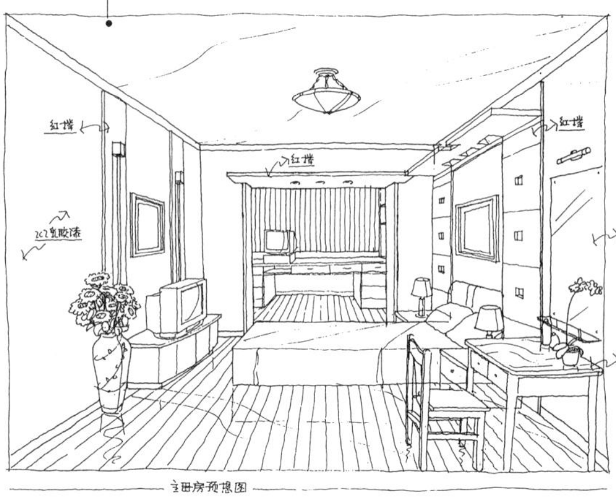

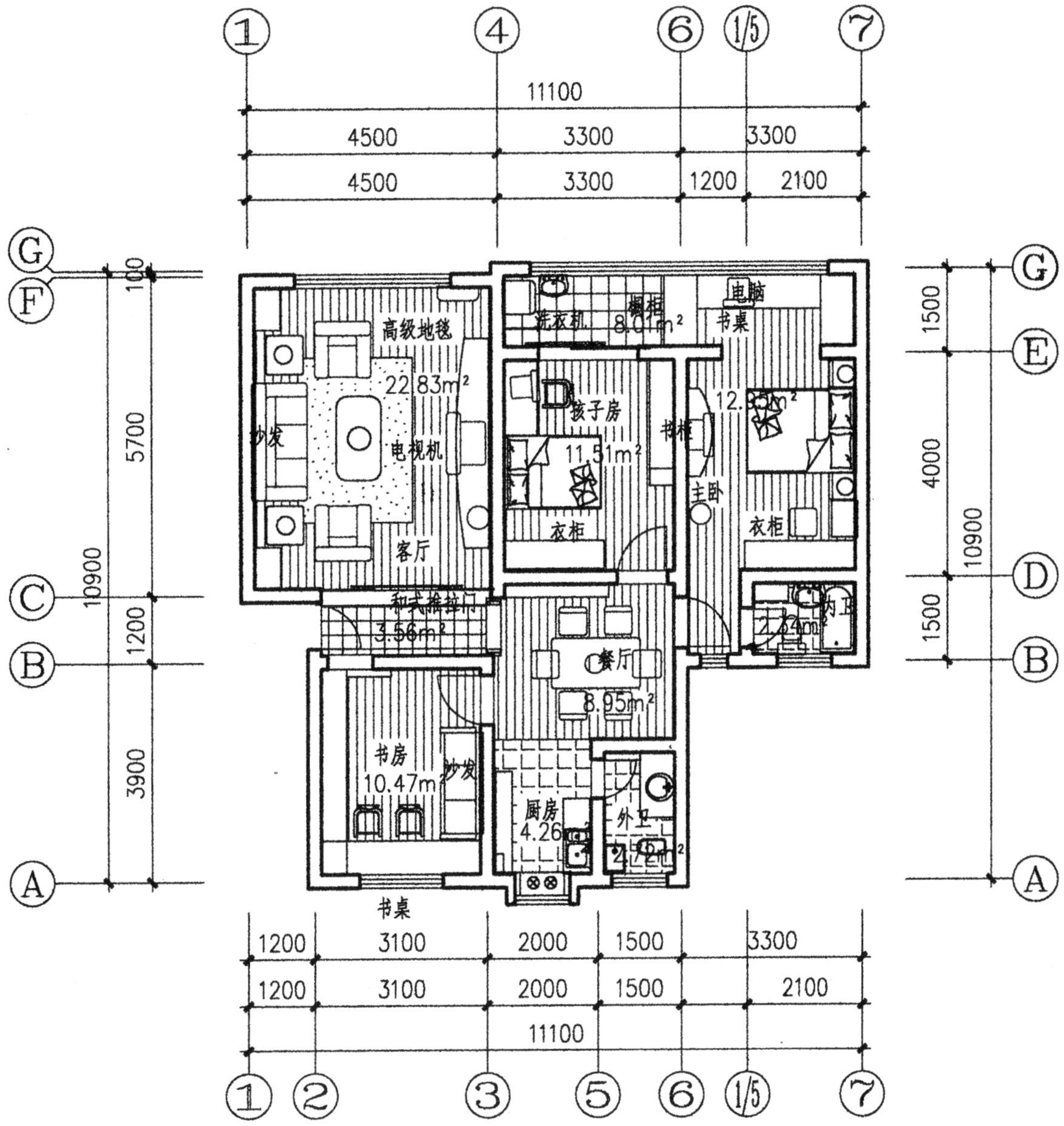

室内平面布置图1:100

说明：

客厅 主卧 孩子房 书房地面采用高档木地板，过厅 阳台 餐厅用瓷砖，所有节能灯用暖灯3200k~3400k，各室装修详见预想图。建筑面积：106m²

业主：李妲莉　设计：吴　卫　施工：小　丘　日期：1999.8

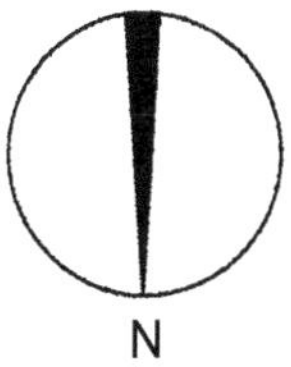

首先要绘制平面布置图，建议在电脑上进行，国内天正软件已为此提供了良好的绘图CAD界面。我个人一般先使用天正制图软件制作平面布置图，再根据平面布置图绘制设计草图，因为CAD是精确的，除非人工失误。这对于科学有效准确地布置平面有很大的好处，当然也可用比例尺来绘制。如果使惯了天正软件，您一定会觉得手绘制图太慢了，不如天正来得快。制图应该给人以严谨精确的感觉，平面布置应将合理、科学、注重功能放在首要意识位置。

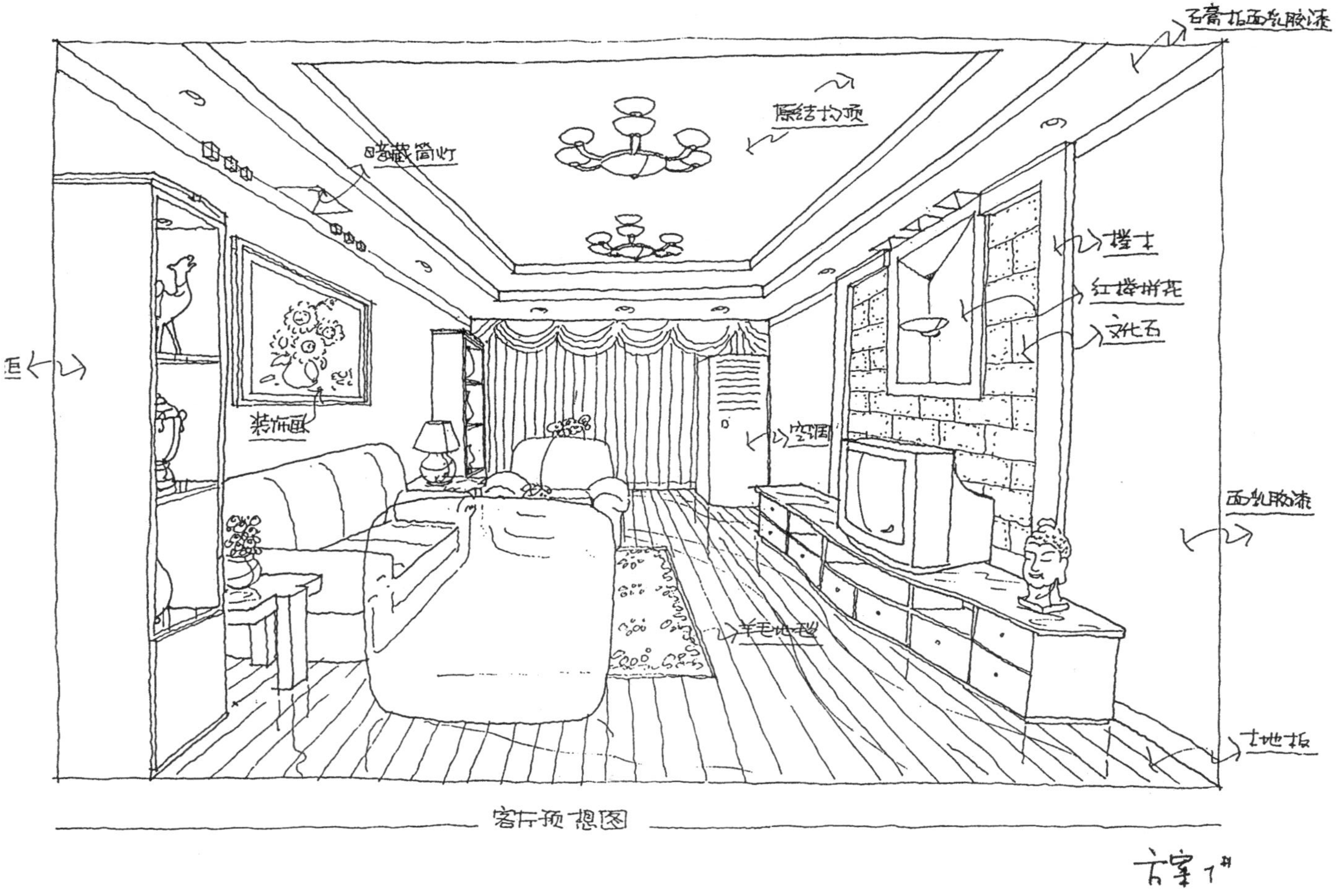

图例6-1　客厅预想方案1#

此图为被正式采纳的方案草图。主人为刚从日本回来的旅日学者李妲莉教授。李教授品味很高，为人谦和，根据她的要求，客厅主立面墙上要用当时长沙较为流行的文化石镶嵌，当时这种式样在长沙还形成了一定的地方特色，对面墙上要放一幅李教授夫妇的友人、著名水彩画家张晓刚先生的水彩画，吊顶要两层，地板采用西藏桦木。半个小时之后，我的设计草稿出来了，主人很满意。大家也许会问怎么会这么快便将设计草图画出来呢？其实不然，看看我是怎样画的，你一定会觉得原来一切都这么简单。首先，我一般喜欢用A4的复印纸，一只铅笔，一只钢笔。到现场后，先将透视空间的界定线速写下来。然后，按照业主的要求设计吊顶、墙面（地面最后画），沙发与电视机柜先布置上去，沙发式样多是我视觉笔记中常画的对象，只是旋转了一下透视角度而已，电视机柜也是平时视觉笔记中常记录的内容，因此画起来，轻车熟路，装饰画、灯具最后一挥而就，再将地毯、木地板随便一勾就出来了。

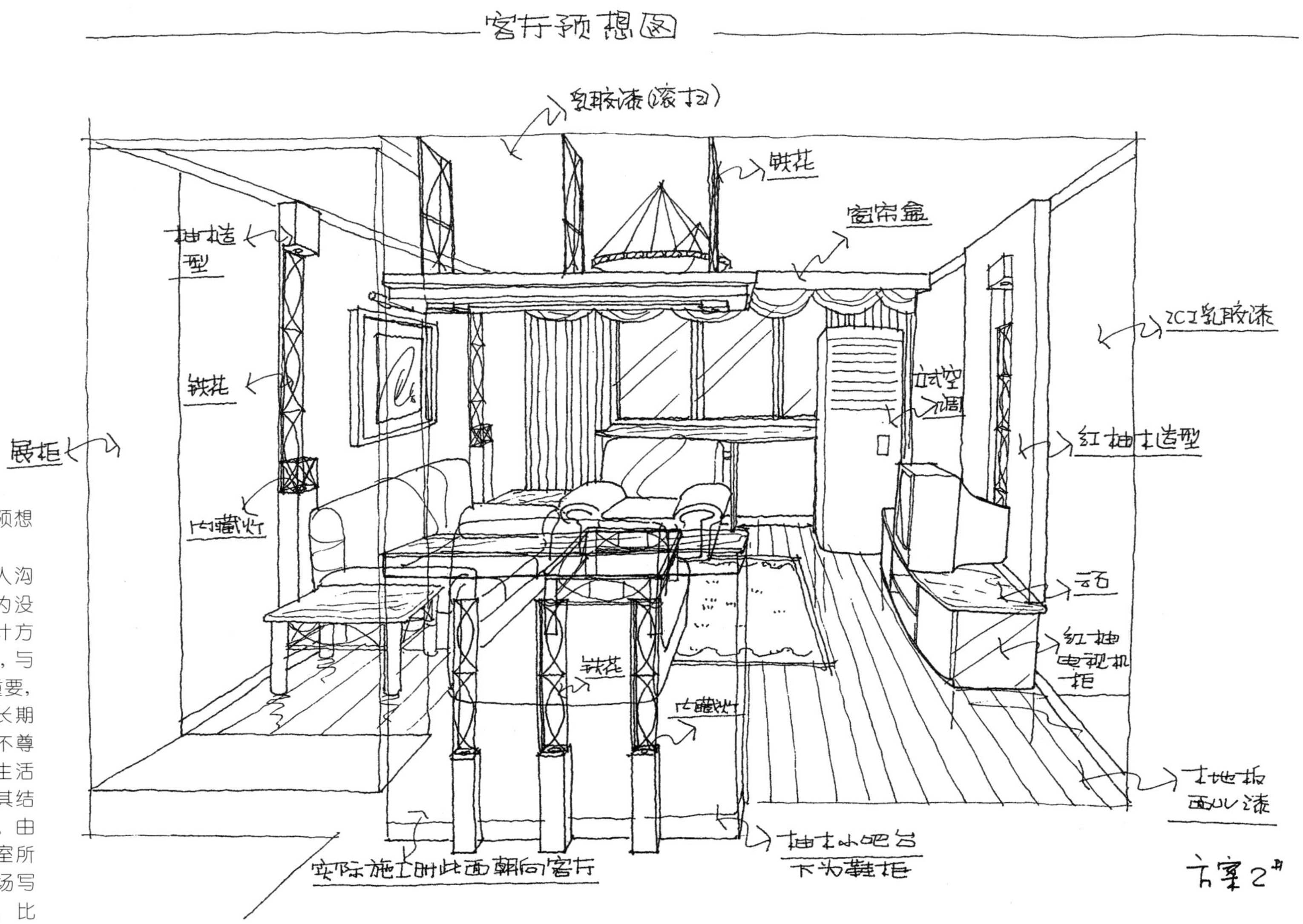

图例6-2　客厅预想方案2#

此幅为没有与主人沟通之前所绘，因为没有按主人要求设计方案未被通过。可见，与业主交流是多么重要，必竟他们将来要长期使用这套房子，不尊重业主的想法及生活习惯、欣赏品味其结果必定导致失败。由于这幅是在工作室所绘，没有上幅现场写生的尺度感真实，比例有些失真。

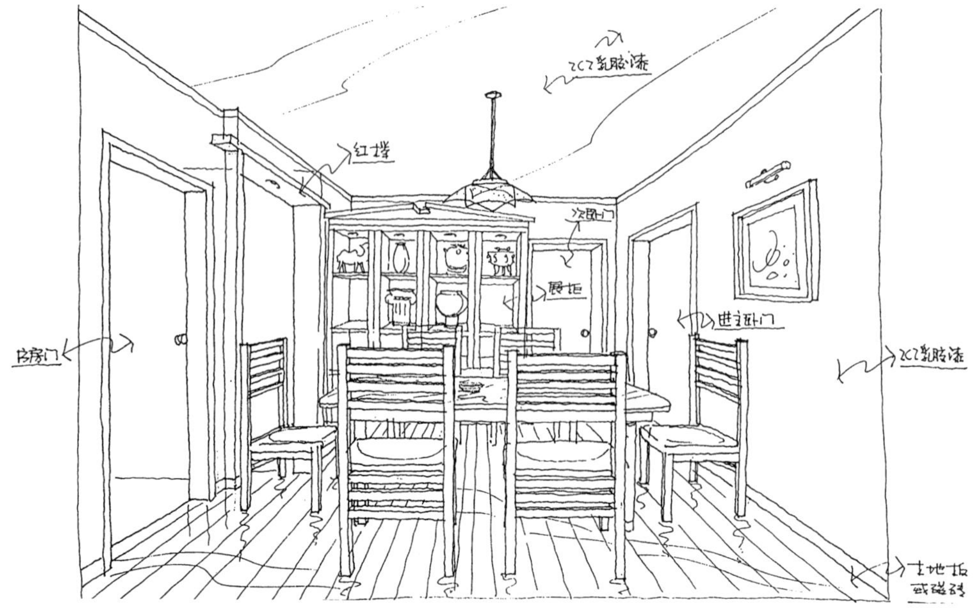

图例 6-3　餐厅预想图

将客厅画完之后，便进入餐厅。李教授要求靠近次卧（女儿房）的墙面要有一个立柜，摆放李教授从各个国家旅游时购买回的纪念品，餐桌用6人位的、不吊顶，但要求有一盏升降灯，右边的墙面上布置一幅日本友人送她的浮世绘，地板也用西藏桦木。餐厅与厨房的墙打开、拉通（参考平面布置图）。李教授平时多是三口之家，故 $9m^2$ 的餐厅基本上能满足功能要求，由于曾在日本呆过8年，故她连餐厅都要求用木地板。最棘手也是较难处理的是客厅走道与餐厅的交接处，最后用日本鸟居的造型来处理。

图例 6-4　主卧房预想图

李教授要求将阳台利用起来作书室（参见平面图），阳台定位轴线宽度为1500mm，可以布置一个横长的书桌，两边是书柜。夫妇俩在日本养成了半卧在床（榻榻米）上看电视的习惯，要求布置一个小电视机柜。笔者较喜欢将墙与照明结合起来进行处理，床的墙面上摆放二人的结婚照，床头柜上要两盏房灯，旁边要有一个梳妆台，地面仍用西藏桦木。遗憾的是主卧宽度只有3300mm，摆上电视机柜后与阳台的“交通”空间显得有些拥挤(参见平面图)。记得那段时间长沙较流行红榉面手扫漆，主卧室的主材用的便是红榉。另外，对门的构架也进行了处理，夸大了门檐的突兀感。

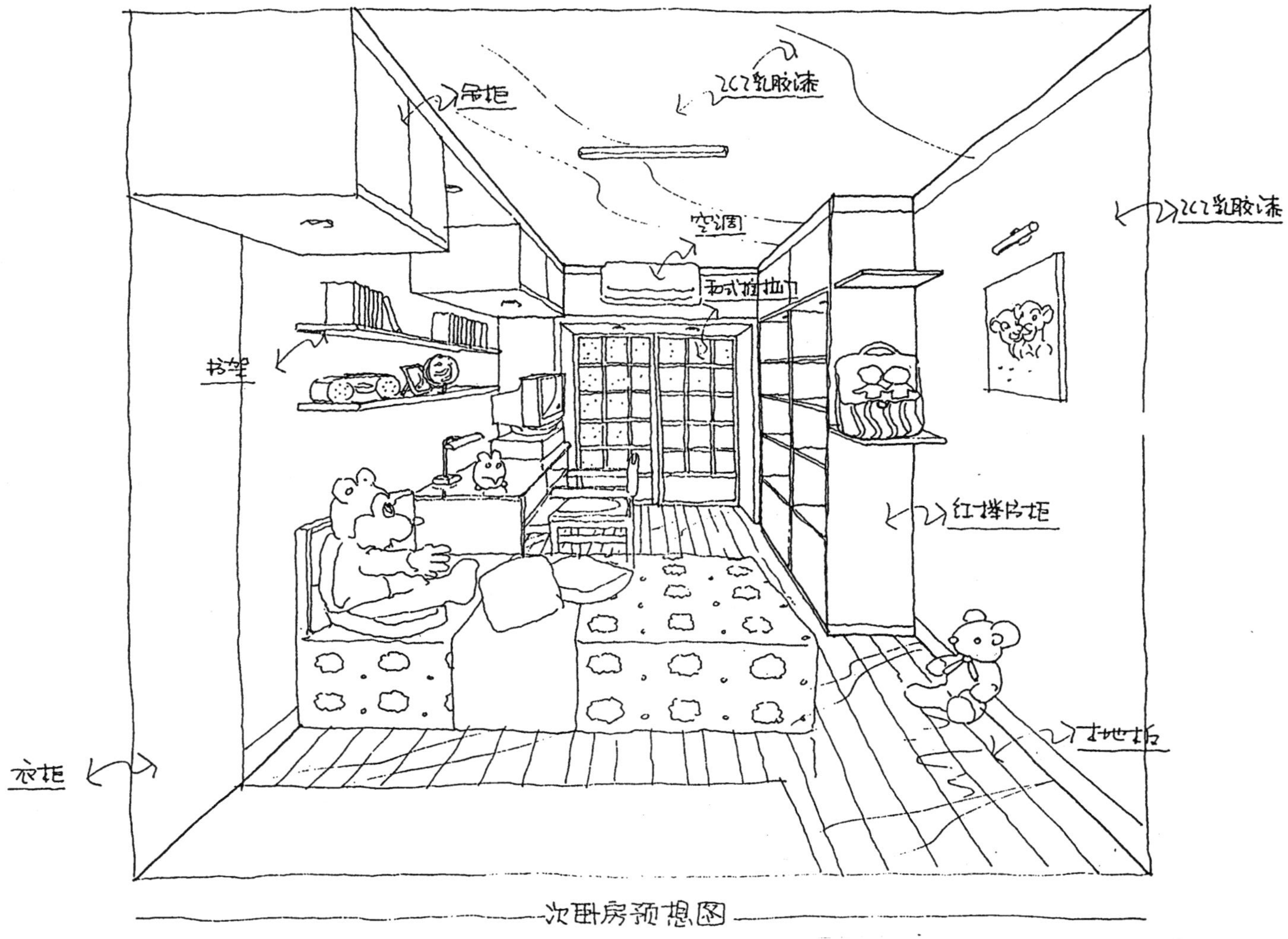

图例6-5　次卧预想图
次卧是女儿房，要求具备生活、学习、起居的功能，与阳台过渡空间采用了和式推拉门。为增加书架数量在书桌上还设计了两层悬吊式搁架，地面也采用木质地板。
李教授有一个可爱的女儿，小学是在日本度过的。这个布置，是按她自己的意图设计的，她说：“和式推拉门能让她找到童年的感觉”。

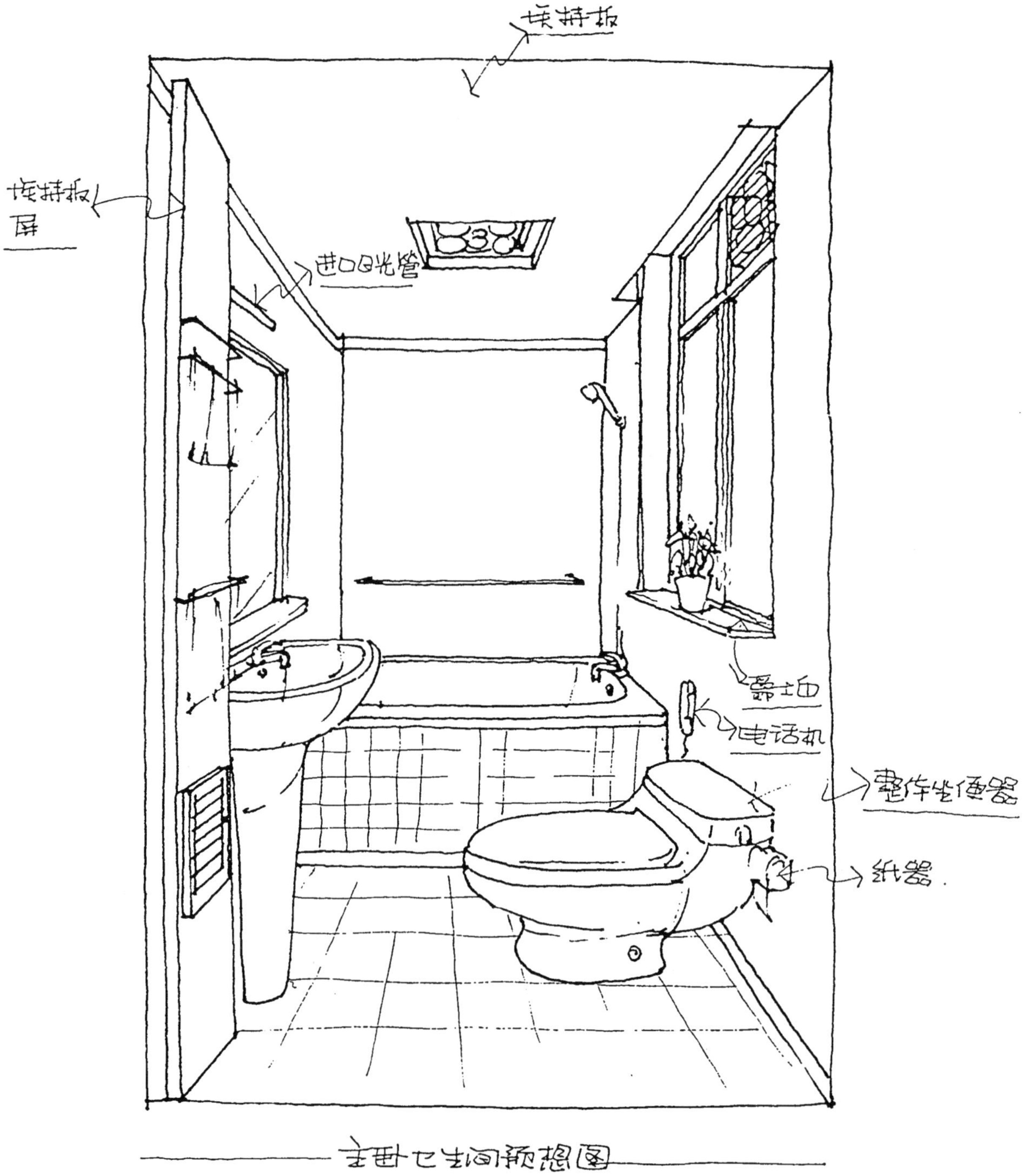

图例 6-6　主卧卫生间预想草图

左前边的竖向板是为了隐蔽水表及进水管而设计的，洁具全部采用TOTO牌，墙面贴150mm × 150mm乳白色小方块外墙磁片，吊顶采用防水埃特板内嵌采暖灯。

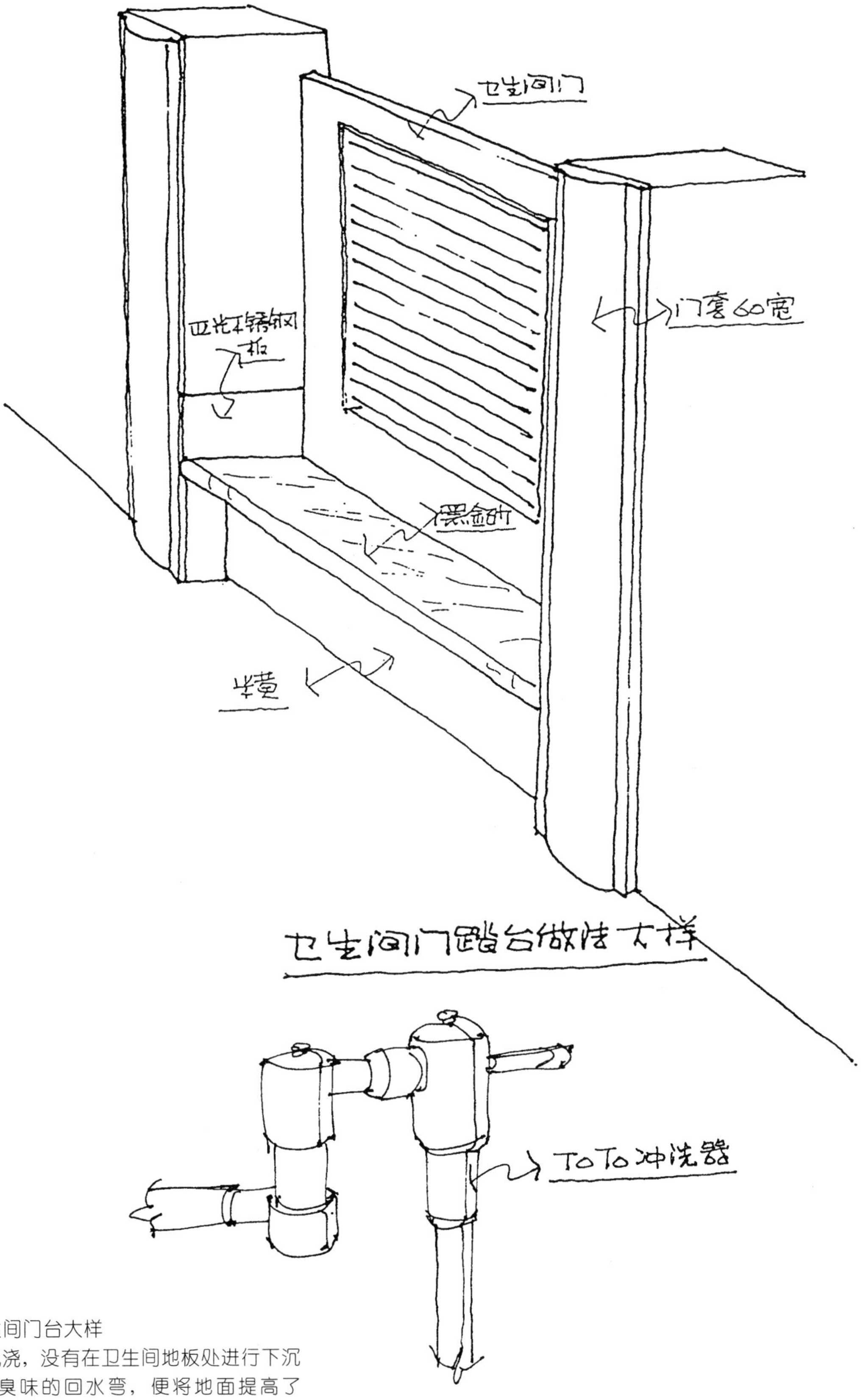

图例 6-7　主卧房卫生间门台大样

由于原结构楼板成片现浇，没有在卫生间地板处进行下沉处理，为了安装好防臭味的回水弯，便将地面提高了20cm。因此，卫生间的入口处如何布置便成为设计黑客。另外，为防水防潮在门套脚上还设计了不锈钢套。

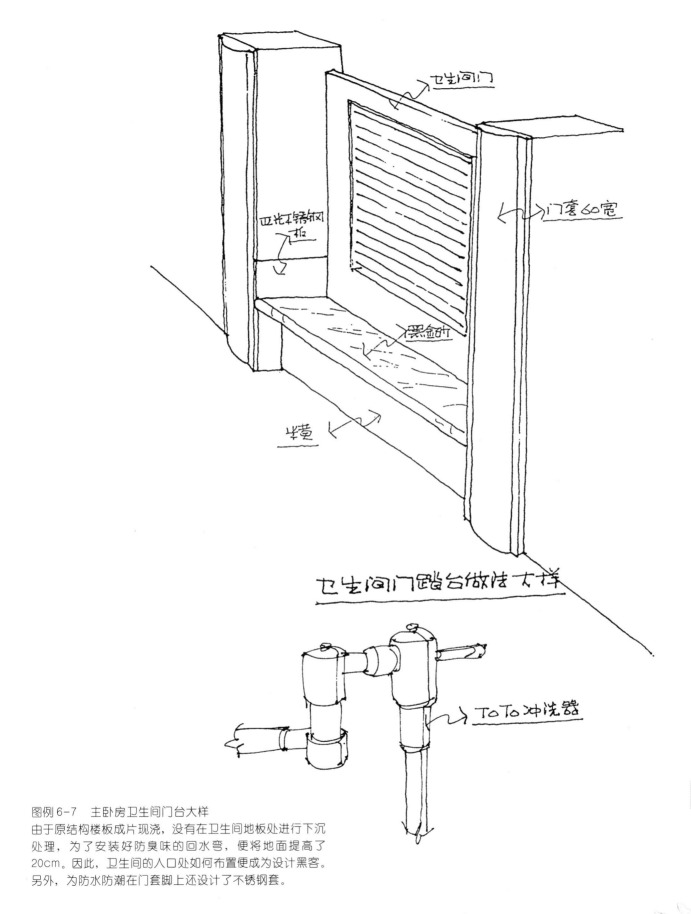

图例6-8　卫生间平面布置示意图

洗脸台的推敲：主要是从长沙当时的施工工艺水平出发而将洗脸台曲线简化为直线，制作光滑曲线竖向面板价格太高。工匠师傅说横向面板什么曲线都做得出，竖向面板则要用一块块小板拼起来。该图是在石材加工厂所绘。

公用卫生间 定位轴线长×宽：2400mm×1500mm，不设浴缸。

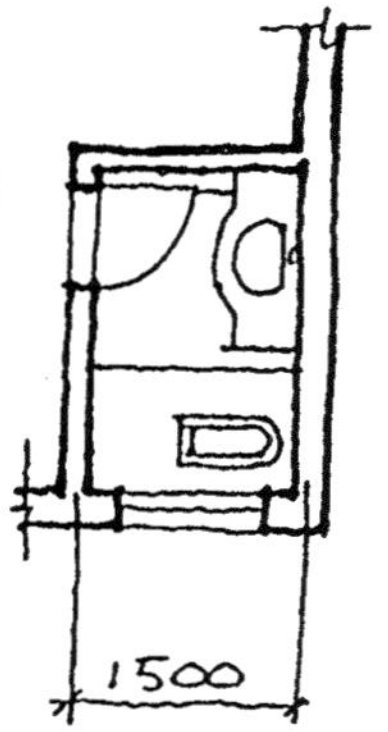

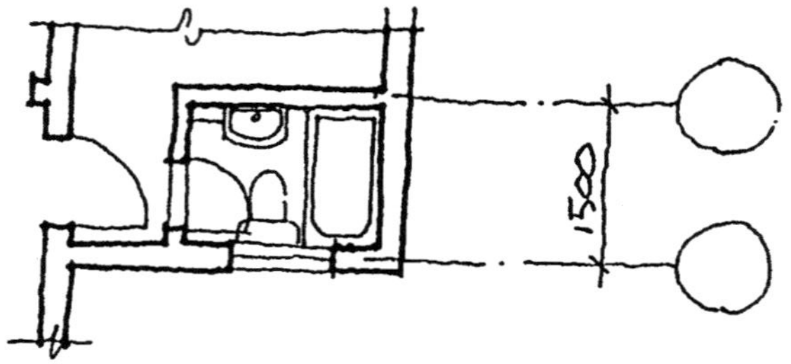

主卧卫生间定位轴线长×宽：2100mm×1500mm，含三大件，即浴缸、坐便器、洗脸盆。

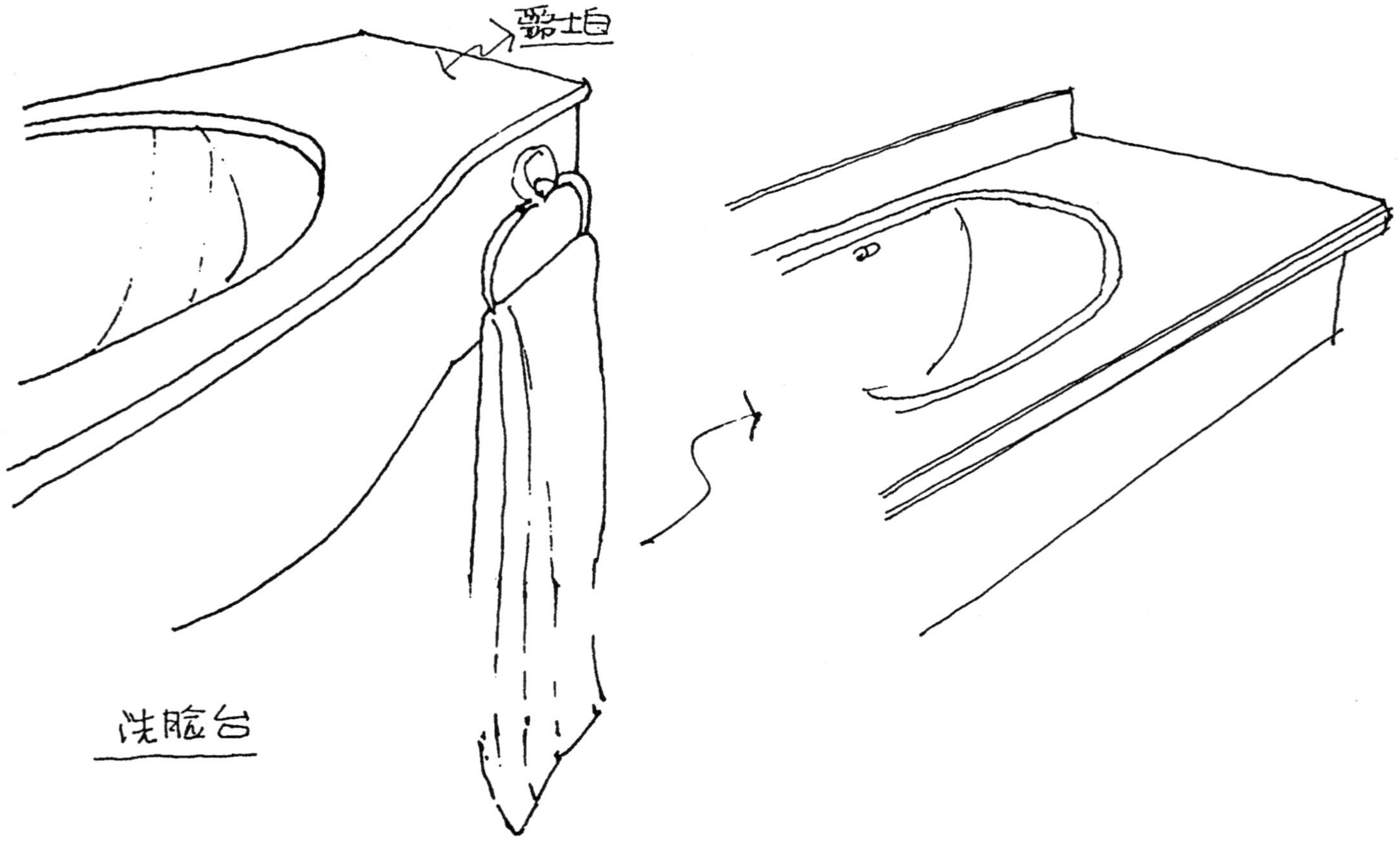

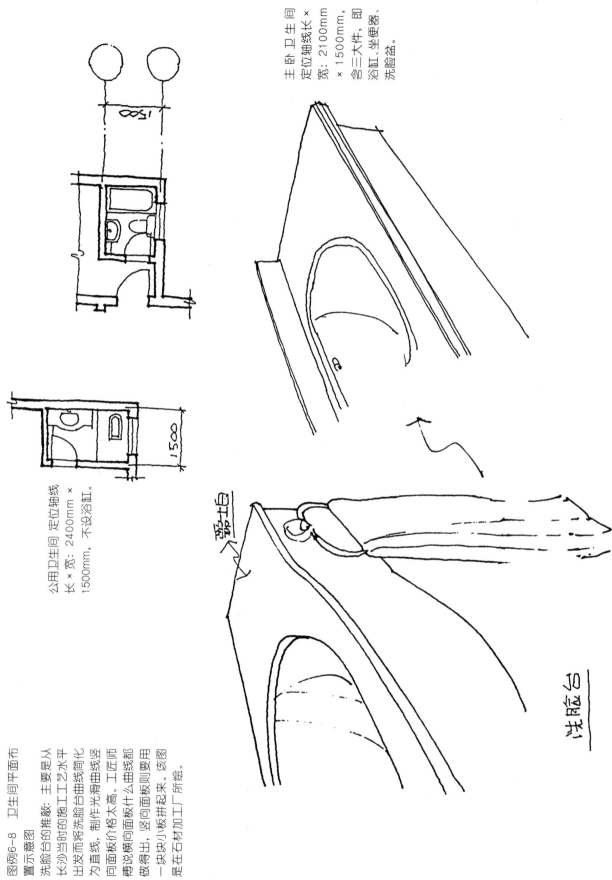

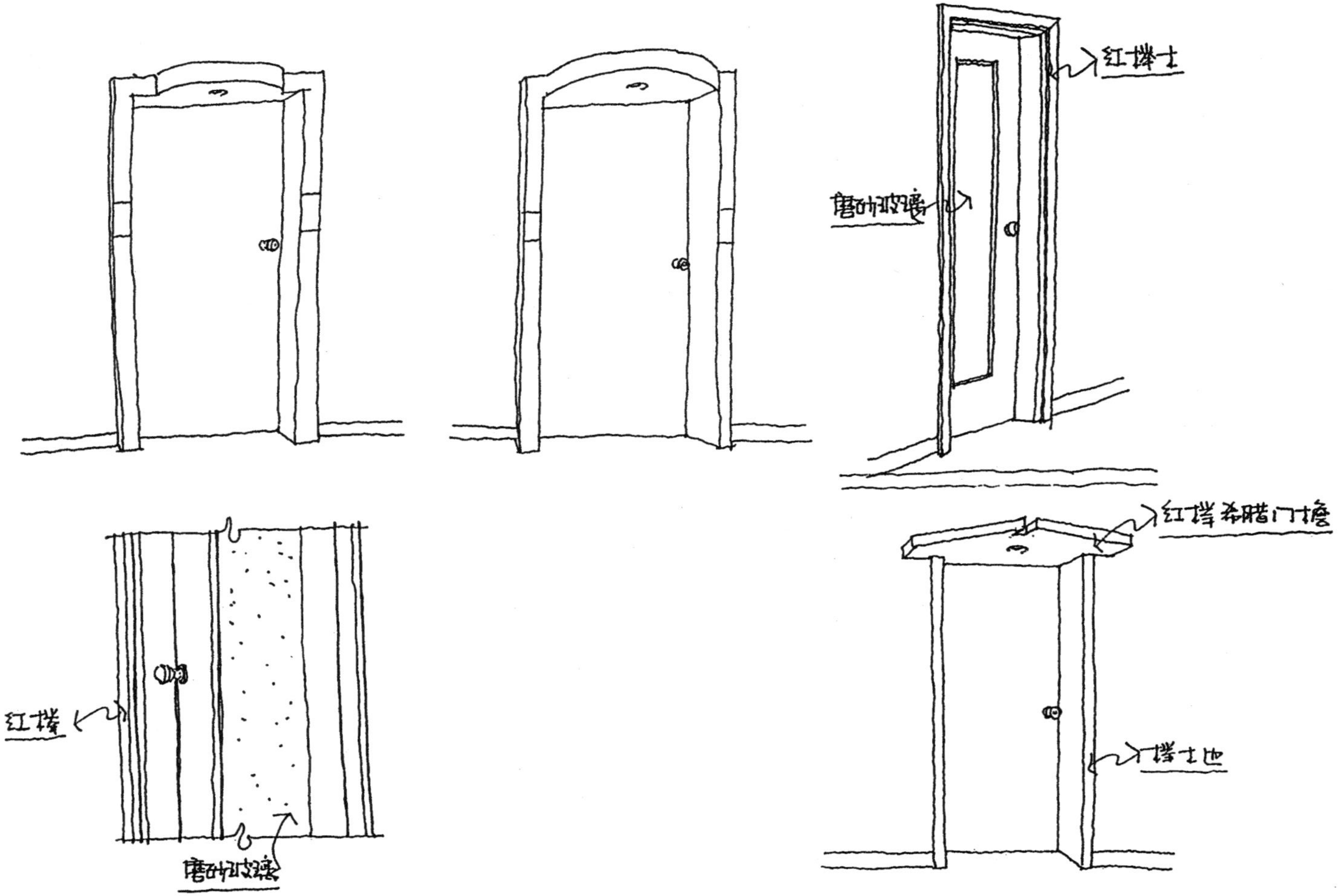

图例 6-9
门的推敲，主要探讨门檐的变换。右下的门檐是笔者那个时期最喜欢用的造型式样。别小看门的设计，清华大学美术学院2000年博士生入学考试“设计基础”专项考试，曾出过这样的题目：请画出古今中外四种门的造型设计，并论述中外建筑文化对门的造型艺术的互动关系。可见平时一定要小题大做、细做，多思考、多推敲，才能出好设计。

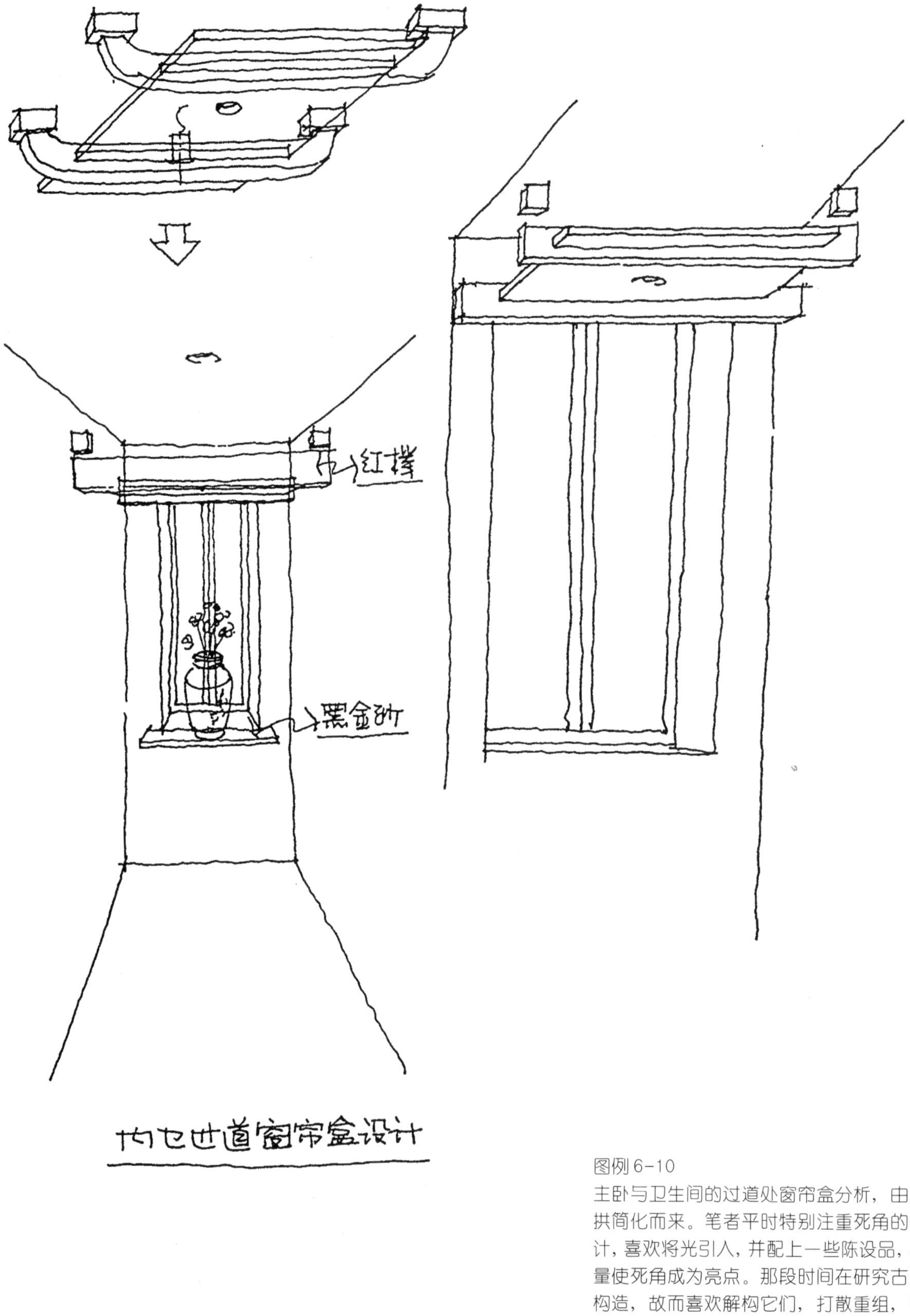

图例 6-10

主卧与卫生间的过道处窗帘盒分析，由斗拱简化而来。笔者平时特别注重死角的设计，喜欢将光引人，并配上一些陈设品，尽量使死角成为亮点。那段时间在研究古建构造，故而喜欢解构它们，打散重组，并尽量保持中国古建文化的特征，这仅仅是其中的一个尝试而已。

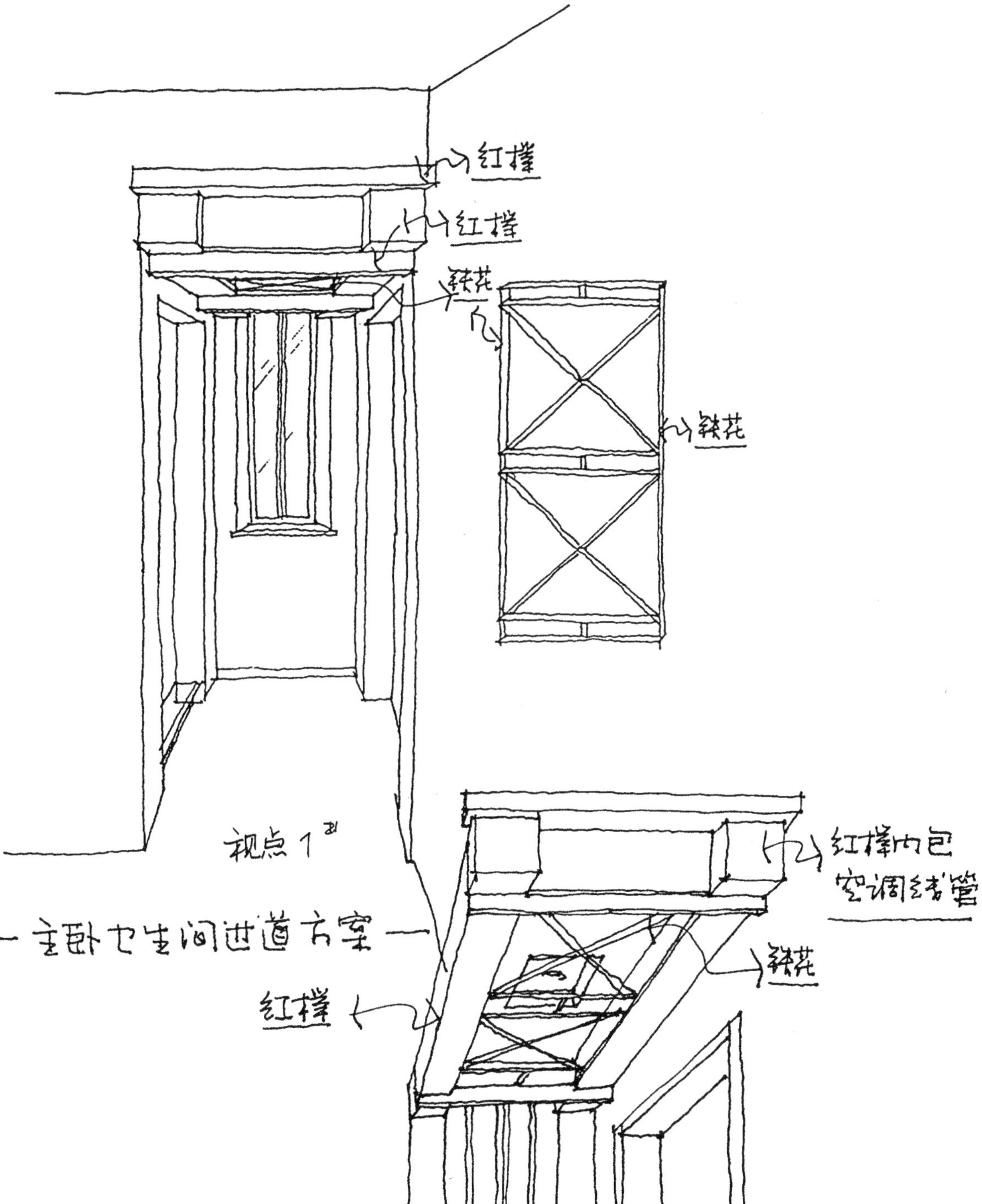

图例 6-11　主卧与卫生间过道处吊顶设计
这是上图的延续。由于是中央空调，其管道需要暗藏，为了美化它，想了各种办法，又是铁花又是构架，这是古希腊门廊的演化构成，设计时把整个竖向的构造，倒过来成为横向的构件，自己乐在其中，业主根本不知道我是怎样折腾出这种造型的。好在他们满意，否则又不知会弄出个什么造型来？

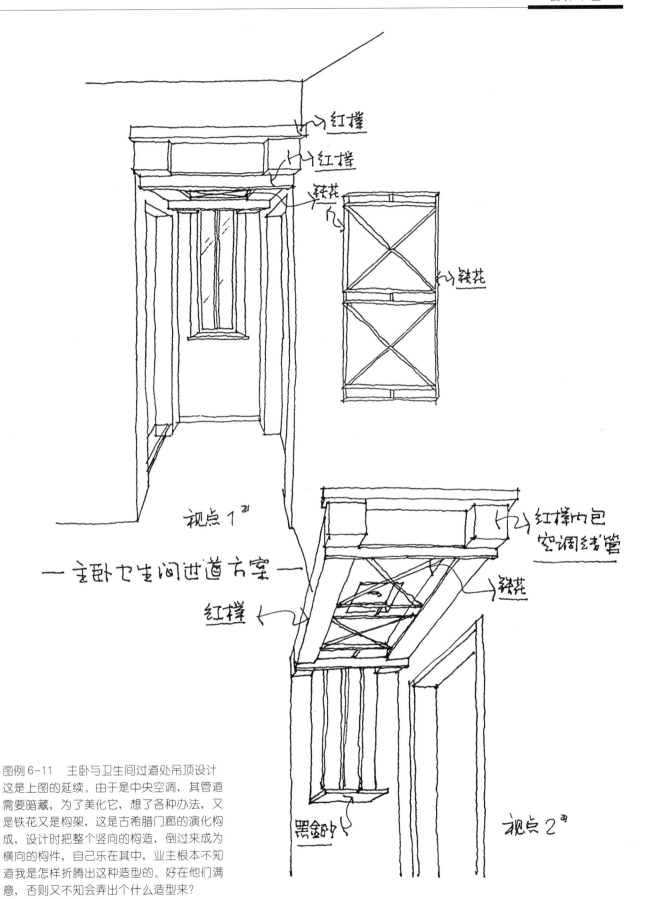

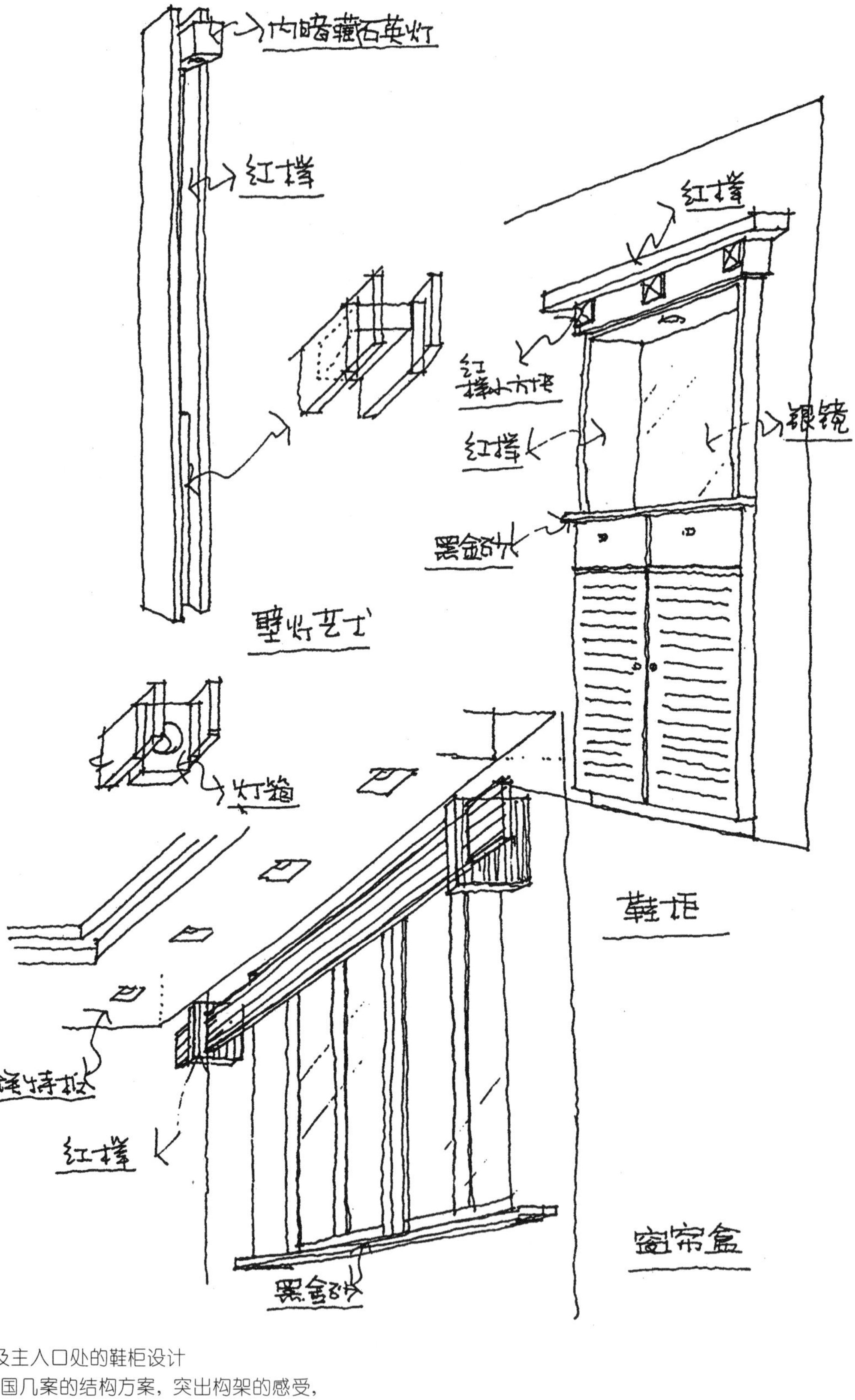

图例 6-12　窗帘盒及主人口处的鞋柜设计

窗帘盒设计源自于中国几案的结构方案，突出构架的感受，做出来后效果非常好，气派大方。

鞋柜原本是一个门洞，我把正衣镜和鞋柜结合起来，为了避免头轻脚重，又迎合暗藏筒灯的需要将帽檐做大且突兀。

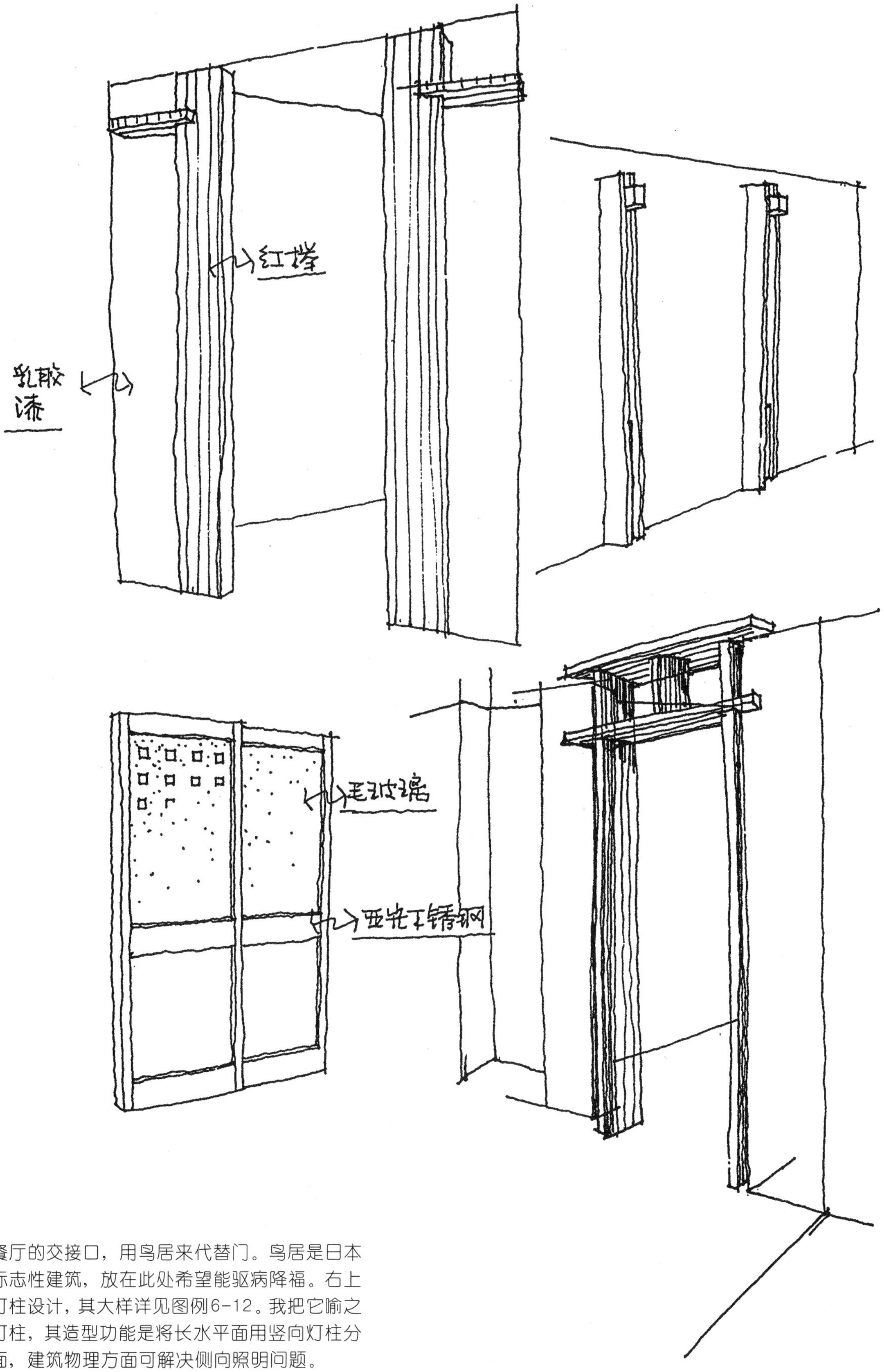

图例 6-13

客厅走道与餐厅的交接口，用鸟居来代替门。鸟居是日本神庙前的一标志性建筑，放在此处希望能驱病降福。右上是客厅内壁灯柱设计，其大样详见图例6-12。我把它喻之为现代图腾灯柱，其造型功能是将长水平面用竖向灯柱分割成三个块面，建筑物理方面可解决侧向照明问题。

图例 6-14

厨房采用开敞式，为了区分厨房与餐厅两区，设计采用了一个构架。右边设水槽，便于将碗随洗随放人消毒碗柜。采用了整体无烟炉灶排气方法，这种方法是有中国特色的，即在灶台部分突出墙体一块砖（240mm），煤气灶上部安放两台排气扇，上面布置吊顶暗藏平底灯，效果的确不错。西方人的抽油烟机，在中南地区几乎被广大工薪阶层枪毙掉了。原因有两个：一是造价高；二是排烟效果不佳，这与中国人的饮食习惯有关，特别是湖南地区口味重，喜用油、辣椒爆炒菜肴，而只有用这种无烟灶台才能解决油烟问题。

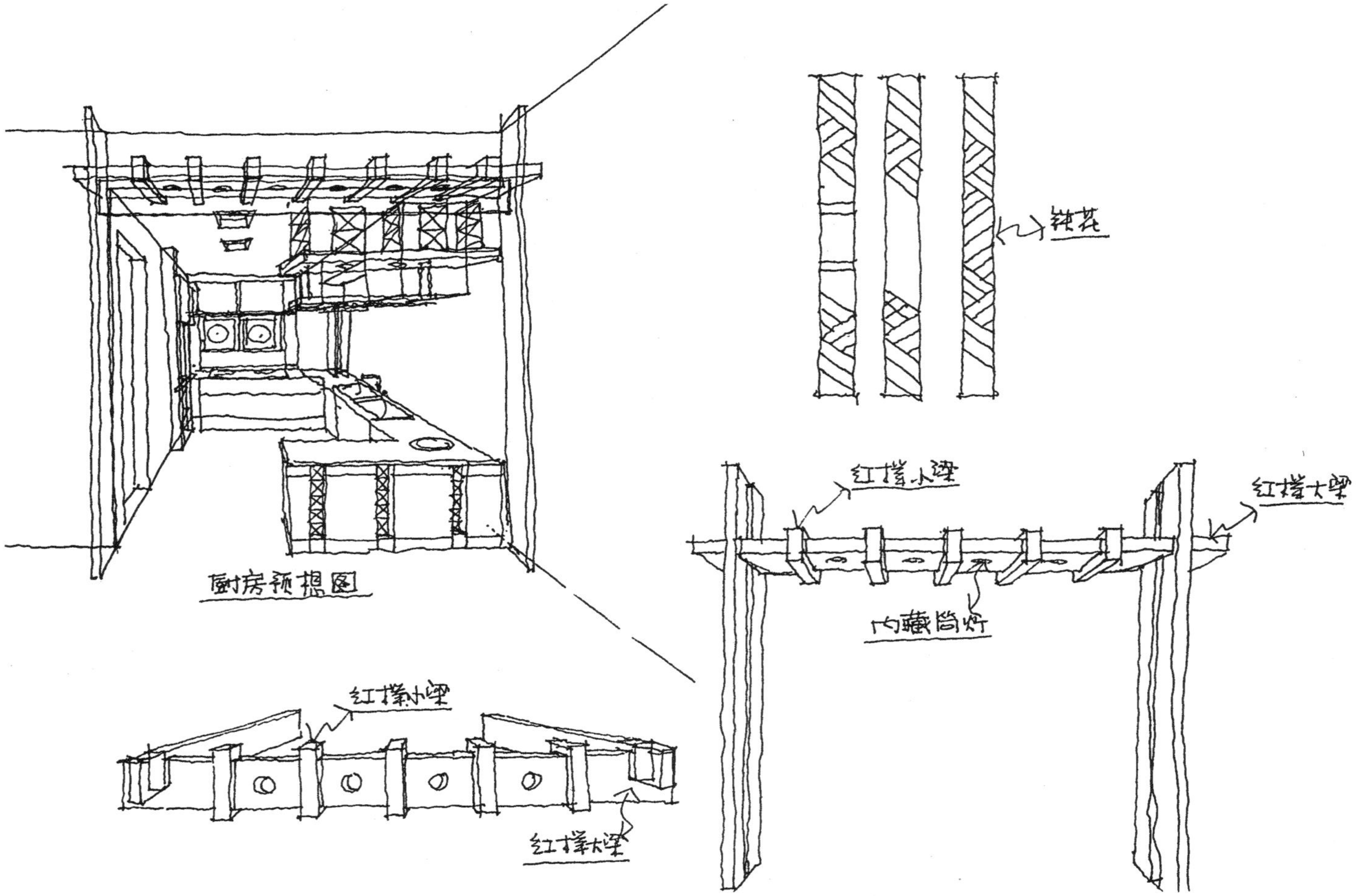

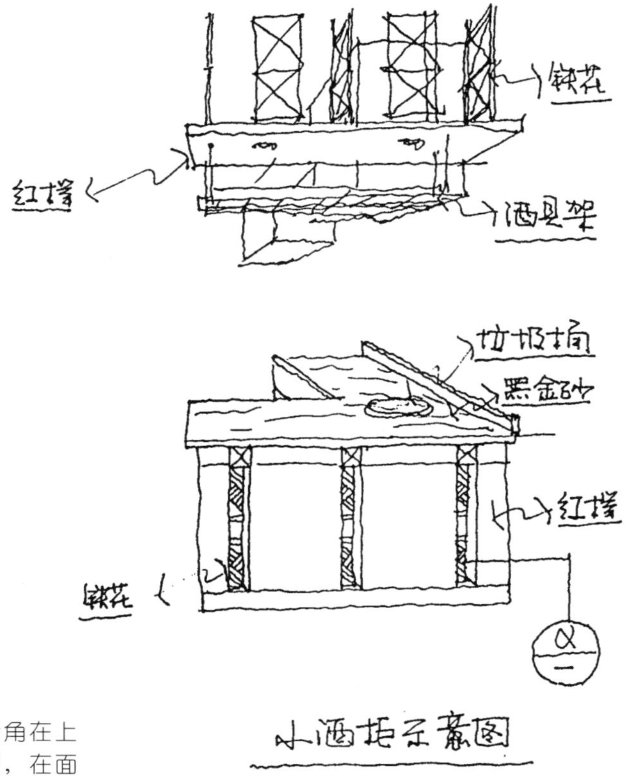

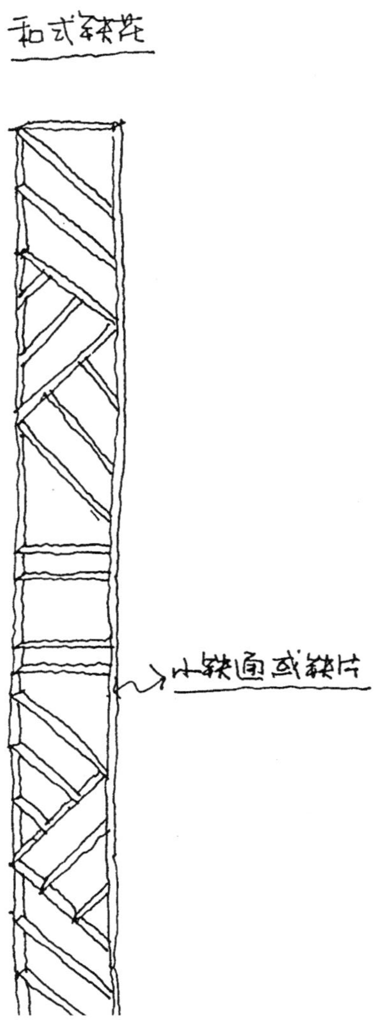

图例6-15
利用厨台的转角在上面布置的吧吊，在面对餐厅的厨台立面上装饰和式铁花，此处采用吧台式设计手法。铁花那时在长沙特别流行，为了让柜身富于变化，采用了铁花镶嵌，分割(参见平面图)柜体平面。值得一提的是将不锈钢垃圾桶安装在洗涤槽旁台面上，既便于清扫又美观大方。

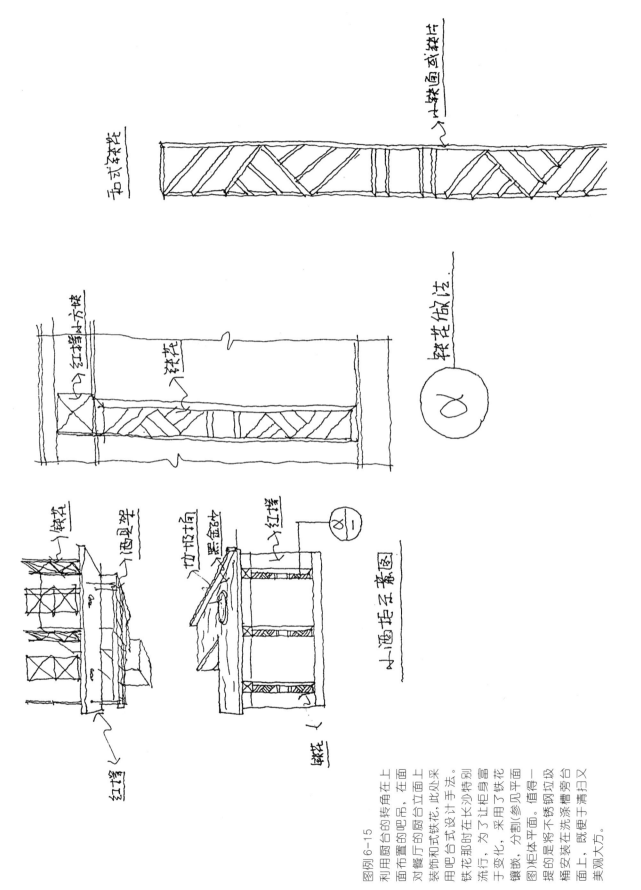

图例6-16

走道与客厅的过渡空间。按照业主要求作了一道和式推拉门墙，并配以相应的和式过道吊顶。大多国内的和式门没有做坐台，这是因为不了解日本人的传统生活习惯。一般来说和式坐台是与推拉门在一起的，且坐台是悬空的，日本人喜欢劳作后坐在上面休息饮酒。在这里我设计的坐台是为了放鞋子的，不在上面，而是放在坐台的底下。

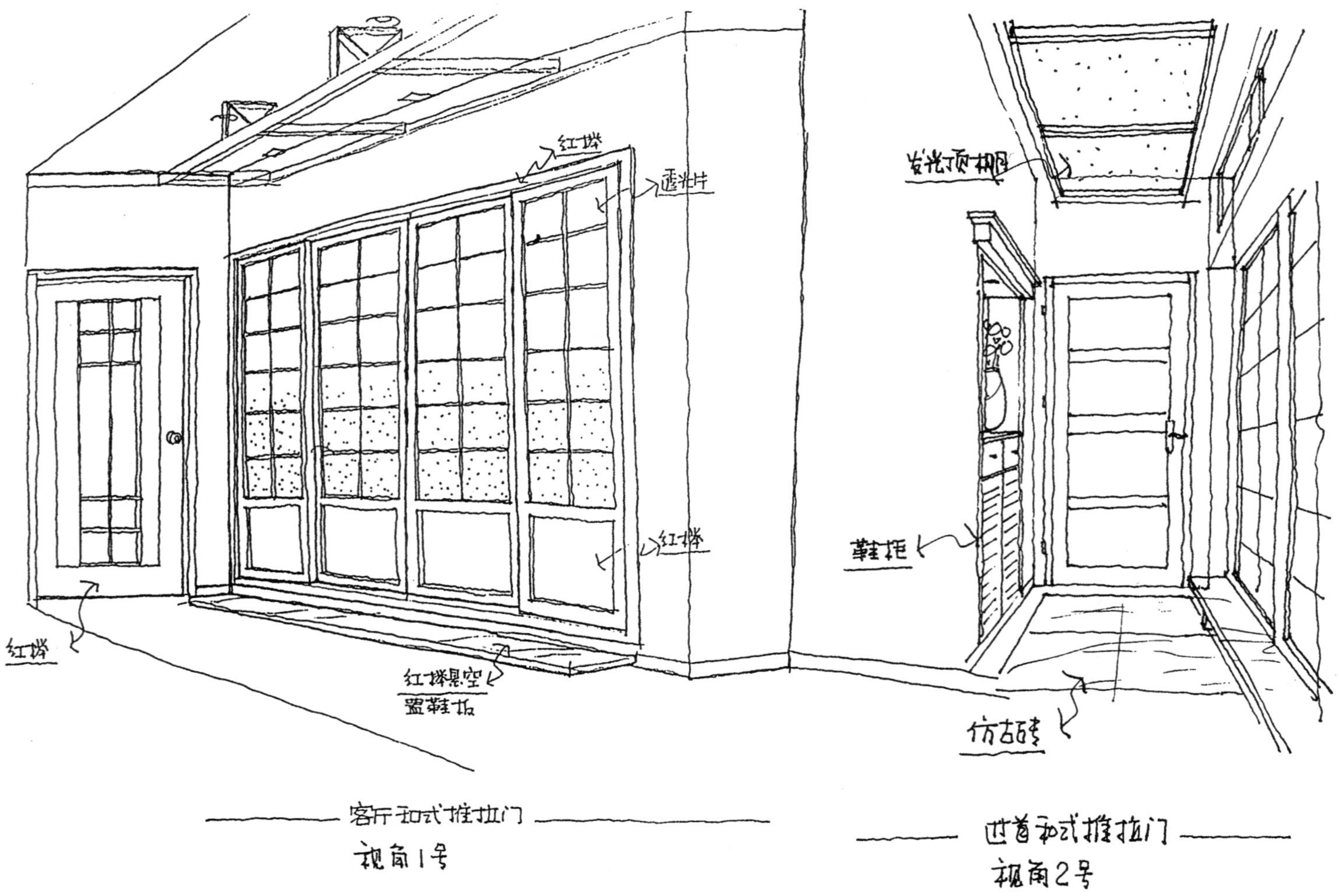

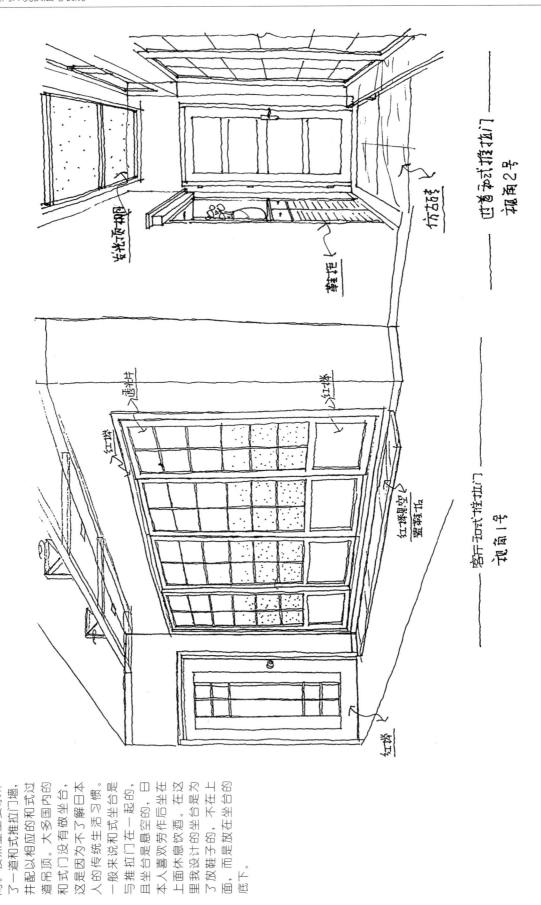

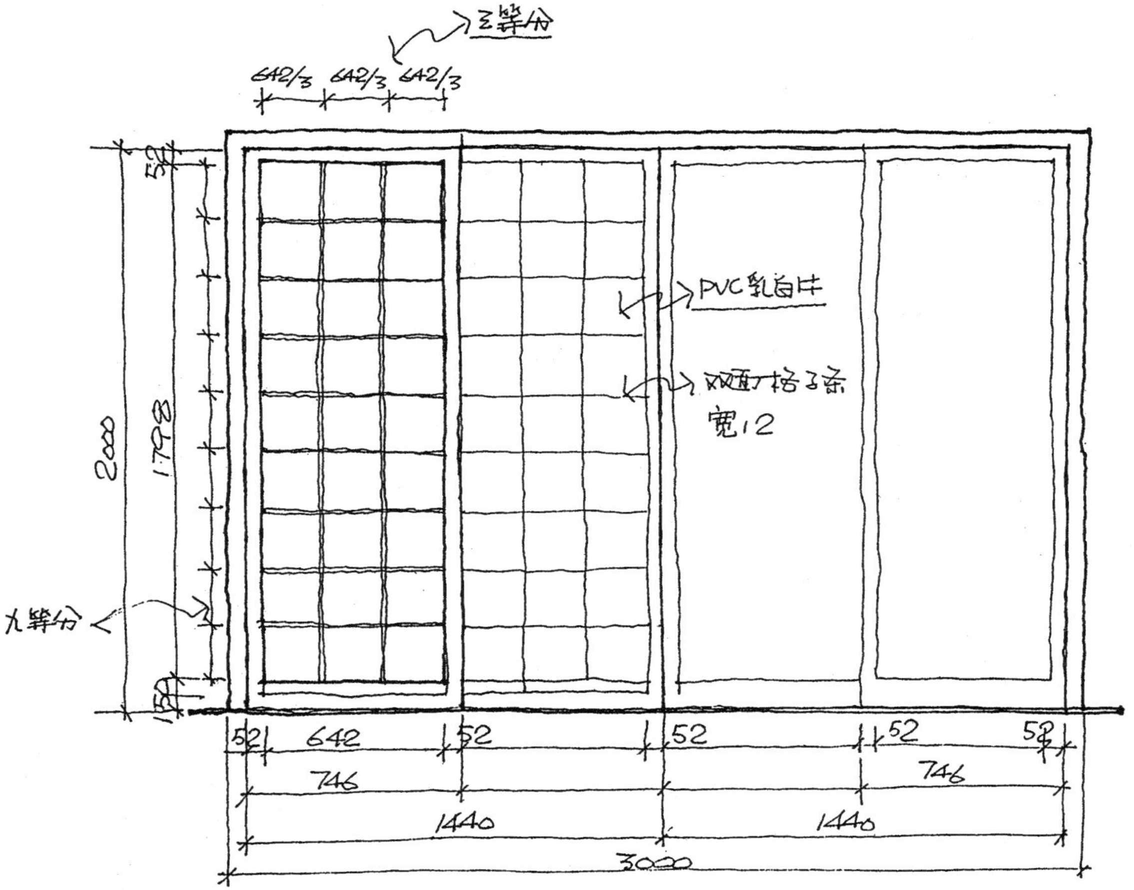

日式推拉门 1:20

说明：

本推拉门每页门长2000

宽746.用木条宽12棋盘

打格横九格竖三格.

做两层内夹乳白色PVC

片

业主：李烜莉

设计：吴 汉

日期：12/9.99.

图例6-17
和式推拉门为外榫件。
由四川鸿基木业公司
监制。此图为当时定货
时的简易施工图纸。

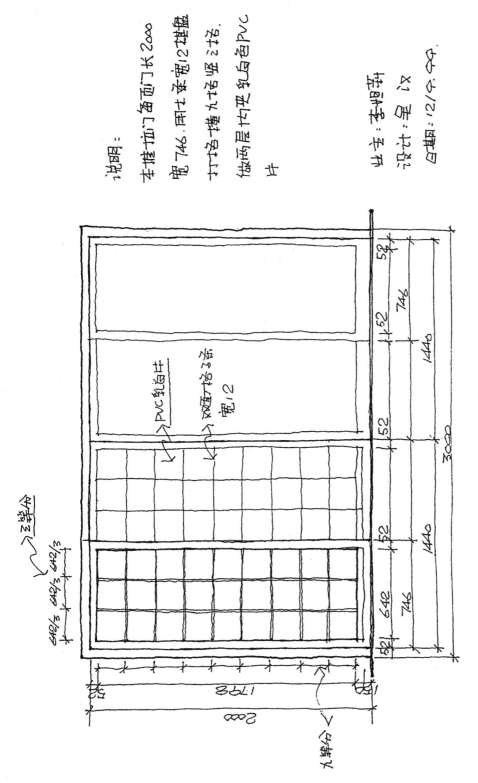

图例 6-18

电视机柜的推敲及内阳台窗下敞开式贮物台（上可置花盆）

这是那段日子最喜欢设计的电视机柜式样，是根据业主家中现有的家庭影院设备配置的。

由于阳台外墙是13墙加铝合金窗，墙薄了给人以不安全感，业主又喜欢养花，于是设计了右上的花岗石台面，以增加墙的视觉厚度，其下部又能作储物柜，一举三得。

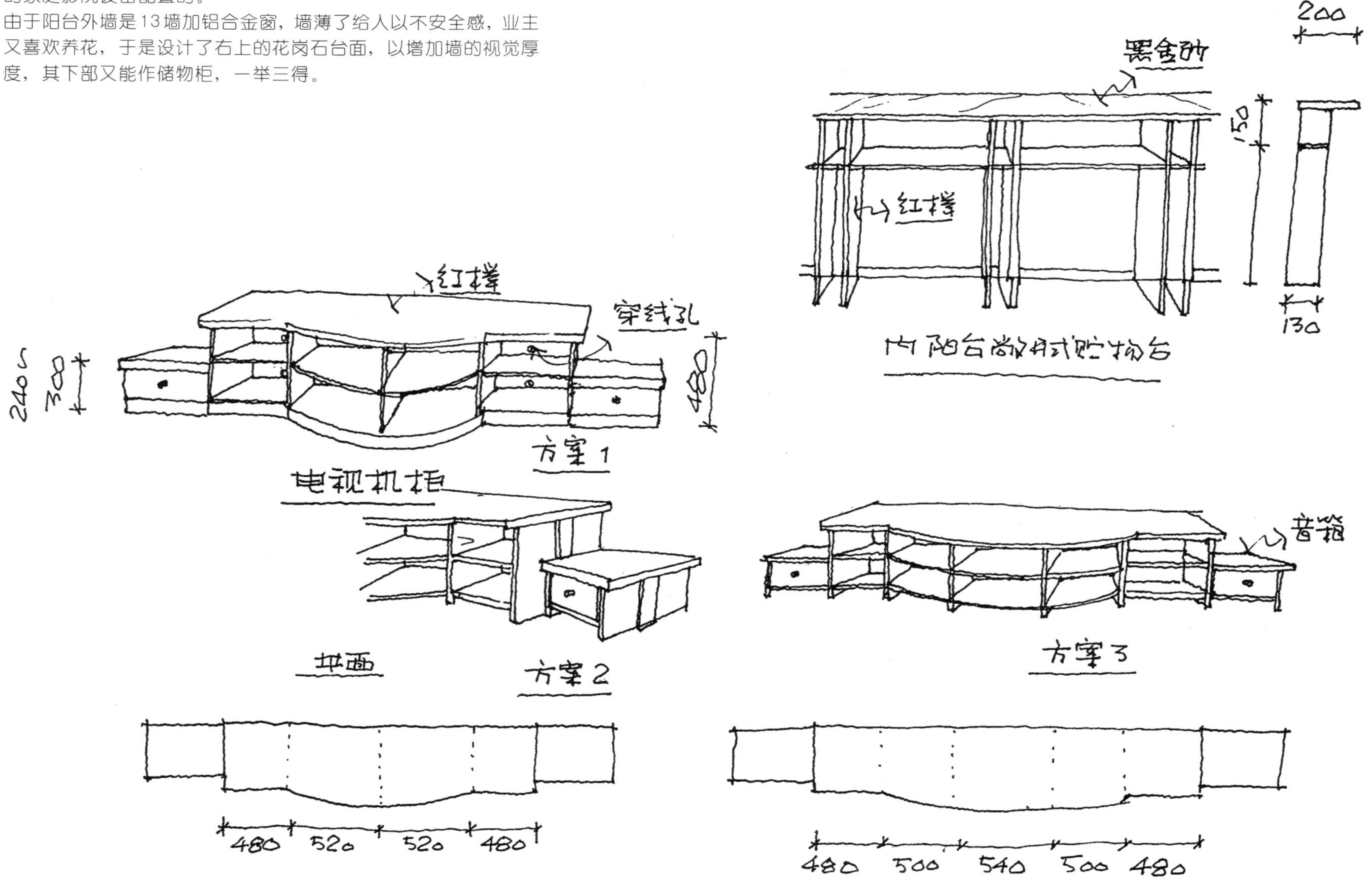

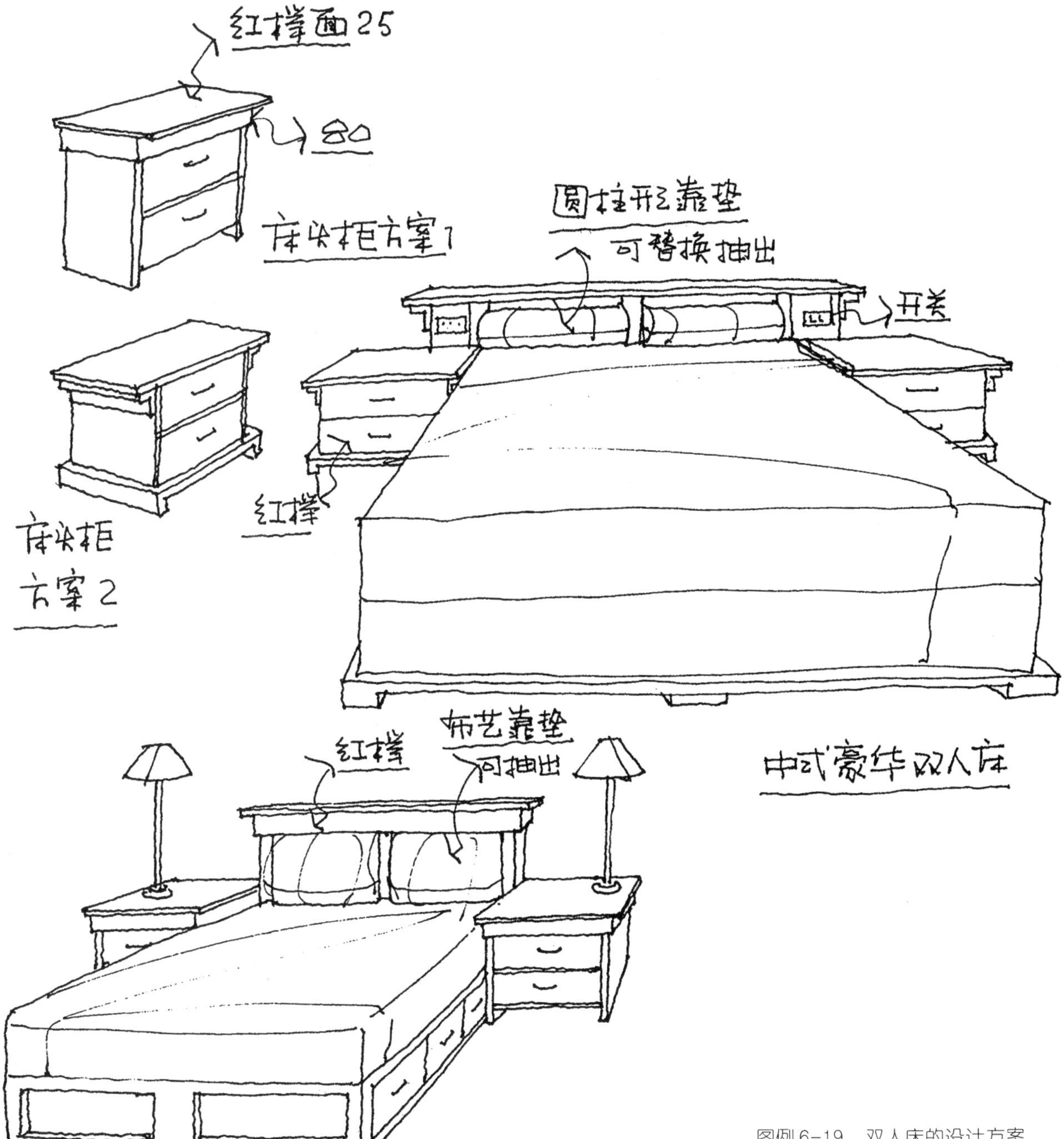

图例6-19　双人床的设计方案
最得意的地方是床头的靠垫可以抽出换洗，整个设计显得棱角分明。但业主最后没有请人做，还是到广东顺德买了新家具，因为那里的家具比内地手工做的便宜，质量又好。从那以后我很少再去设计家具，因为家具已经成为工业产品了，可以大批量生产，自然颇有竞争力。我想哪天整个家居也能成为工业产品多好，但个性在哪里呢？

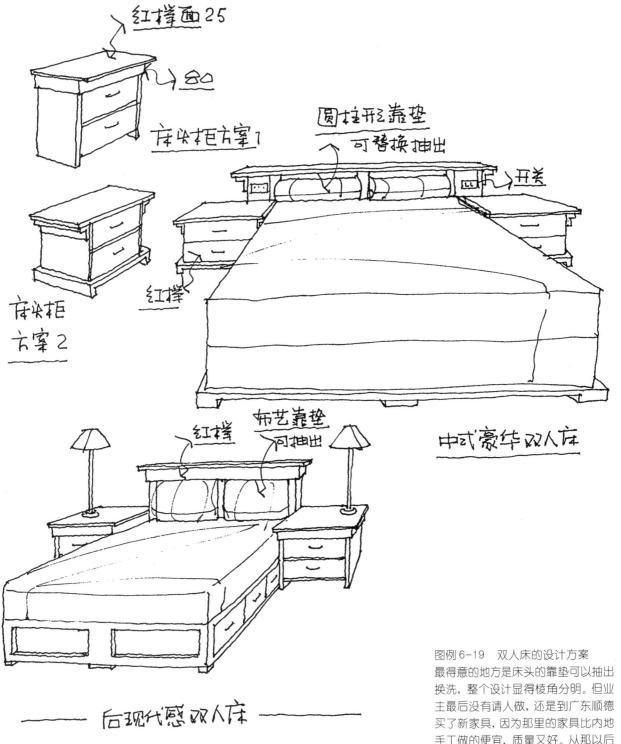

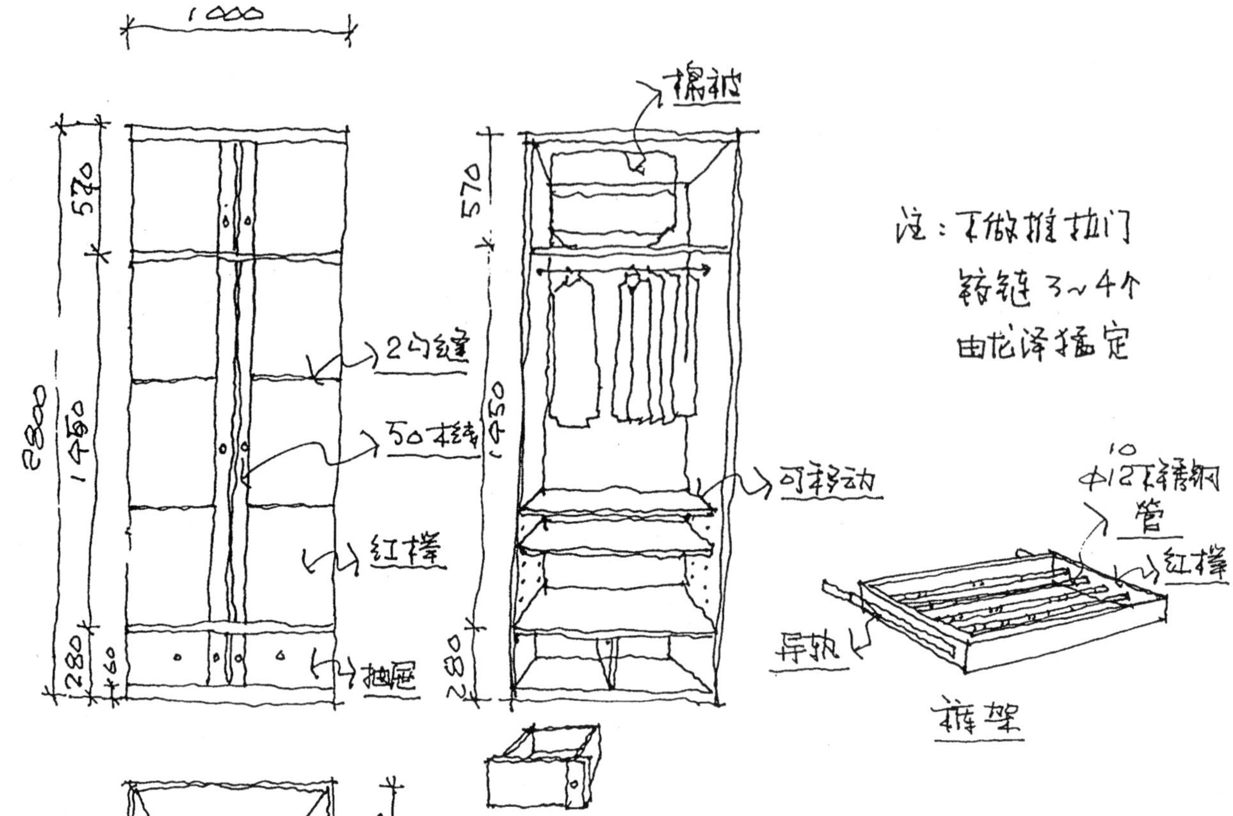

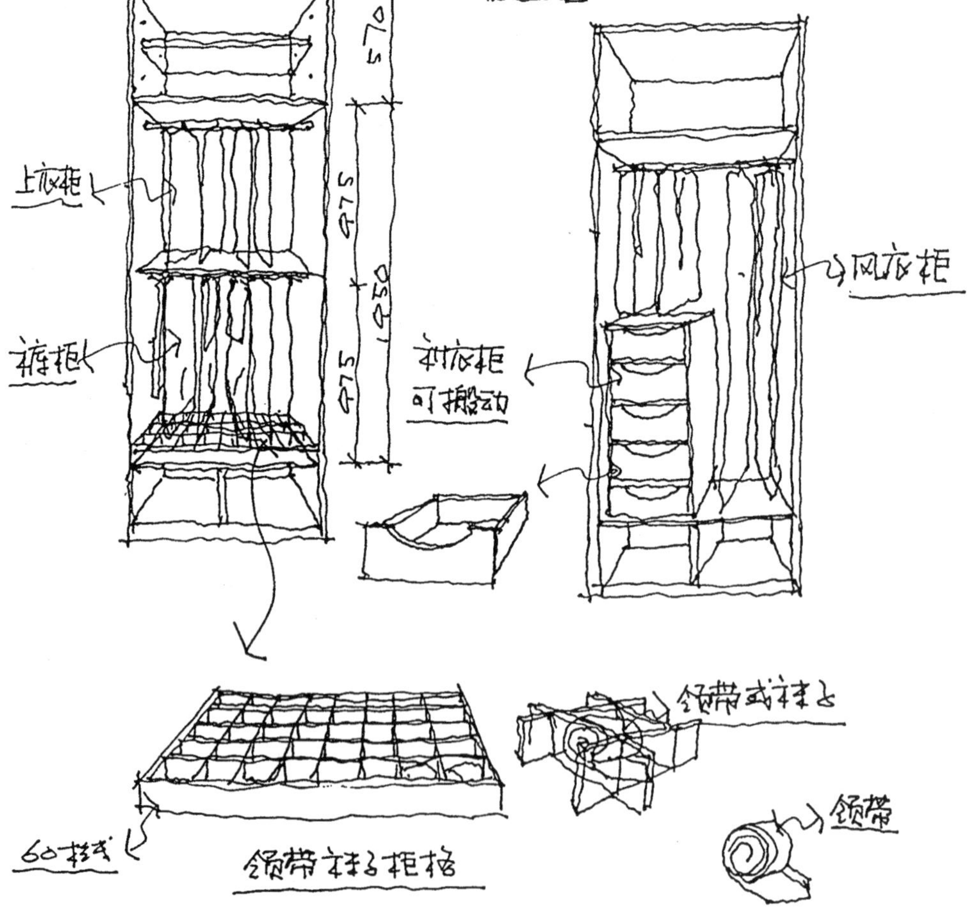

图例6-20 大衣柜的设计方案

这幅画是在现场所作，大家可以看出来线条由于没有思考成熟，显得很乱，不肯定。但是它毕竟反映了作者当时的原始构思，没有任何后期制作的痕迹，而这正是所要提倡的。学钢笔画真正的目的就是要及时捕捉住设计师一霎那涌现的灵感火花并将其表现在纸面上供人浏览和交流，这是最根本的，是目前电脑还未能取代的妙事。当然如果短时间内既能将线条画的优美流畅又能清晰地表达设计意图，是最好不过的了。

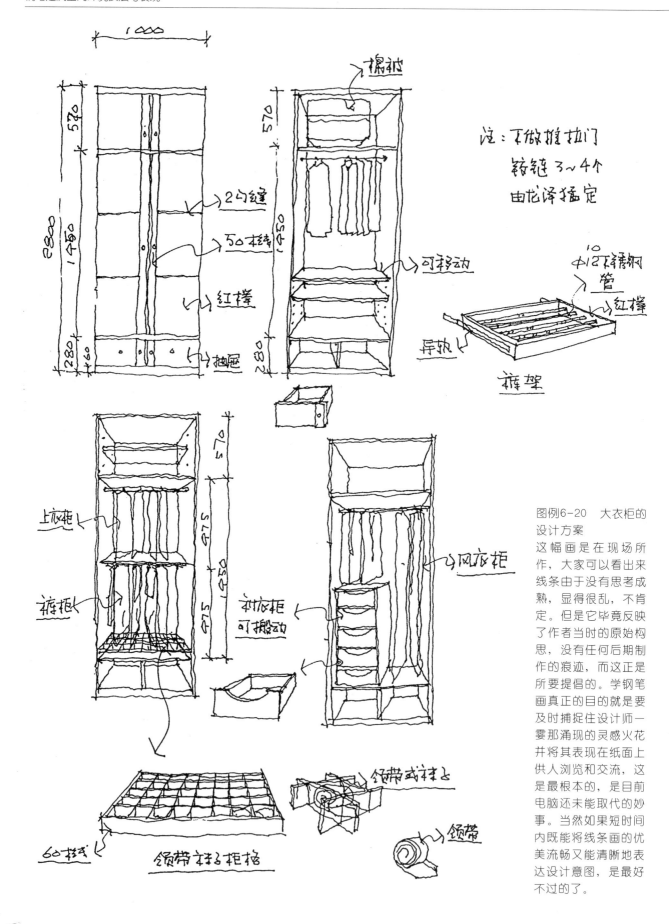

设计草图 实例二 泥吧茶

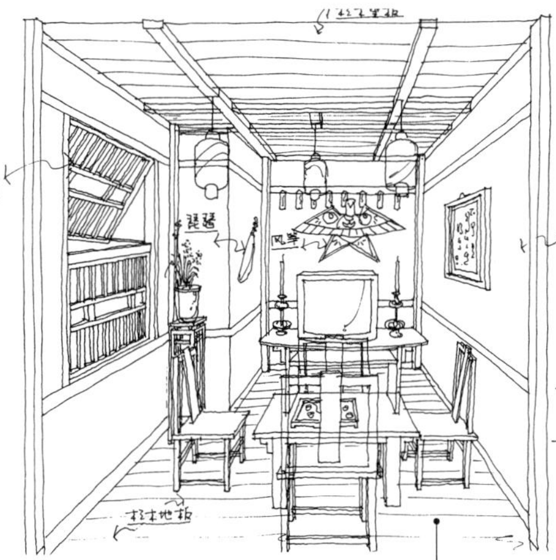
粉白墙
楼梯上部
包房草图
杉木地板

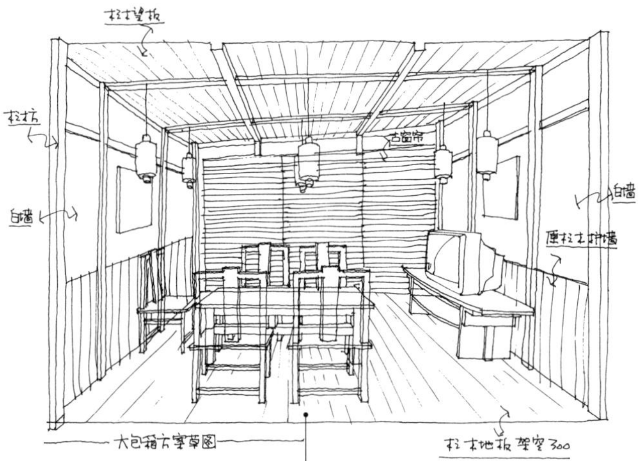
杉木望板
杉枋
白墙
白墙
古窗帘
原杉木护墙
杉木地板 架空300

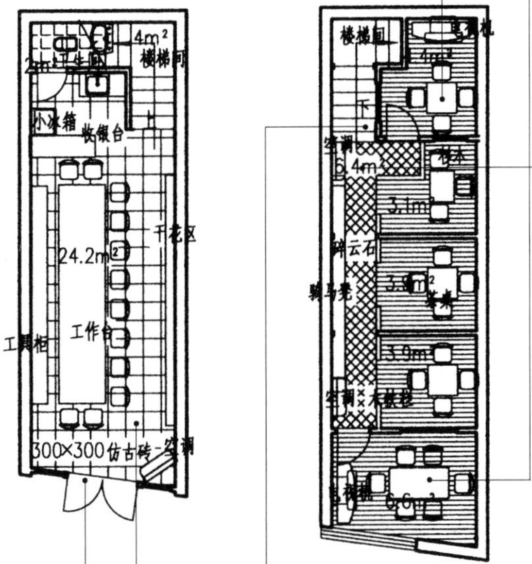
4m²
楼梯间
小冰箱
收银台
24.2m²
干花区
工具柜
工作台
300×300仿古砖
空调
楼梯间
4m²
空调
6.4m²
3.1m²
碎云石
骑马凳
3.9m²
3.9m²
空调
6.6m²

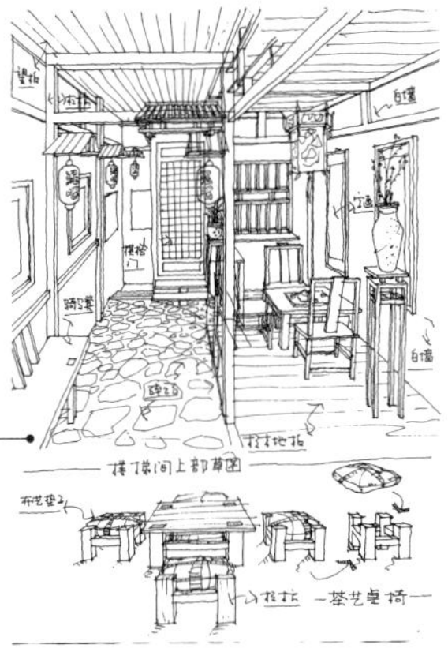

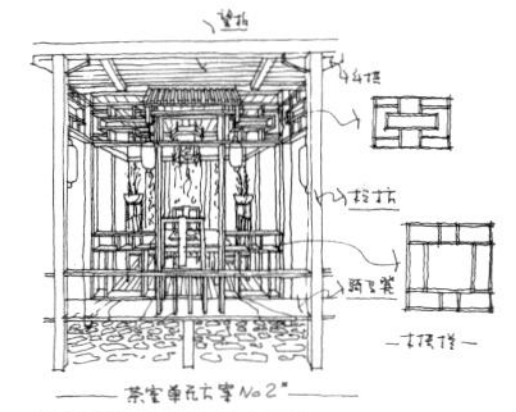

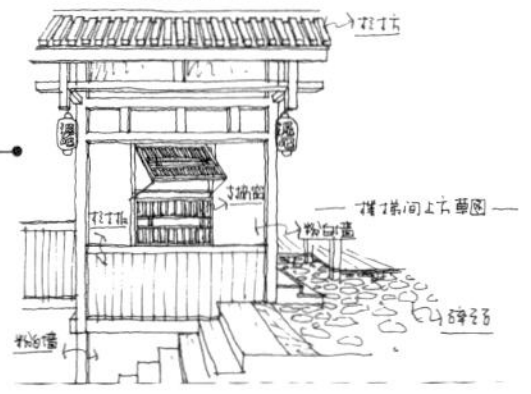

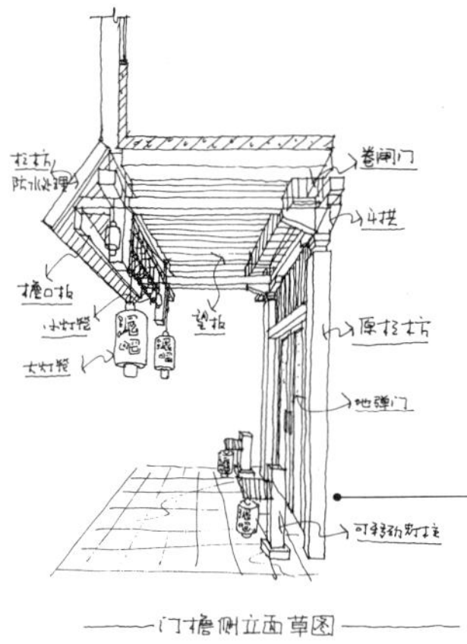
卷闸门
斗拱
原杉木枋
地弹门
门檐侧立面草图

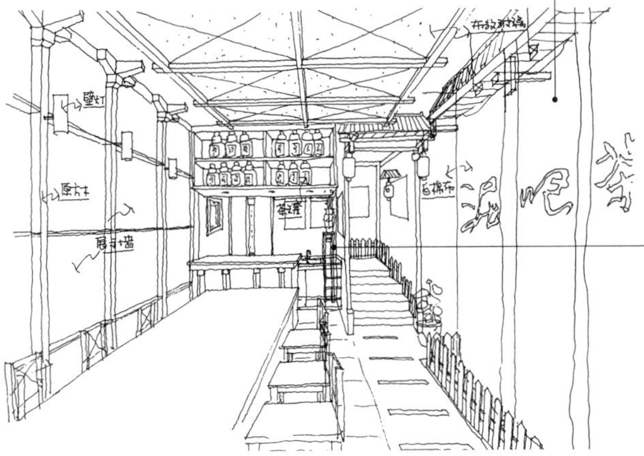
壁灯

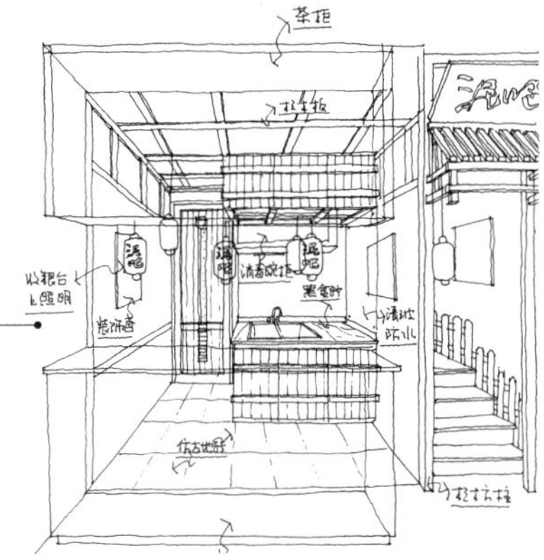
茶柜
杉木望板

背景资料

一个傍晚，在友人茶商何老板的安排下与邓和平女士结识，为她设计了一个新颖的茶楼“泥吧茶”。一楼是经营韩国的一种泥捏，用这种泥可塑各种各样的形体，再上色，一周以后就自然成型，硬如生石；二楼经营茶室，供人聊天品茶。一拿到平面图首先觉得使用面积太小，对经营不利，后经邓女士解释说，是专门招待客人与洽谈业务用的场所，也对外经营，才觉释然。邓女士是长沙较有名气的个体工商者，主要经营韩国的布艺。

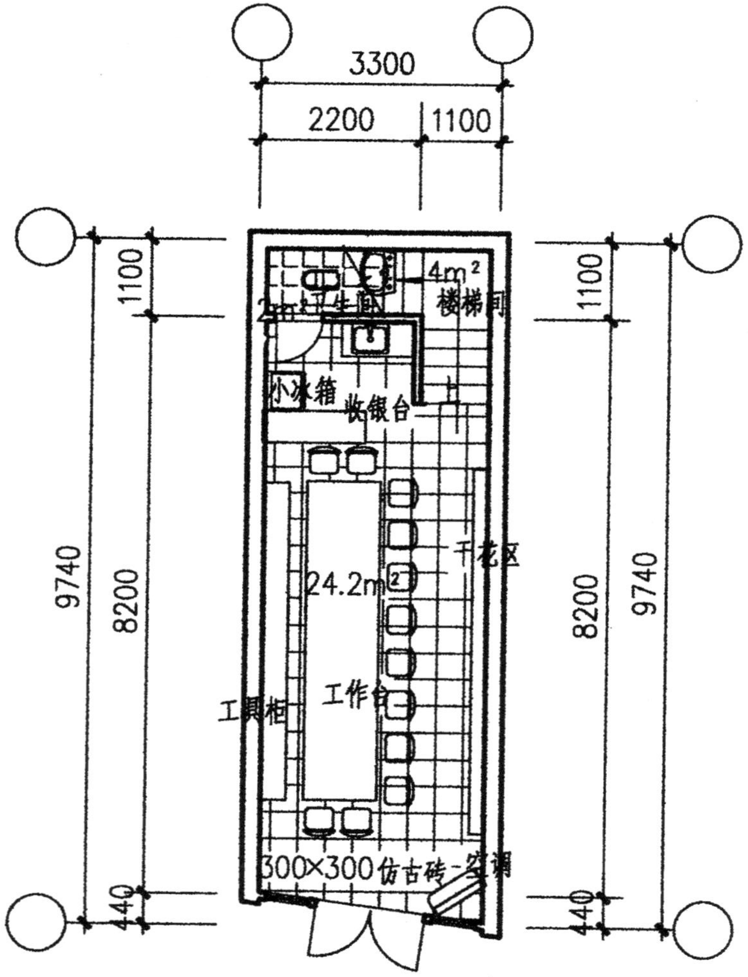

泥吧茶一层平面图1:100

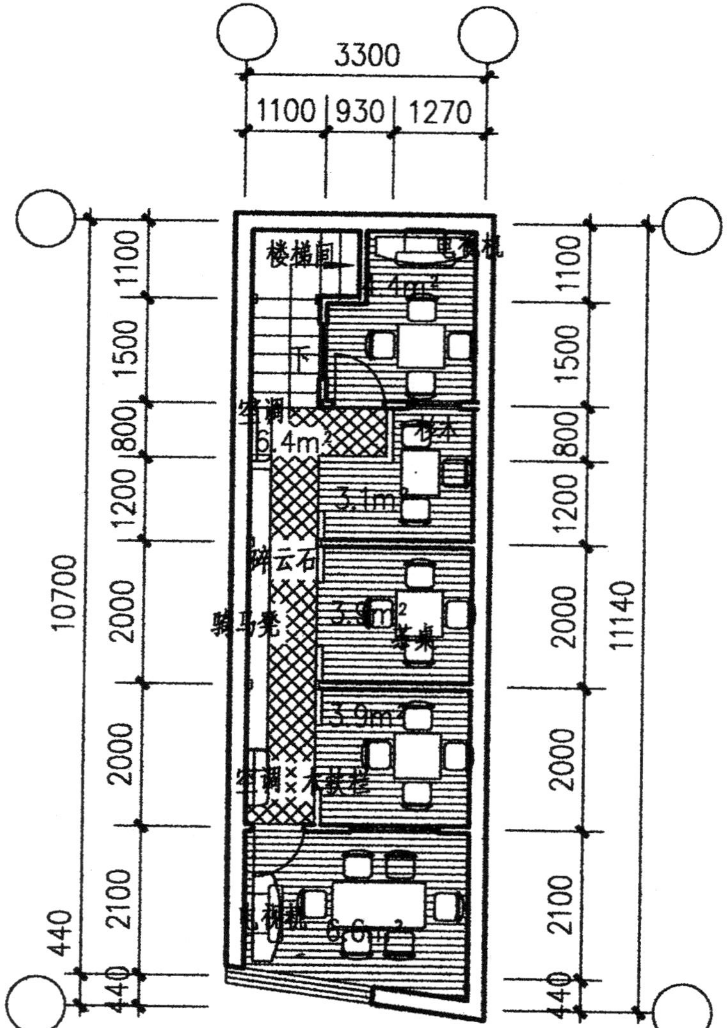

泥吧茶二层平面图1:100

业主：邓和平　设计：吴　卫

日期：　2000.4　面积：61.2m²

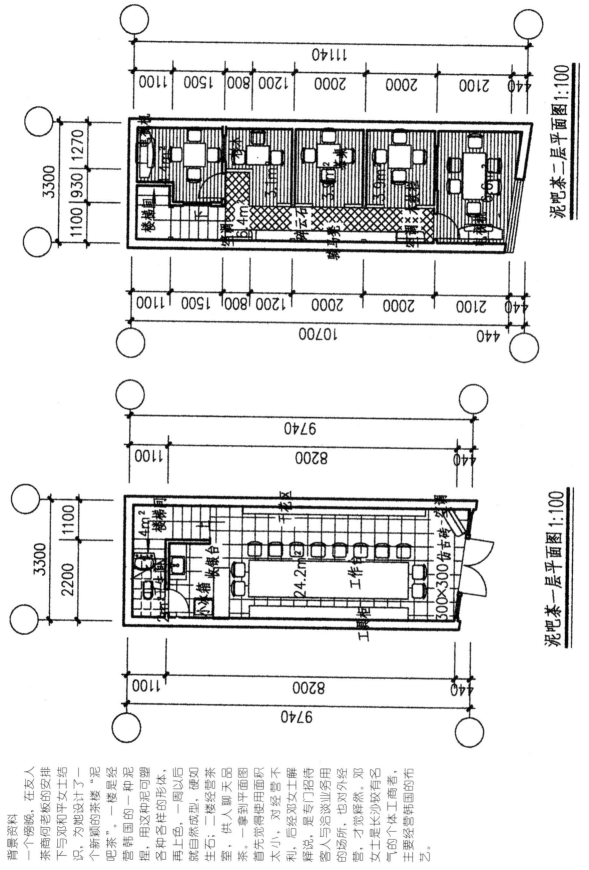

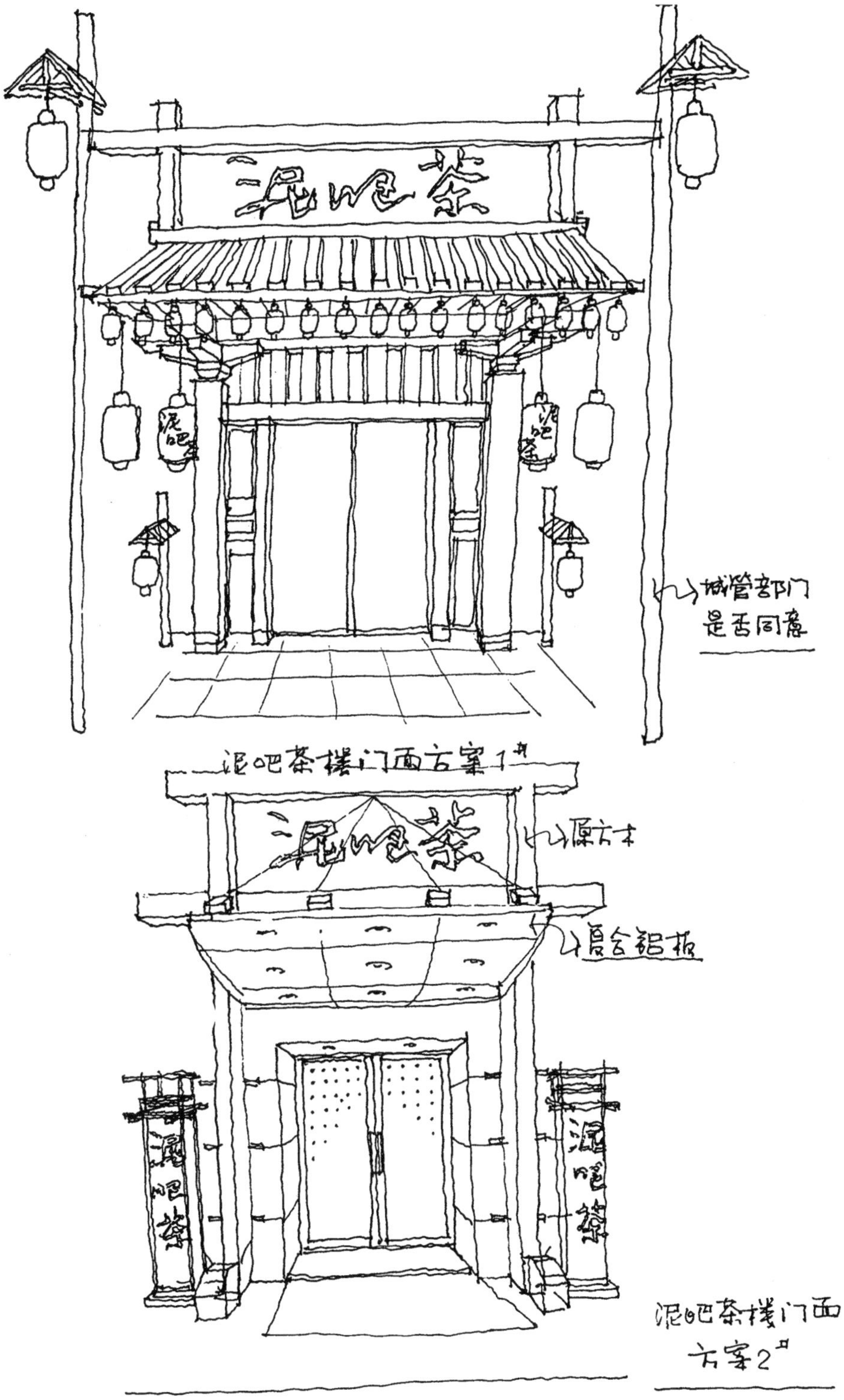

图例 6-21　门楼方案

这是当晚与邓女士讨论方案时所绘，茶楼的主立面应要反映业主的喜好，是做中国式的还是现代感强的？这是我绘本图的原意，刚一画完，邓女士立刻看上了上幅草图的格调。从画中可看出我当时受吴有如民俗画中古建民居的影响，如灯杆的造型等。画中斗拱的式样大家可以翻看一下视觉笔记图例 4-28，可见我对这种斗拱解构方法情有独钟。在与业主交谈的短短几十分钟时间里，要想重新构筑不如将平时感兴趣的、记忆深刻的素材搬出来，业主看到你能在短时间内即拿出方案来，会感到很惊讶，便坚定了与你交往的信念，接下来你可以有更多的时间去推敲方案，甚至推翻当时不成熟的方案，只要理由充分，甲方是不会反对的。

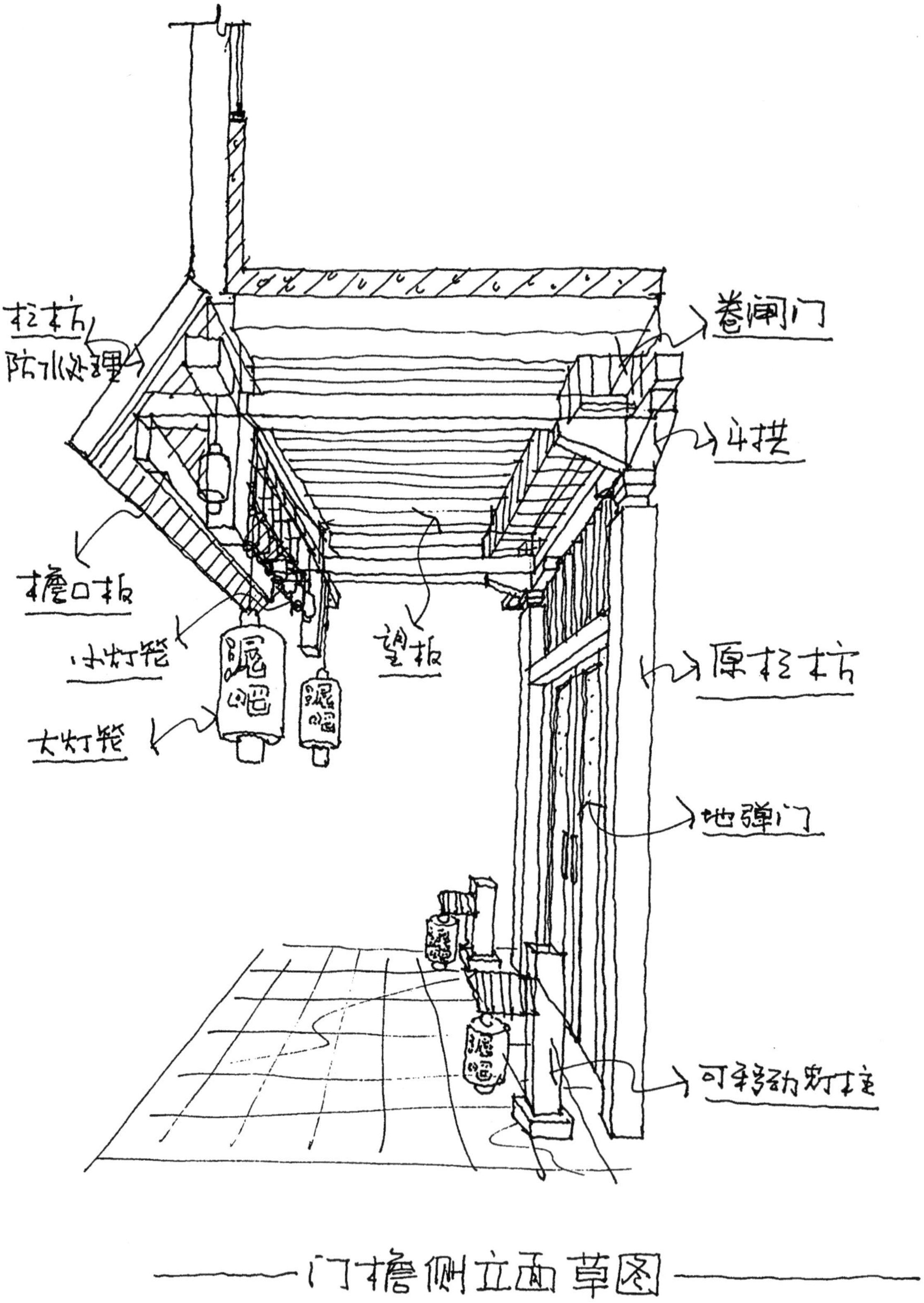

图例 6-22　门檐侧立面草图

这是一个临街的小铺面，二楼向外挑出，如何利用现有的结构将门楼设计方案表达出来，是一个首先要解决的问题，我采用杉木方加杉木板等原始材料来表现设计构思。此方案为门楼侧立面木架构思，为了防水，在施工前就要求工人刷了三遍桐油。很显然在卷闸门的伪装及可移动灯柱的设计上还欠思量。

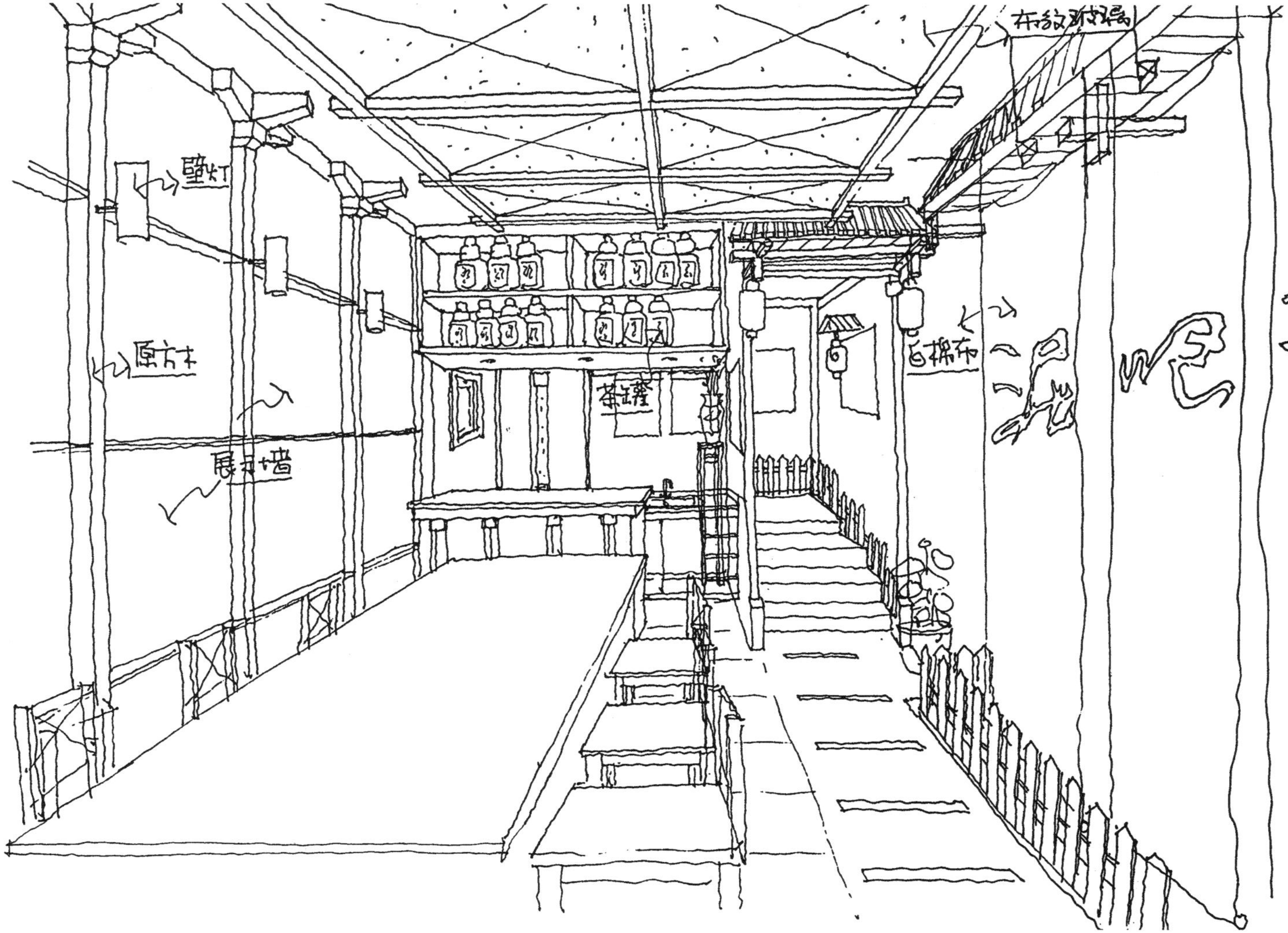

图例 6-23
这是一层泥塑室的预想图，布置基本上是按照邓女士的想法随手勾来，主材还是杉木方和杉木板，右边的木栅栏显得有些西化，但这是业主钟爱的一种形式。当时，还有些顾虑，但画出来一看“中西交流”还算融洽。图中吊顶是我近来较喜欢表现的一种形式，是对中国顶棚的解构、加上发光顶棚的理念，实际做出来效果还不错。

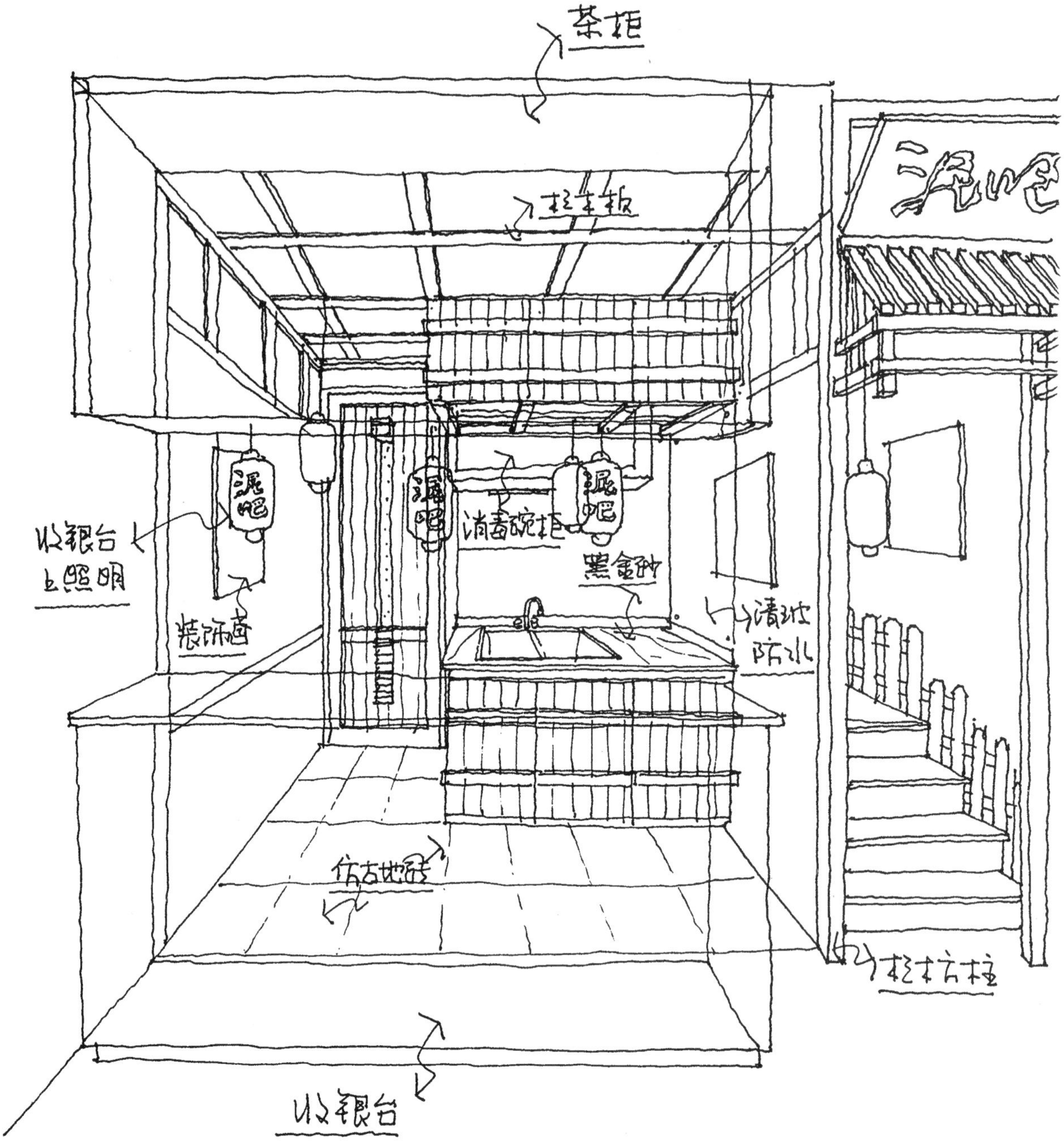

收银台工作区预想草图

图例 6-24

因为楼上要经营茶室，故要有一个茶水制作间，很自然地楼梯间成为最好的选择。画这幅画的目的是想推敲一下收银工作台与二楼楼梯入口形制上的过渡。通过设立一个收银台使空间变化错落有致，功能分区也较明确。

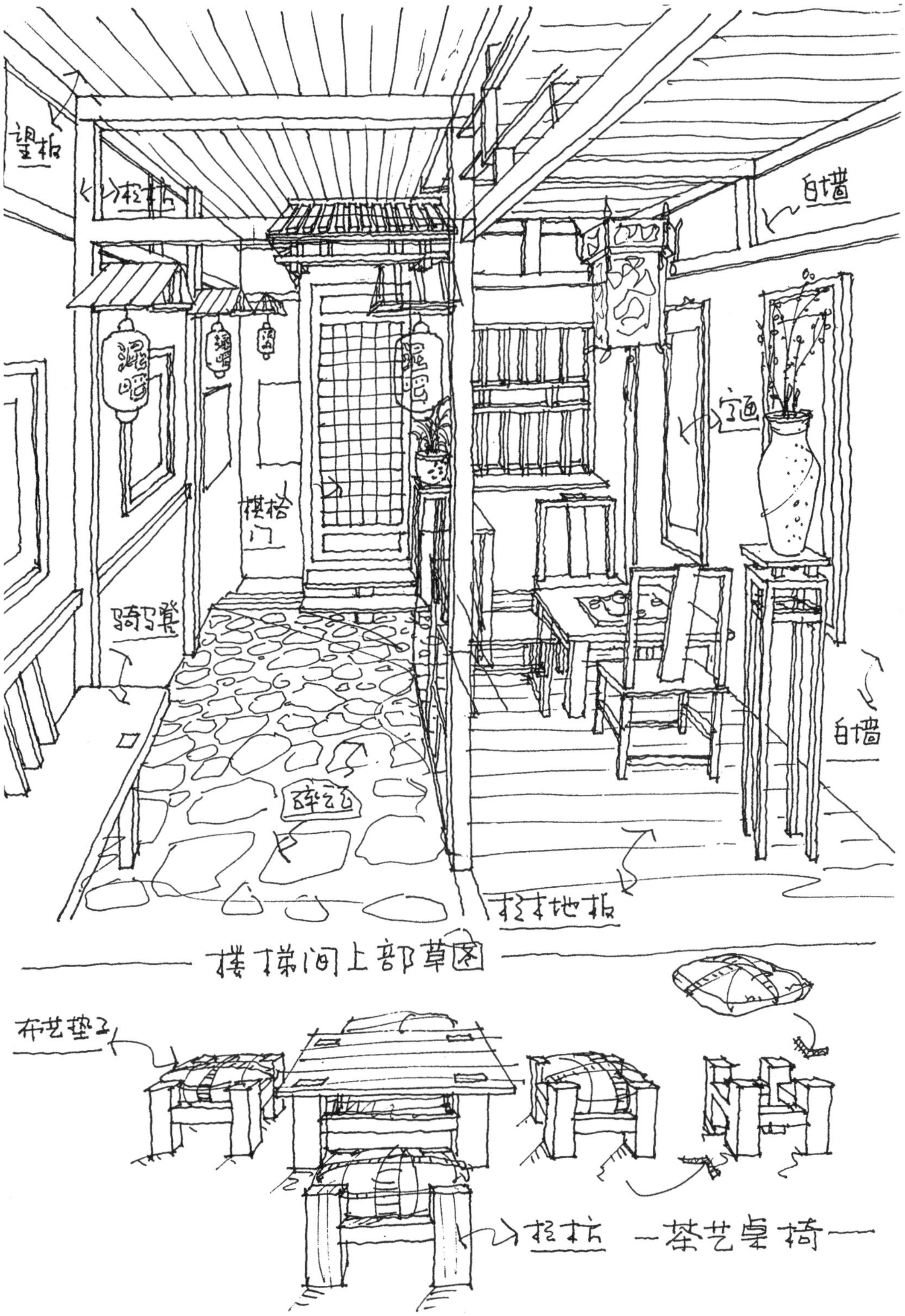

图例 6-25

这是二层—上楼梯后反身再看楼梯处的景致，大家可以看到主材仍是杉木方与杉木板。每个茶室布置一盏宫灯，与外面的路灯形成对比，通过铺碎云石与杉木地板，分隔交通与营业两个空间。

下图是与邓女士探讨茶艺桌椅的式样，最后大家达成共识：采纳中式的桌椅代替北欧民居桌椅的式样。

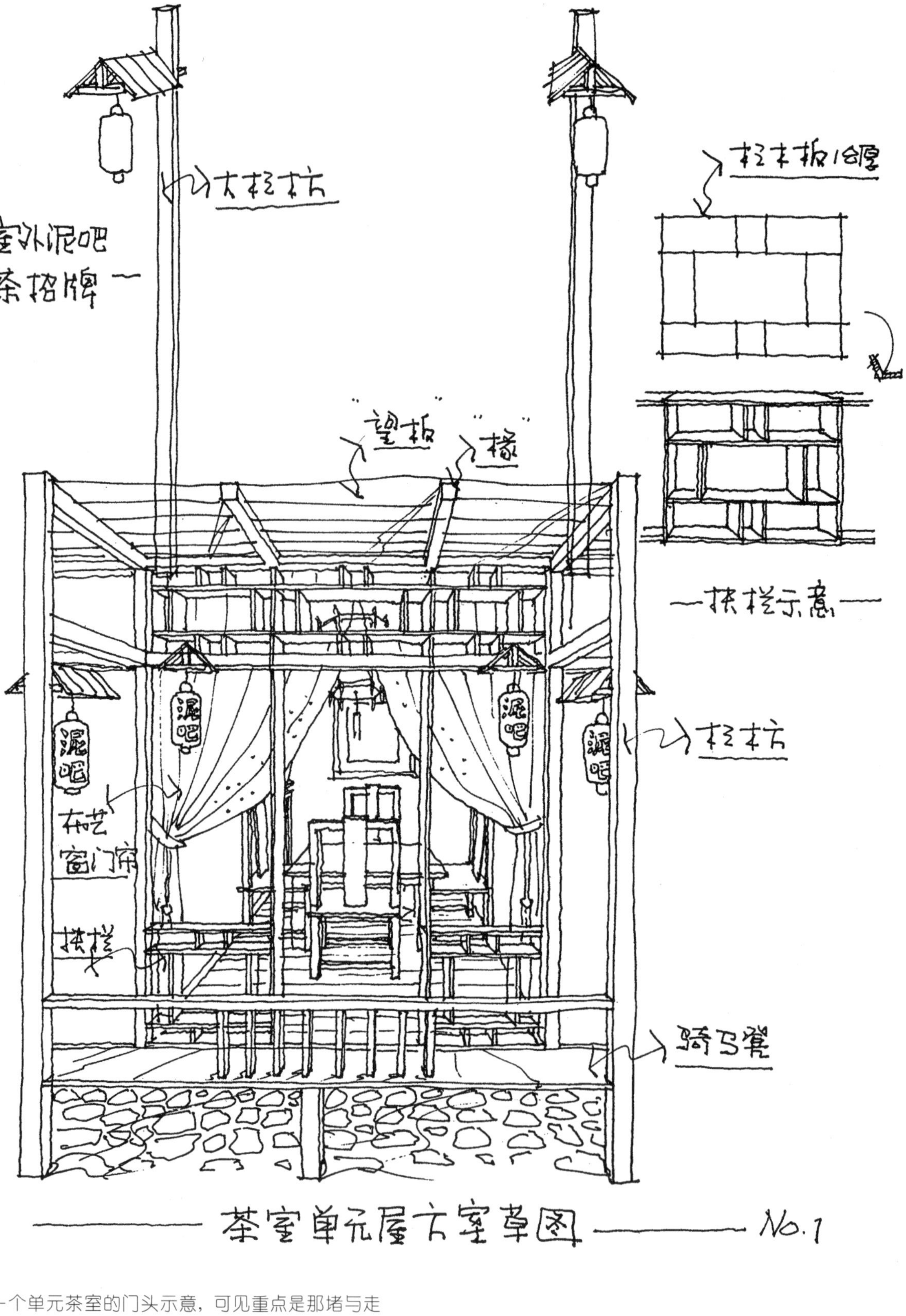

图例 6-26

这是其中一个单元茶室的门头示意，可见重点是那堵与走廊隔开的屏墙。采用了右面的扶栏方案，门墙上面又能与之呼应。骑马凳是应业主的要求设置的，她认为有时也需要走出茶室在走廊上两人私下交流一下。

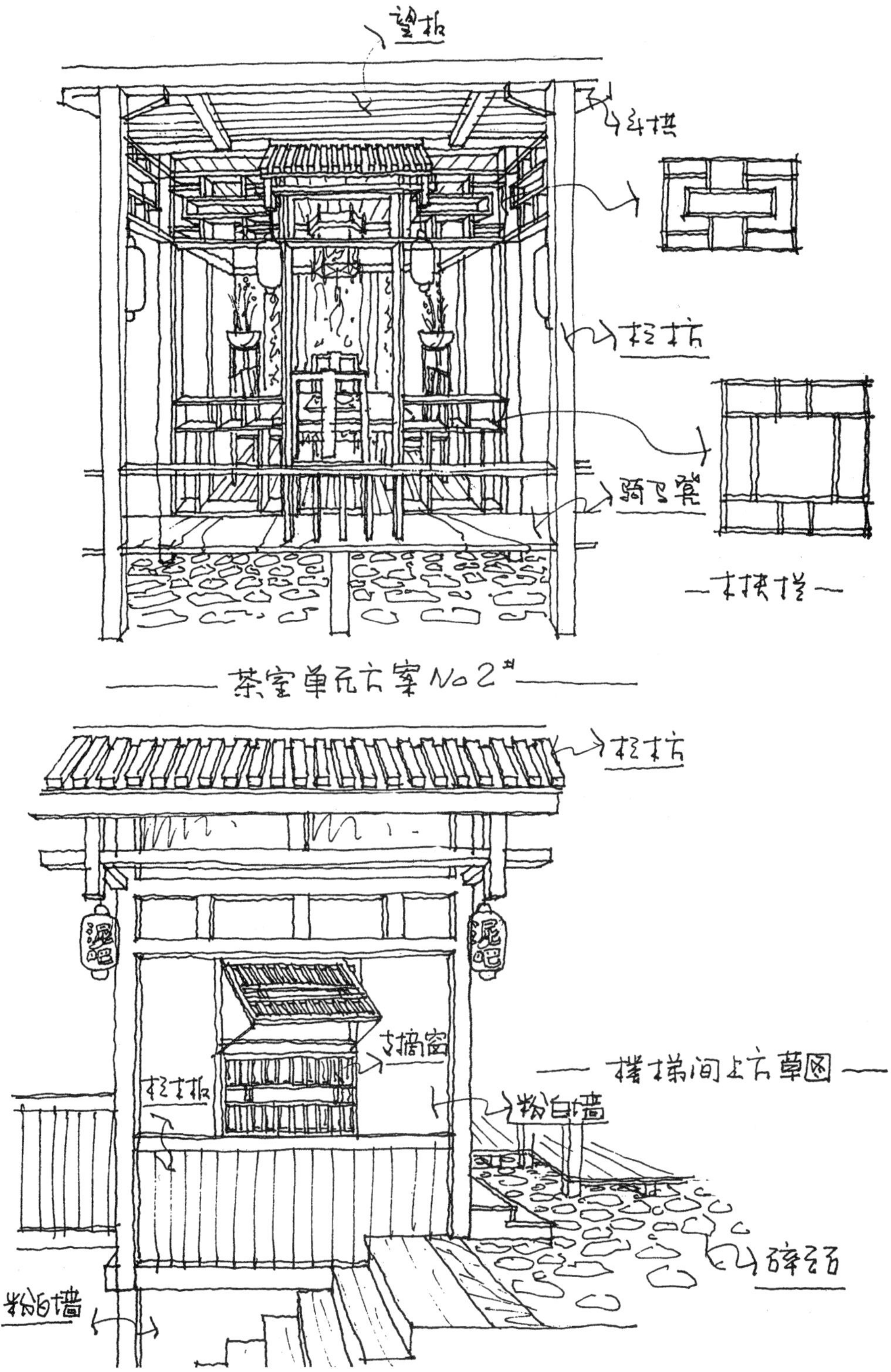

图例6-27

上图：业主要求在茶室单元门楼上也加一个门檐，同时门墙上下的栏杆图案要有所变化。

下图：是对楼梯间上方茶室的立面推敲，由于窗与楼梯间存有落差，便采用了支摘窗的形式，强调其中悬空的趣味；此外，此幅画还增加了整个茶室的屋檐效果。

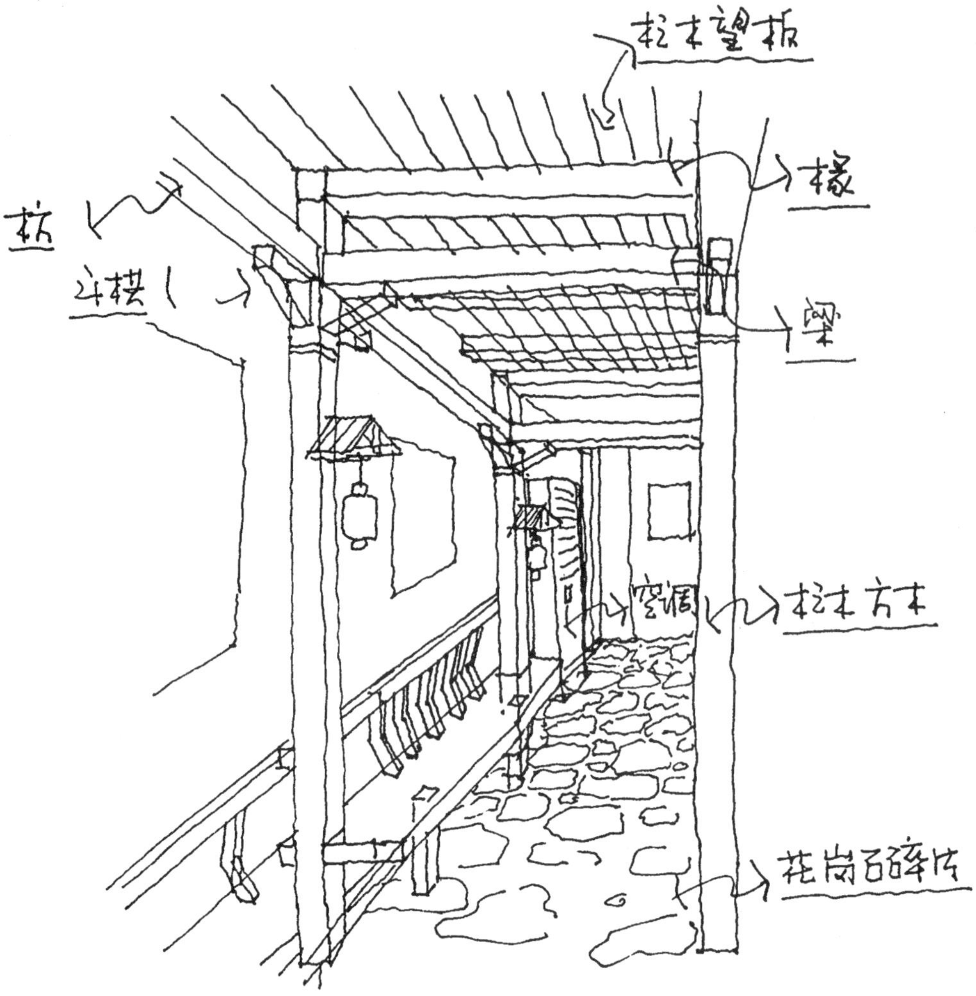

注意:

1. 由于是木骨架顶电线又不能明露，如何做好电线的隐蔽工程呢?
2. 空调线路、闭路电视音响线路的敷设问题。
3. 消防防火问题。
4. 通风问题。二楼每个茶室安一台换气扇，要求五台换气扇在一条直线上形成“新风管道”。

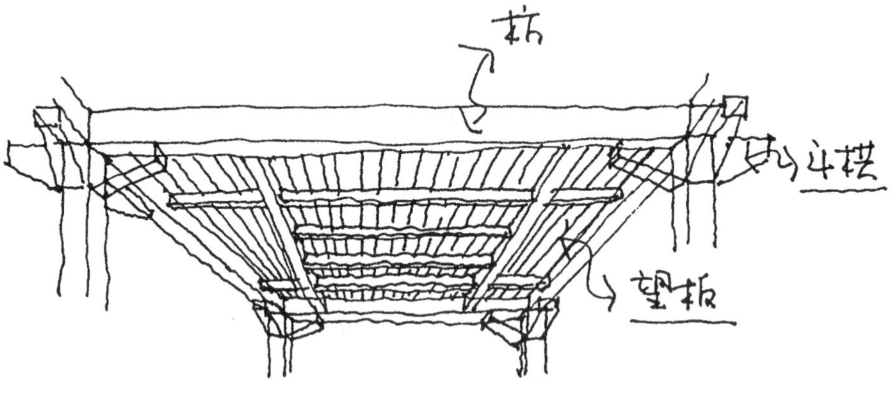

茶室单元内屋顶

图例 6-28

上幅为走廊吊顶的设计草图，主要目的是推敲侧面墙的布置及吊顶的处理。

下幅为单元茶室内屋顶布置方案。

图例 6-29
此图为楼梯上部包房草图。为了营造中国传统气氛将风筝、琵琶、烛台、书画等置入其中。由于中式建筑墙面多为平面式的纯朴的营造方法，能体现中国特色的就是这些十分中国风的符号摆设了。

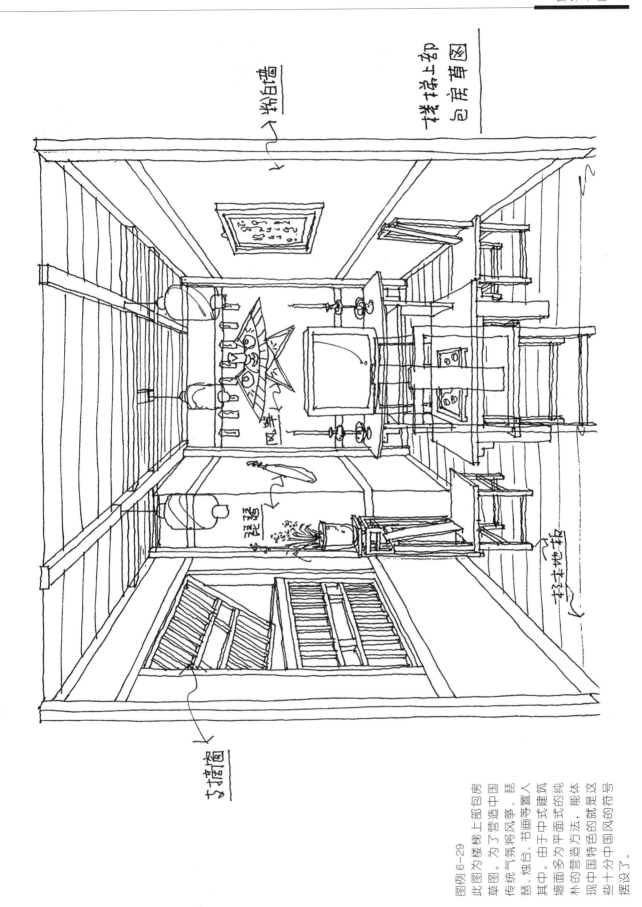

图例 6-30
此图为大包房的方案草图，设计较简单，抓住了中国古建筑的室内特点。突出了木骨架的主导地位，用芦苇窗帘与杉木板护墙相呼应，室内的吊灯显得过多，但纯粹是为了突出气氛，每个灯泡只有15W。

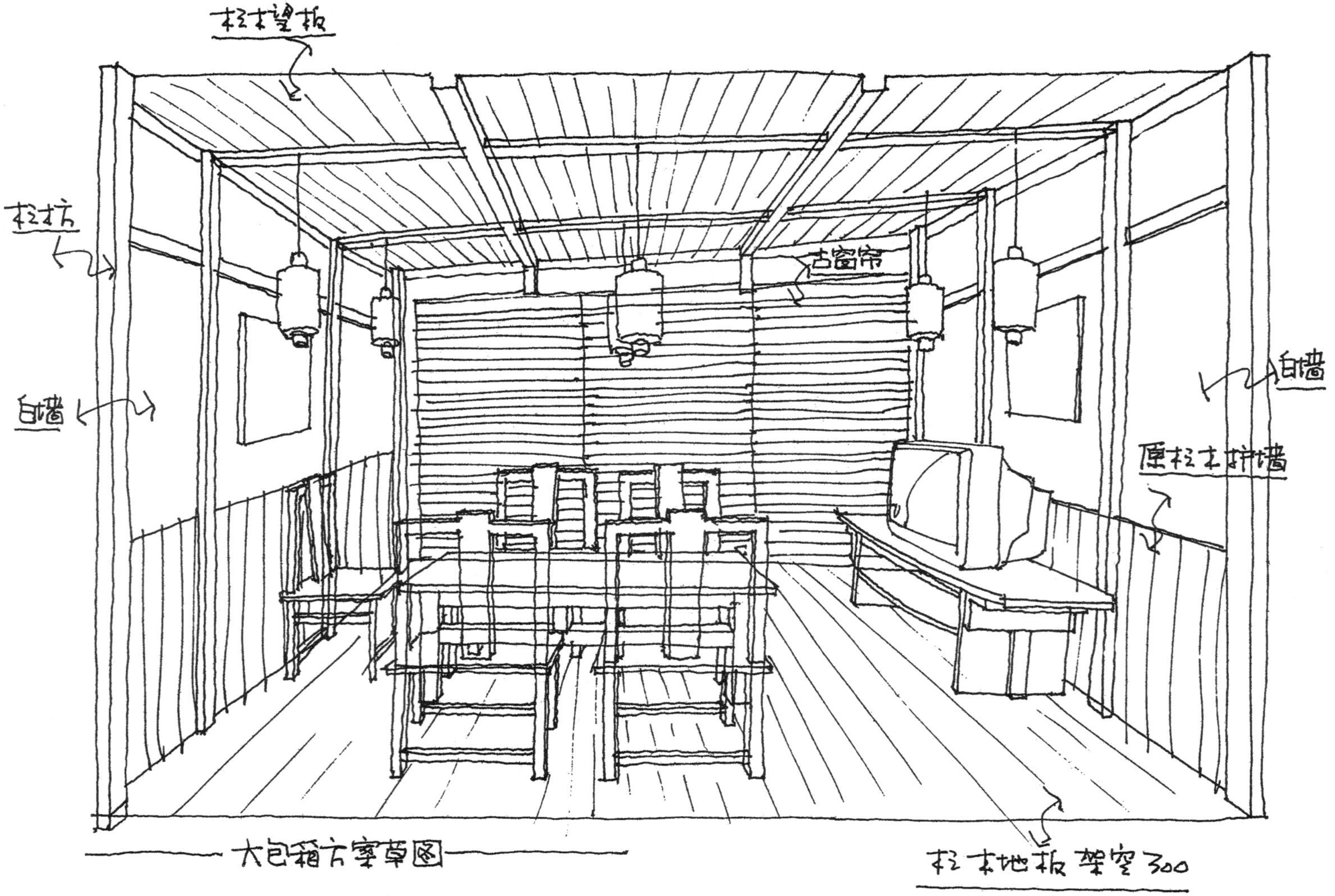

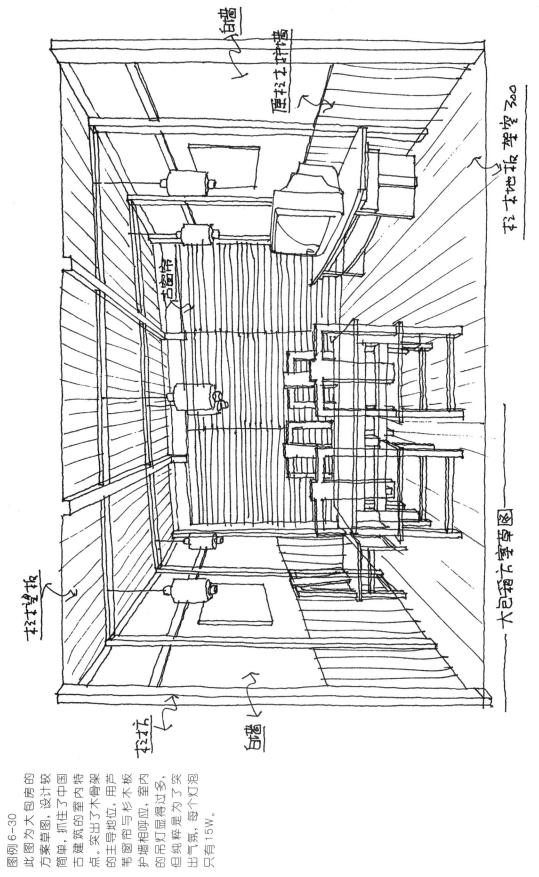

图例 6-31

此图为某些局部设计的放大推敲图，从中可表达出具体的施工式样。现在常看见一些反映中国传统建筑的室内装修，完全照搬照抄古建筑的某些局部，不做任何思考的复古，实是一种立体拼贴而已，抄得好尚可见人，艺术修养低、抄得差的有时真是不堪入目。

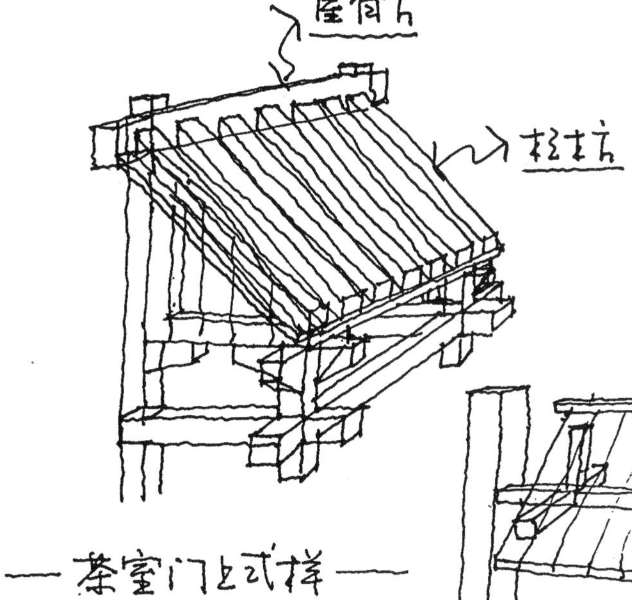

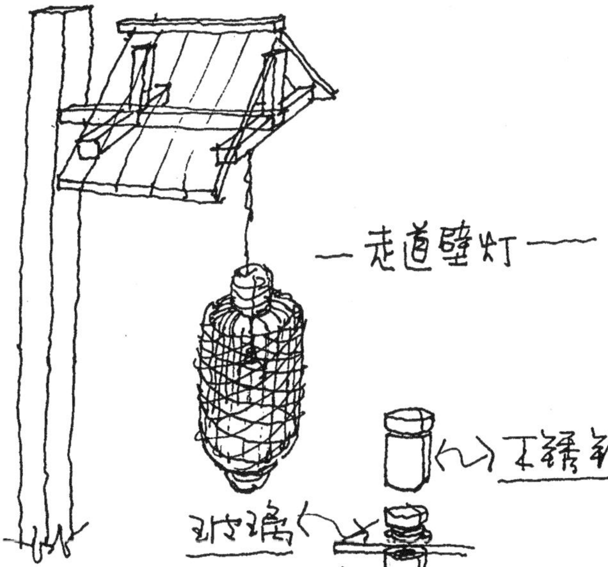

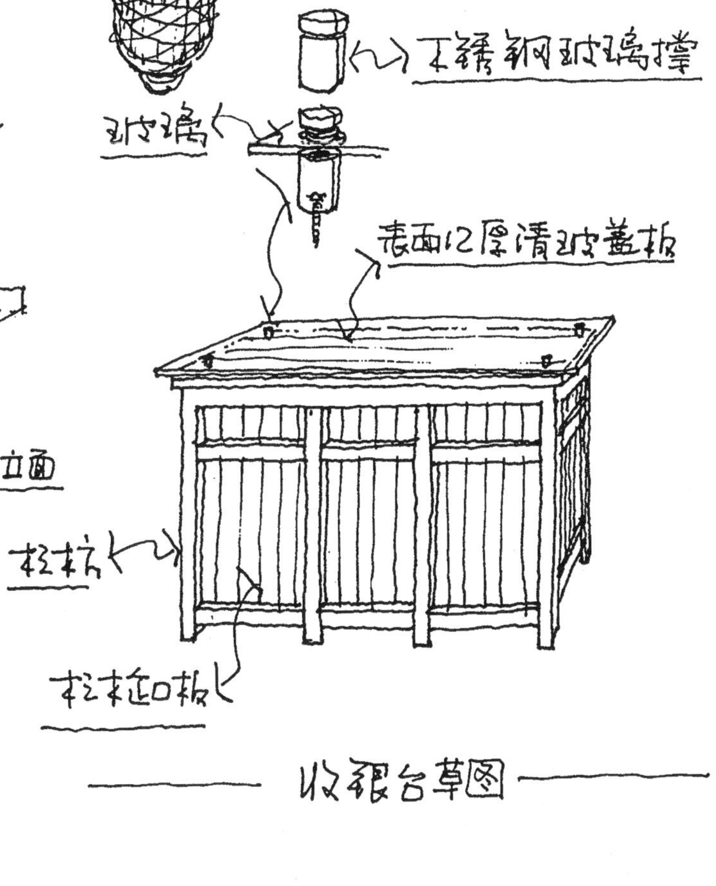

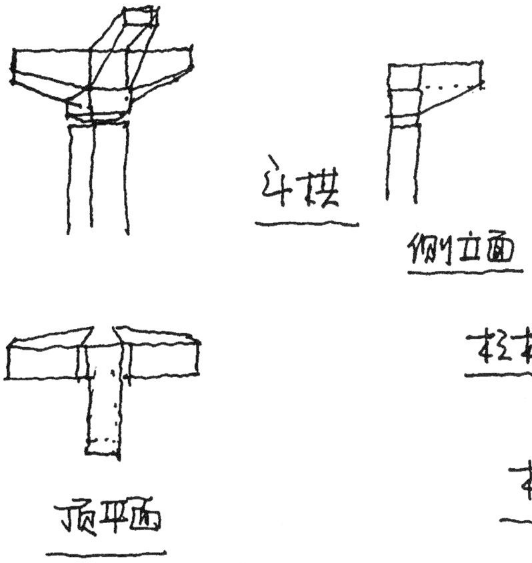

图例 6-32
室内家具及门的推敲图，可以看出作者试图用构成的方法解构中国古代家具。

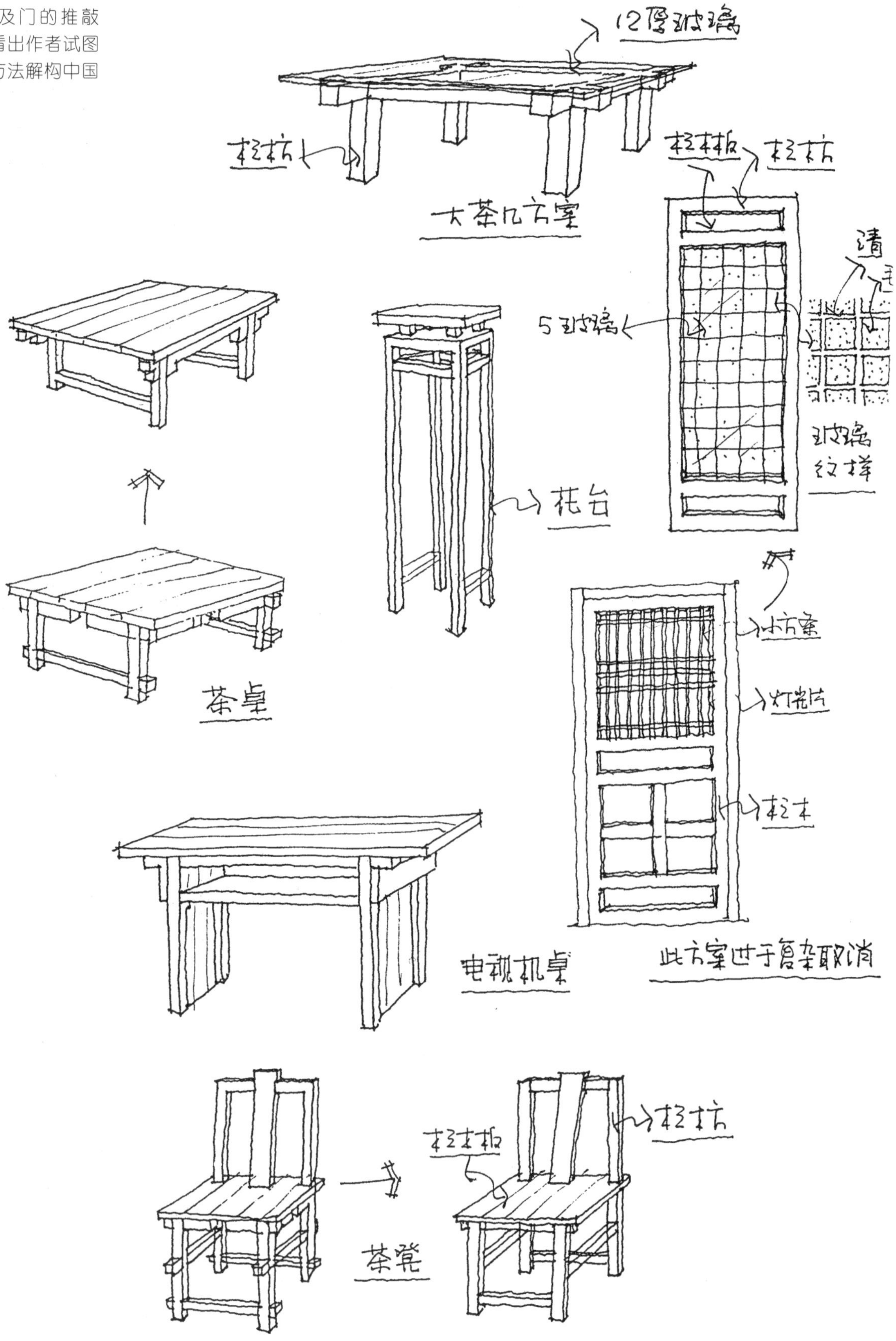

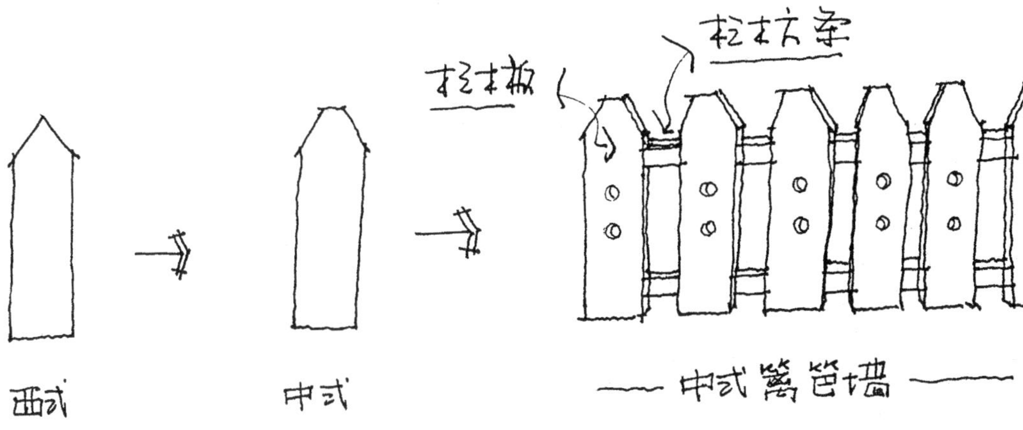

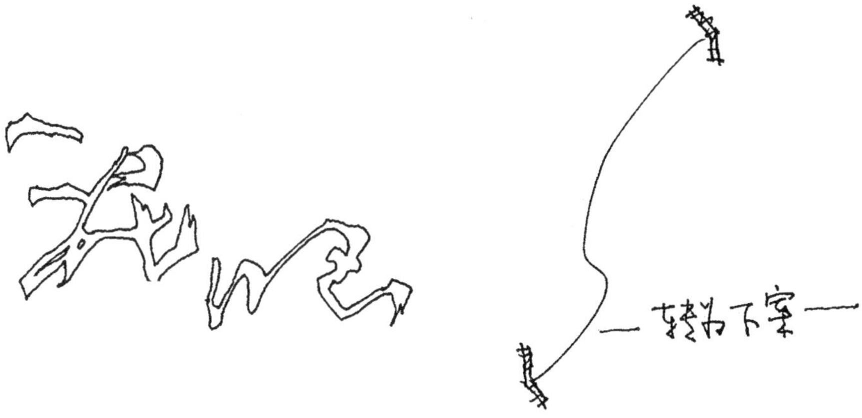

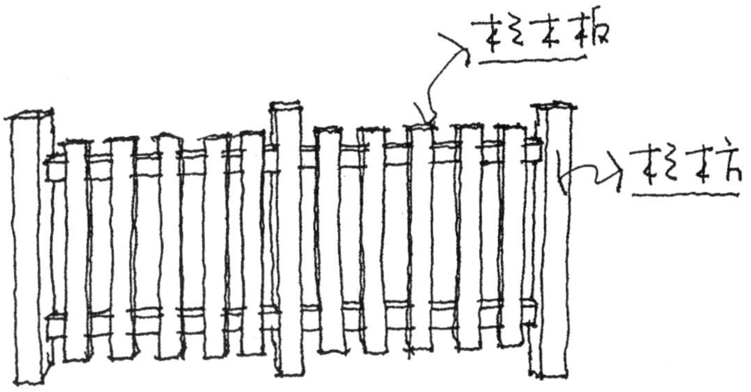

图例 6-33
此图为对篱笆墙的反思，从中可见上图仍徘徊于西式篱笆的苑囿中；下图则已明显感受到中式篱笆的韵味。

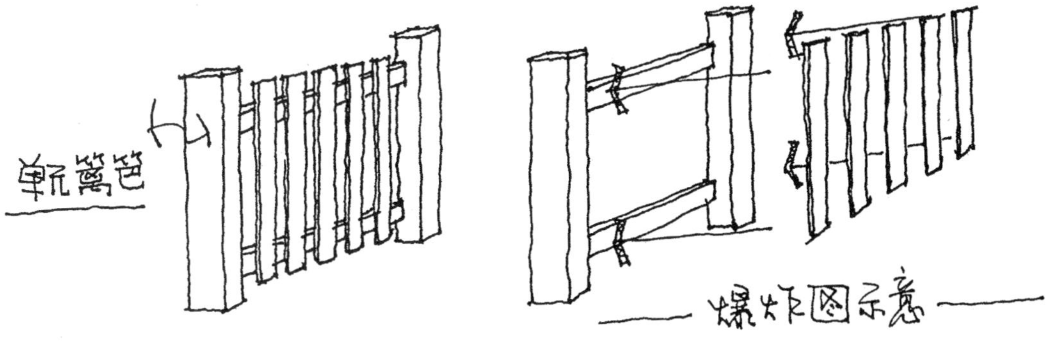

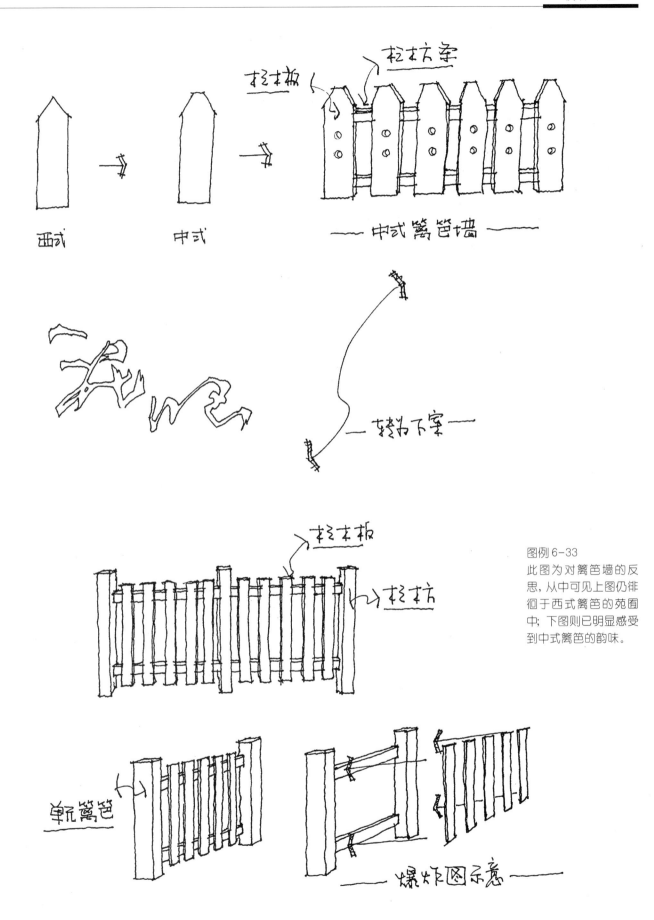

第7章
作品赏析

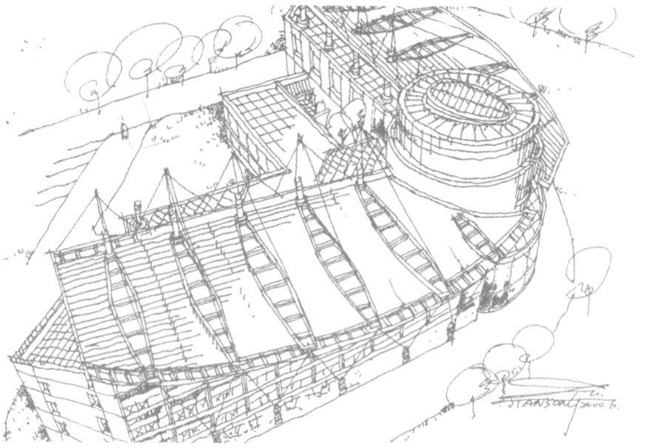

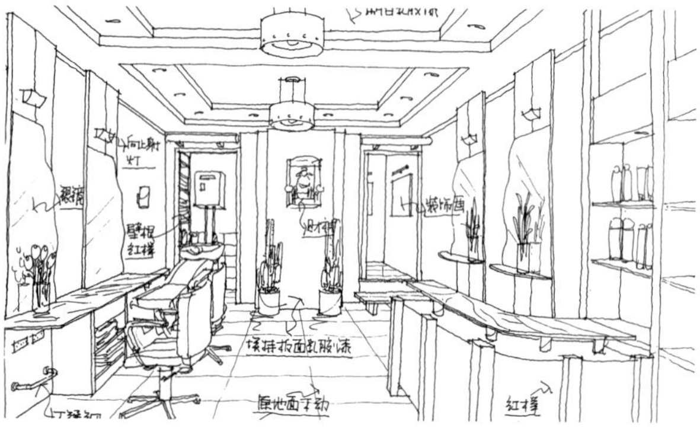

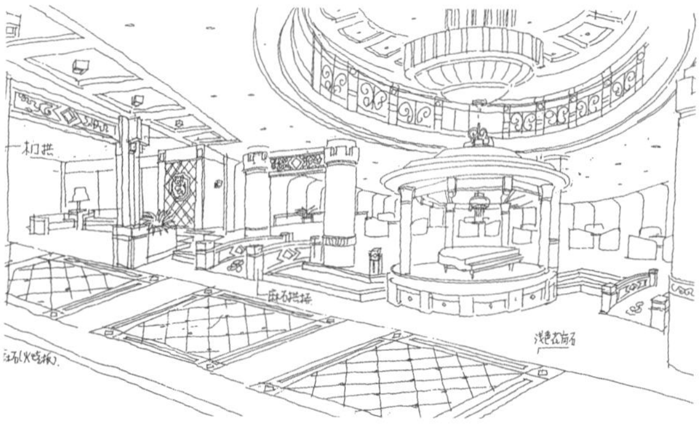

1. 解读作品

如何欣赏作品，每家都有每家的招，不可能是一言堂。我仅谈谈自己的一些体会供大家参考。我非常喜欢看别人的作品，也包括学生们的，只要能唤起我的感觉就会认真地去解读，分析它为什么让我有感觉。一幅好的作品我可以翻看好几年，每次都会有新的感悟，甚至动手临绘一番。建筑画不如纯艺术绘画强调形式、花样翻新不断，建筑钢笔画是一种比较固定的程式画法，遵循一定的绘画规律。学建筑离不开科学，但又要求有艺术的底蕴、绘画的修养。因而要求大家，在打好扎实的钢笔素描、速写的基本功之后，要多研究和欣赏他人的作品。从我的教学经验来说我是步古人学国画后尘，唱“口水歌”（意为翻唱名家唱过的经典歌曲），从临绘开始。但我说的临绘不仅仅是停留在徒手绘画的层面，而是要求不仅画还要谈出自己想画的原因及临画过程中的感受，再将临绘作业与原作对比后的个人感受以文字的形式写下来。我在这本书中一直喜用临绘而不用临摹，这是因为我觉得临摹一词思考的成分少了些，临绘却能包含重新思考甚至设计的意思在里面。当然，去临绘一张别人的长期作业是很辛苦的也没有多大必要，大家可以多临绘短

图片来源：曹汛．建筑速写．沈阳：辽宁科学技术出版社，1992
左为原作，右为临绘作业。

一个很偶然的机缘购得曹汛先生主编的《建筑速写》，看了一遍又一遍，至今已经陆续翻看了8年了。对杨廷宝先生的这幅速写更是情有独钟，感慨杨先生用笔的洒脱和不羁，在自以为熟悉这幅作品后，便迫不及待地临下了。它给我一种启示：可以用乱线去表达远眺时的朦胧感受。这栋建筑由两个塔楼组成，杨先生用浓笔表现了上部，用淡笔展现了中部，又用散笔表现了其下部，三段式视觉效果跃然纸上。两个塔楼的中间部分是此画的侧重点，细部相对较多，树与人均为一笔代过。我喜欢这种乱中有序的线，耐人寻味，体现了杨老先生深厚的艺术功底。

期作业的作品，例如速写作品。由于我是速写课教师，所以常揣摩他人的速写作品，也经常临绘，不仅我这样做，还要求学生们茶余饭后，去多临绘别人的优秀作品，而且告诉他们要选择自己喜欢的作品。我一向反对崇拜，不一定所有名师的速写作品都是好作品，要挑选有感受、有意思的去临画，这样才画得有意思，有感觉。而且还能看出画外的东西，如构图、意境及风格。下文的“透视临绘”是我独创的一种临绘作业方法，可以帮助学生从思想层面去理解他人作品，并指导自己作画，对今后的设计草图也很有益处。

2. **透视临绘**

以临绘的对象作为参照物，在绘画时理解形体，不被其目前的透视角度所制约，在大脑中将形体解剖开，平立剖化，可适当地改变透视角度去画。让人感受到只是所画对象的不同角度的成像而已。因此，相对原参照物来说所临绘出的图像还是反映原来的对象。

大家知道形体中的“形”是指二维的形象，而“体”指空间的三维模型，“形”只是反映“体”的一个角度，“体”是靠“形”来组成和表现的，“体”是有透视概念的。“形”不准只是变形而已，但“体”的透视不对则

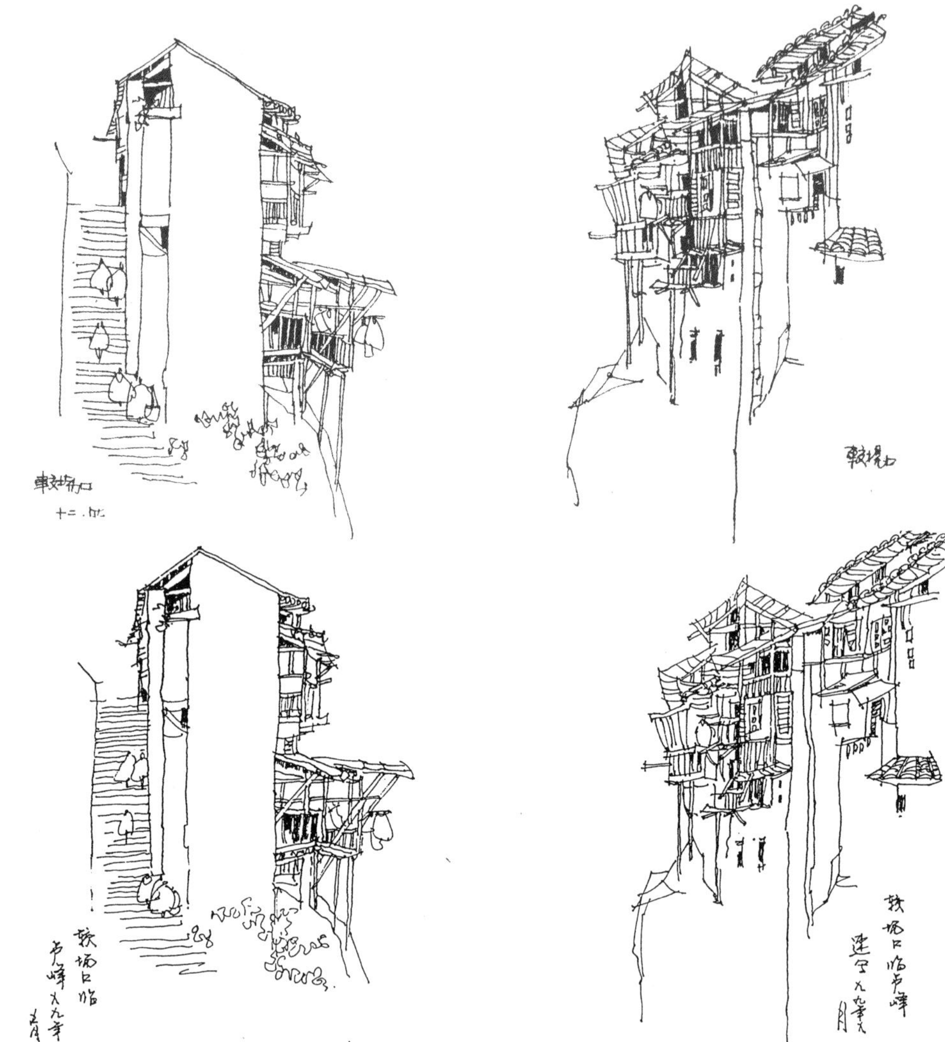

初看卢峰的作品就被其轻松俊秀的笔风所吸引，当着学生的面临了两幅。左边这一幅主楼大胆地留白，骑楼有细部可看，呈现灰调，敢用墨来填空，且填得恰到好处。右边这一幅上紧下松，有很强的形式美感，画得较轻松自如。哪些地方涂黑哪些空处留白，在现实写生时临场取舍是很难的，但卢峰却轻而易举地做到了。图片来源：曹汛．建筑速写．沈阳：辽宁科学技术出版社，1992

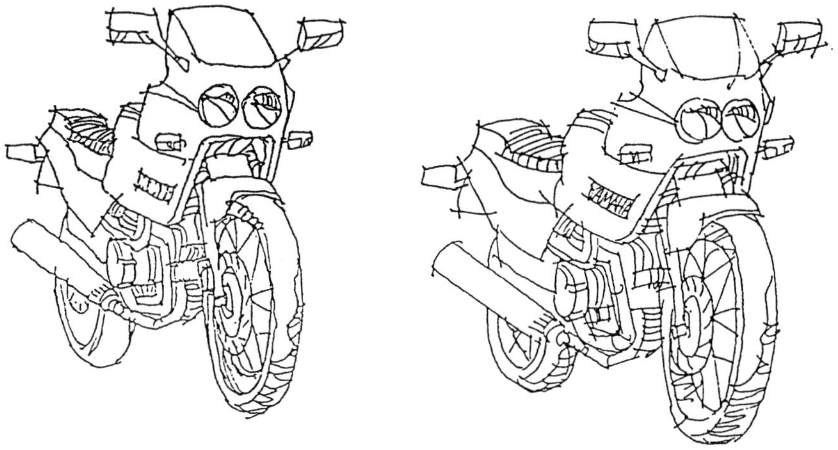

一个产品的广告册上拍有许多不同角度的照片，但不同的视角反映的却是同一个产品，这样能帮助人们更好地从各个侧面了解它。反思之，如果我们临绘时改变透视角度去思考对象，只要是相似形，人们的视觉容忍度是相当大的，他们会依然认为仍就是那个物体。上图由于笔误将摩托车改变了一点视角，将错就错画了下去。

会让人怀疑空间中是否存在这个形体。“透视临绘”其效果就像是原物的“体”不变只是“形”若有不同而已，给人感受变化不大，还是接近对象，是相似形。因此，作画时要随时寻找到三维“体”的三个透视坐标方向（参见第5章透视感悟点滴）。现举例说明如下：

如上所示左图为揭湘元先生所作，此幅摩托车作于1984年，揭先生1986年开始教授我们钢笔画，十年后1996年为了给学生做示范我临绘了这张摩托车，但在临绘的同时改变了透视角度，转了一点视角。几年后为出此书，到北京将临稿给当年的几位同班同学看，居然一致认为是老师的原稿。这使我想到一个问题，只要形是相似形，透视角度是可以转换的，且不会让人有很大的差异感。形可以用相似形取代，但透视一定要符合视觉习惯，也就是要满足透视规律。一个摩托车可以从不同的角度去描绘，可以得出不同角度的画面，但这组或这些画面说明的要是同一个物体。利用此规律可以指导学生改变透视角度，在充分理解原物体的形的基础上进行视角的演化，但必须保证透视准确，这样画出来的东西仍可以让人接受。研究这种方法的意义在于：在从平面过渡到透视草图时，定好透视角度后，房中的家具式样可以参照视觉笔记或其他感兴趣的图片，将它的透视形体改变到你所画的视角里（如右下图所示），就能得到你想要达到的透视效果草图。

临他人已经绘好的自行车，恐怕比自己画一部还难，因为自行车细部较多。这幅作业是力图忠实于原作品去临绘的，但还是比原作少了点趣味，恐怕是“技”到了，而“艺”未到，还是二者都不具备？图片来源：揭湘元先生的工业产品视觉笔记，1984（左图为揭湘元先生作品）

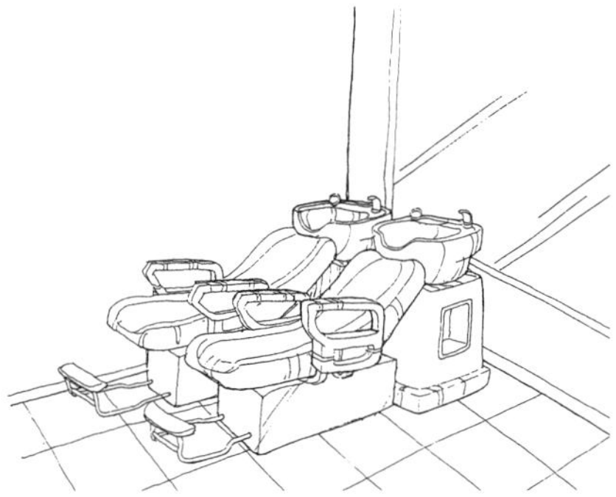

请注意图中的洗头椅就是从上幅的视觉笔记中转换视角而来的

以下再举例说明上述问题，左上为笔者临陈子奋的白描作品，请比较上下图的差别，你会发现左边的花蕾大小两幅相差较大，上幅大、下幅小。但是如果捂住左下的画，我告诉你这是临陈子奋的菊图，你也许根本不会再想什么，也不会想到可能形不准等问题。由此看出我们的眼睛对相似形的容忍程度是很大的，但这有一个前提，就是透视必须准确。这也就是为什么某些艺术类画师在写生时喜欢用扭曲、夸张、变形来处理对象，但看上去仍然舒服且有趣。因为，他的透视是符合视觉规律的（如下图所示），只是对形进行了相似形的演化，故而仍能感觉其所描述的是对象本身而不是别的什么。

上图为临品
下图为陈子奋原作

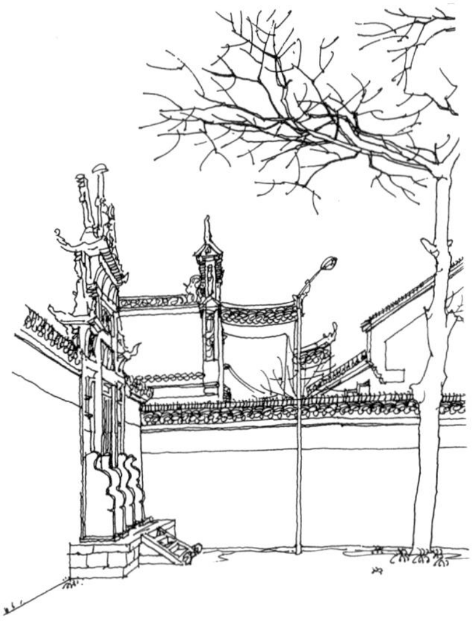

相同建筑，不同视角。如实反映对象形体的写生速写

变形处理后写生速写，形体虽扭曲夸张，但透视符合视觉规律

图例 7-1　现代古典厂门随想 3#
深圳某铝业集团公司大门方案
注意程式画的云彩表现，车与人只是作为衡量大门的尺度。
作者：吴卫，性质：方案草图，原稿尺寸：A4，笔具：0.2 针管笔 +0.5 派克金笔

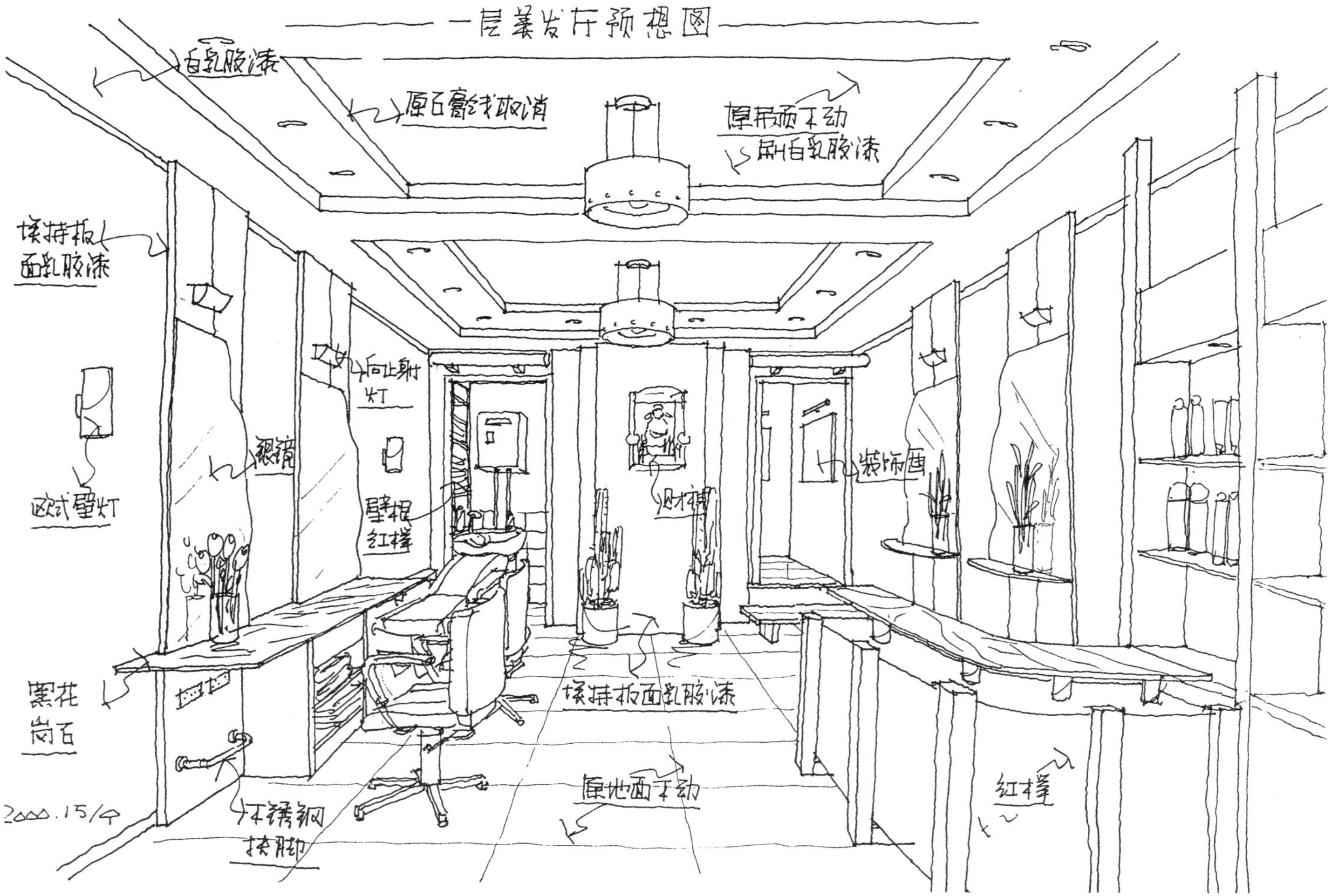

图例7-2 丽人阁美容美发室

此图具备工程图的性质，注明了材质及工程做法，透视是直接从现场写生而得。根据甲方的要求先布置了平面，与甲方商谈之后完成了此幅作品，耗时45分钟。

注：以800mm × 800mm地砖为尺度衡量标准。

作者：吴卫，性质：工程效果草图

原稿尺寸：A4，笔具：0.2财会细笔

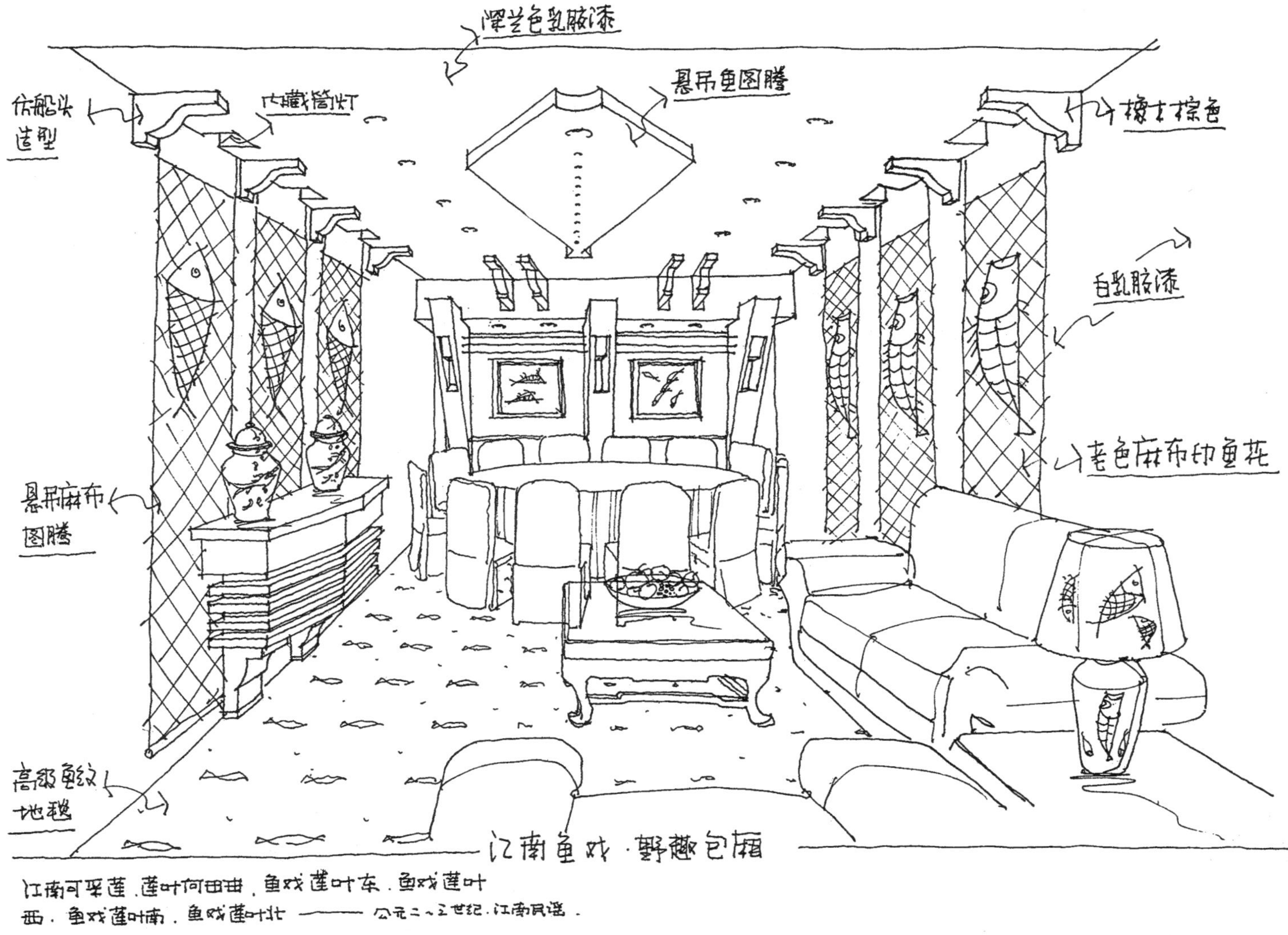

图例 7-3　长沙平和堂八味味海味馆包房方案
以汉乐府《江南》意境为主题，以鱼形为原形母题进行创作。
作者：吴卫，性质：工程效果草图方案
原稿尺寸：A3，笔具：0.5 派克金笔

图例 7-4　大连某海鲜酒楼大厅工程概念草图
将斗拱结构分解重构到柱头上，运用中国传统建筑符号进行设计，餐桌椅为概念式绘制表达。
注意：吊顶的透视线消逝点不止一个（即所谓靶心透视方法，详见第 5 章透视说）。
作者：吴卫，性质：工程概念草图
原稿尺寸：A3，笔具：0.5 派克金笔 +0.2 财会细笔

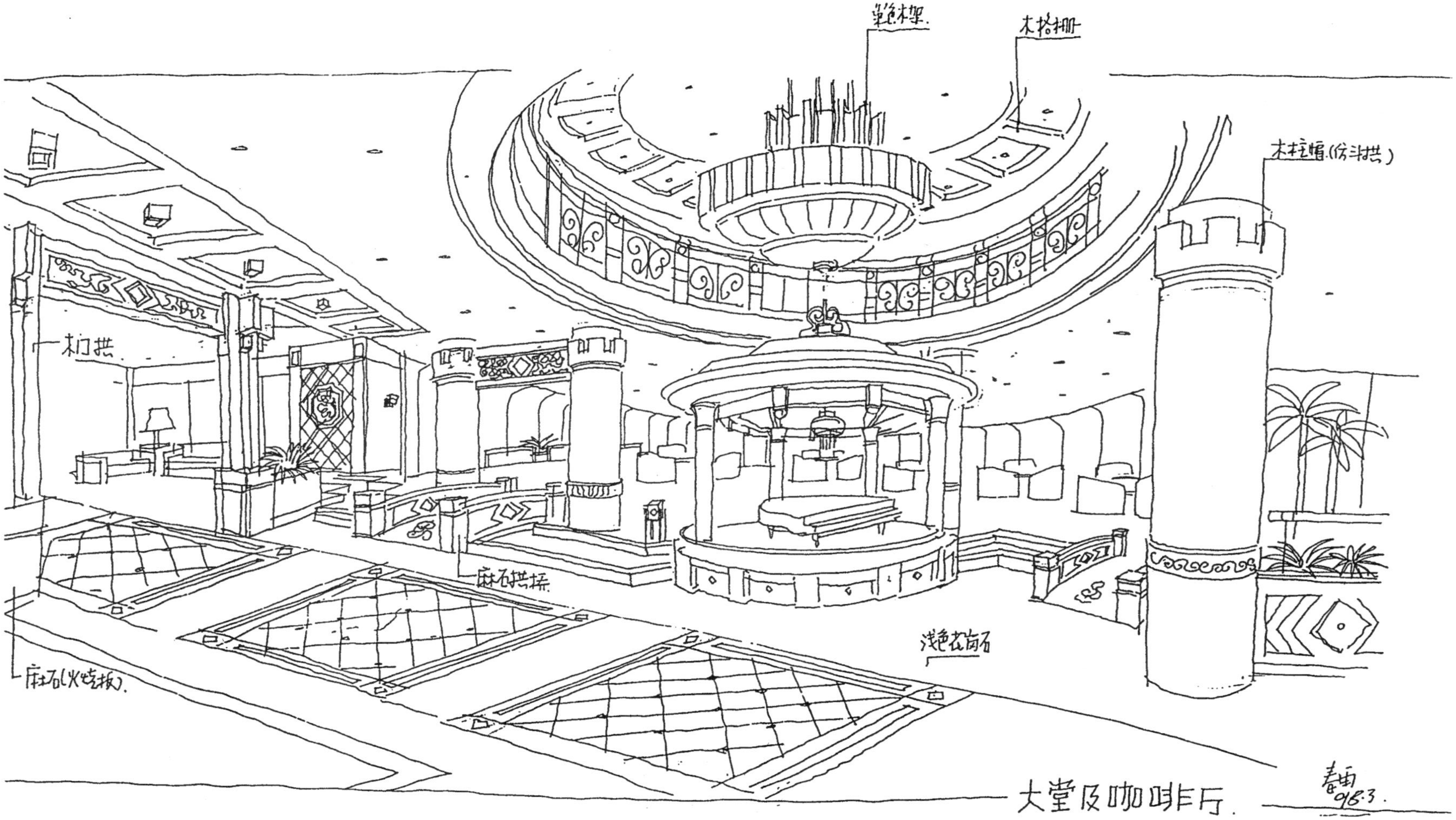

图例 7-5　大连某宾馆大堂及咖啡厅方案效果草图
解构中国传统装饰构件展开设计，构思巧妙，运笔轻松自然。
作者：魏春雨，性质：方案效果草图
原稿尺寸：A3，笔具：硬杆 0.3 日本三菱签字笔

图例 7-6　大连某宾馆娱乐城前厅方案草图
以古埃及狮身人面像作为新奇神秘的符号主题
作者：魏春雨，性质：方案草图
原稿尺寸：A3，笔具：硬杆 0.3 日本三菱签字笔

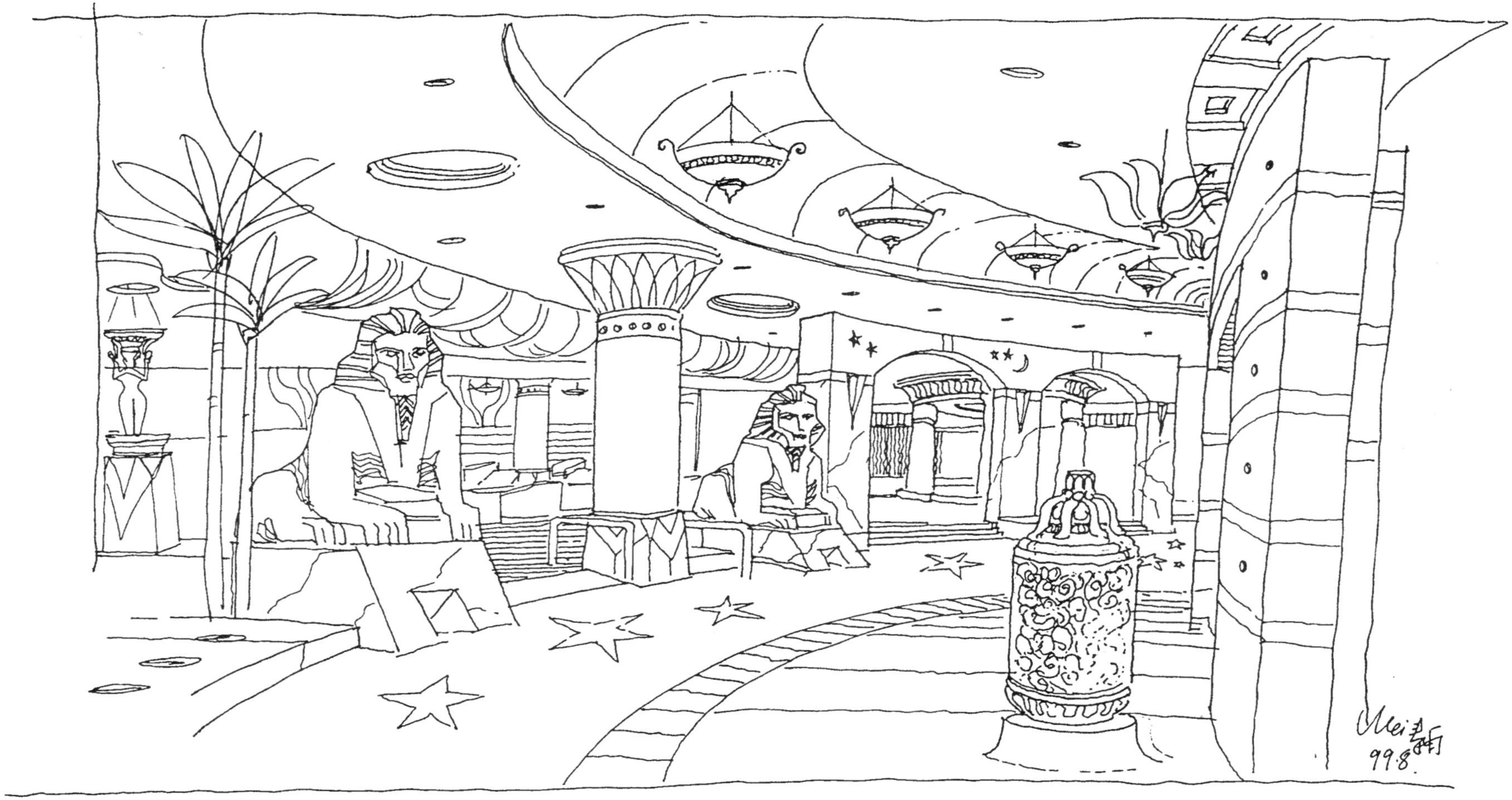

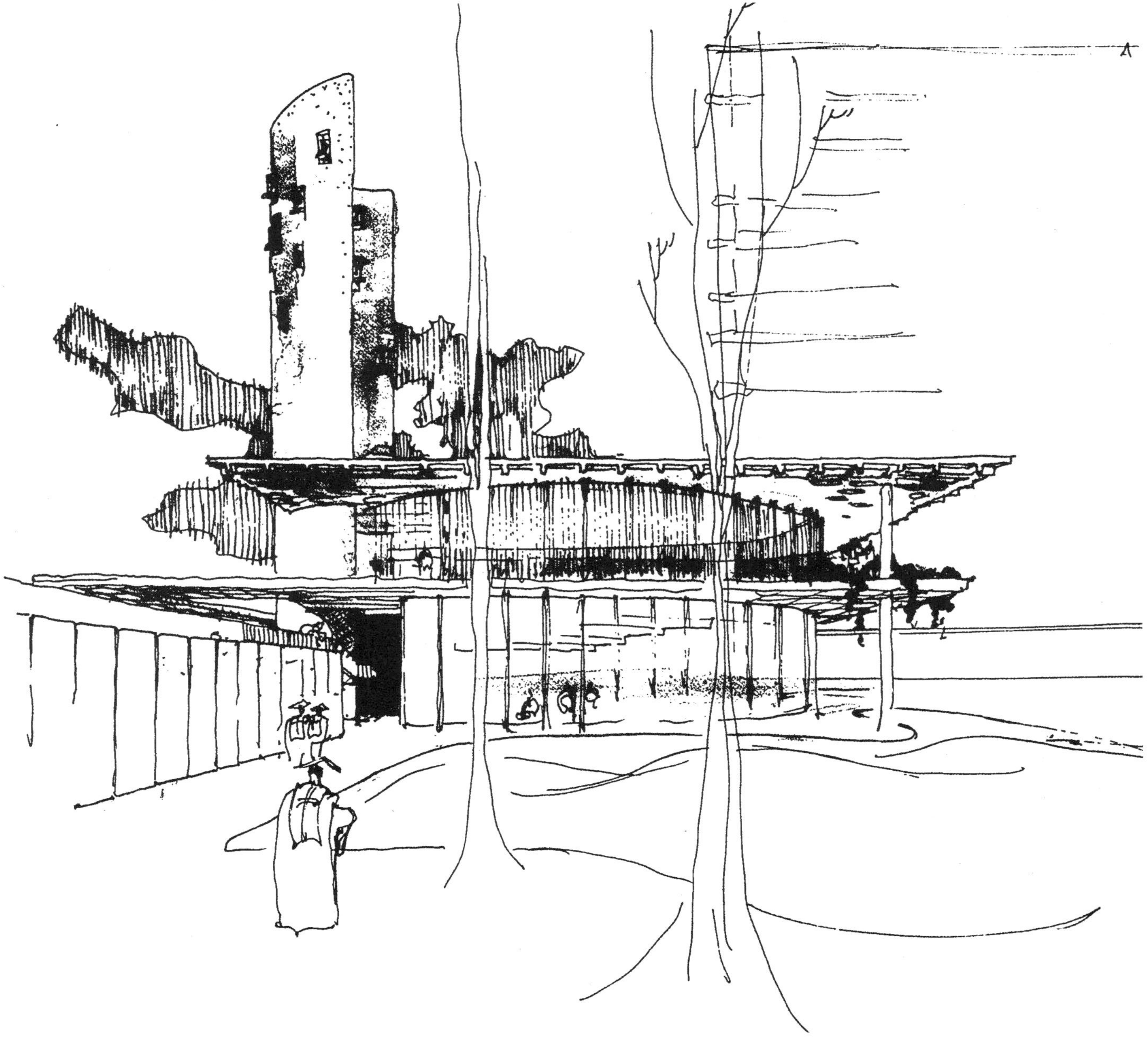

图例7-7　美国某大学建筑方案草图
注意将其与图例7-8进行比较，图例7-7更加概念化，设计师寥寥几笔就勾勒出预想的草图，下图视角有所变化，前者视点低，后者视点高。
作者：[美] A·昆西·琼斯，
性质：方案草图，
原稿尺寸不详

图例7-8
此图为图例7-7的钢笔效果图，穿插布置了许多配景图，如树木、草蔓、人物。诺姆尤拉画女性人物很有个性，只要一看到就知道是其作品，注意环境中还后置了教学楼。此图比图例7-7更规范化、程式化。

特点：建筑物表现得较严谨，用线一丝不苟；而配景、树木线条则较奔放，树及人的造型十分个性化，已形成个人的独特风格。

作者：日裔美国建筑师卡兹·诺姆尤拉（A·昆西·琼斯的学生及合作者）

性质：钢笔效果图，原稿尺寸不详

图例 7-9　某高校图书馆方案

请注意表现云彩的线条由地拔起，增加了画面的生动感，以人、树作为衡量尺寸，建筑物外轮廓用了较粗的线条勾边，使建筑物从空中跃显出来。

作者：王小凡（湖南大学建筑系教授）
性质：方案草图，图片来源：赠送
半透明描图纸上作画，笔具：1.2 、0.5 、0.3 针管笔

图例 7-10　湖南省人大主楼方案草图

线条娴熟老道且浪漫、垂直立面上分出了块面层次（三段）。
作者：王小凡，性质：方案草图，图片来源：赠送
描图纸上作画，笔具：1.2 、0.5 、0.3 针管笔

图例 7-11　某别墅方案 1

白描式现代界画，给人轻快、秀美的感觉。特别是门栏上还做了细部刻画，老爷车在此处作为配景也画得扎扎实实、妙趣横生。

作者：陈飞（湖南大学建筑系讲师）
原稿尺寸：A4，笔具：0.2 、0.3 针管笔
性质：初步方案预想图，图片来源：赠送

图例 7-12　某别墅方案 2

注意细部刻画及环境的陪衬。
原稿尺寸：A4，笔具：0.2 、0.3 针管笔

作者：陈飞，性质：初步方案预想图
图片来源：赠送

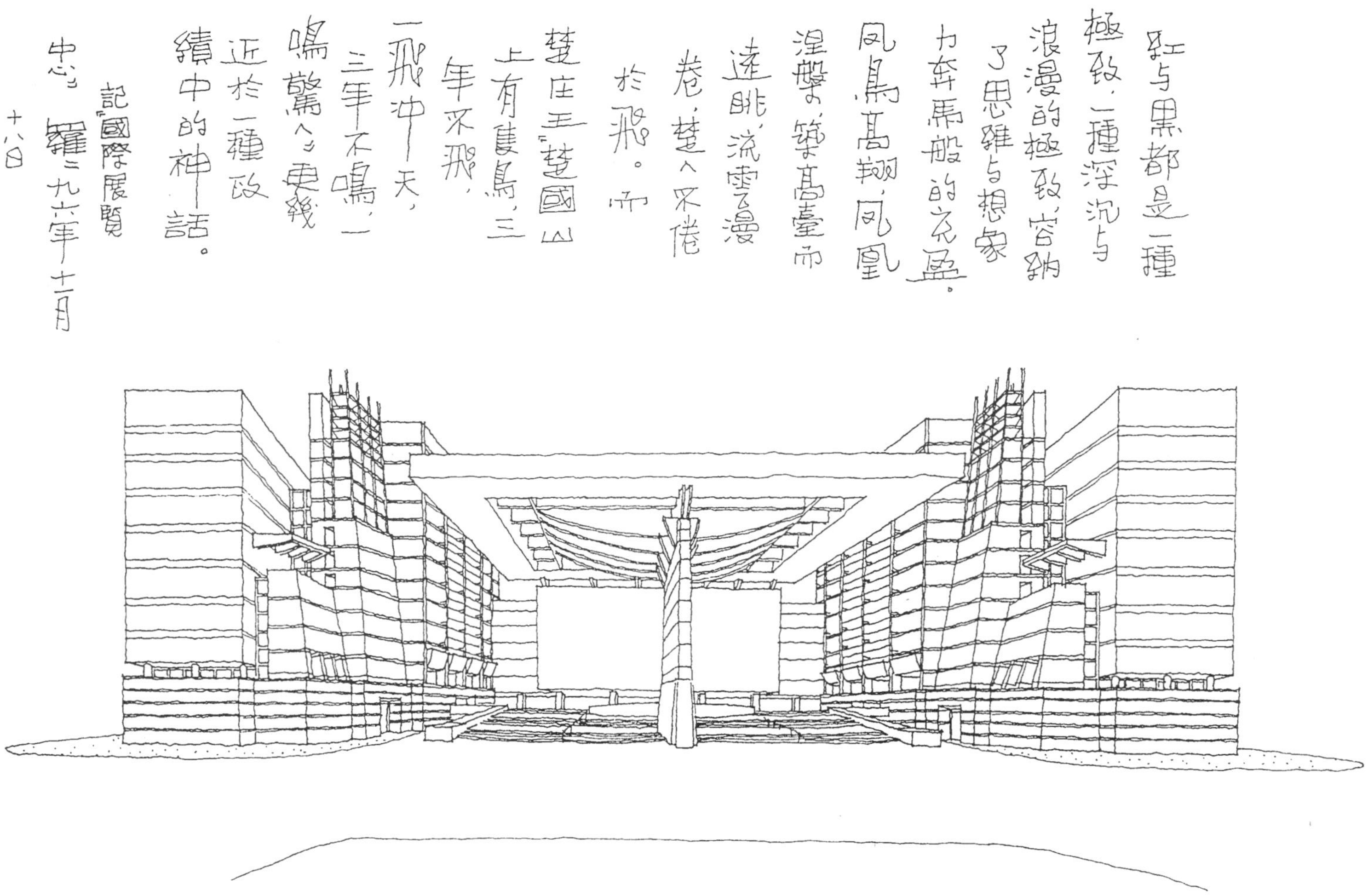

图例 7-13　湖南省国际展览中心方案草图

此幅画很有文人画气息，将中国文字与西洋建筑钢笔画巧妙地融汇在一个画面中，有着浓郁的东方文化气息。作者运用抖动的线条勾轮廓，注意块面层次的韵律和对比，有较强的趣味。作者：罗朝阳（湖南大学建筑系讲师），性质：方案草图，原稿尺寸：A3，笔具：0.3 针管笔

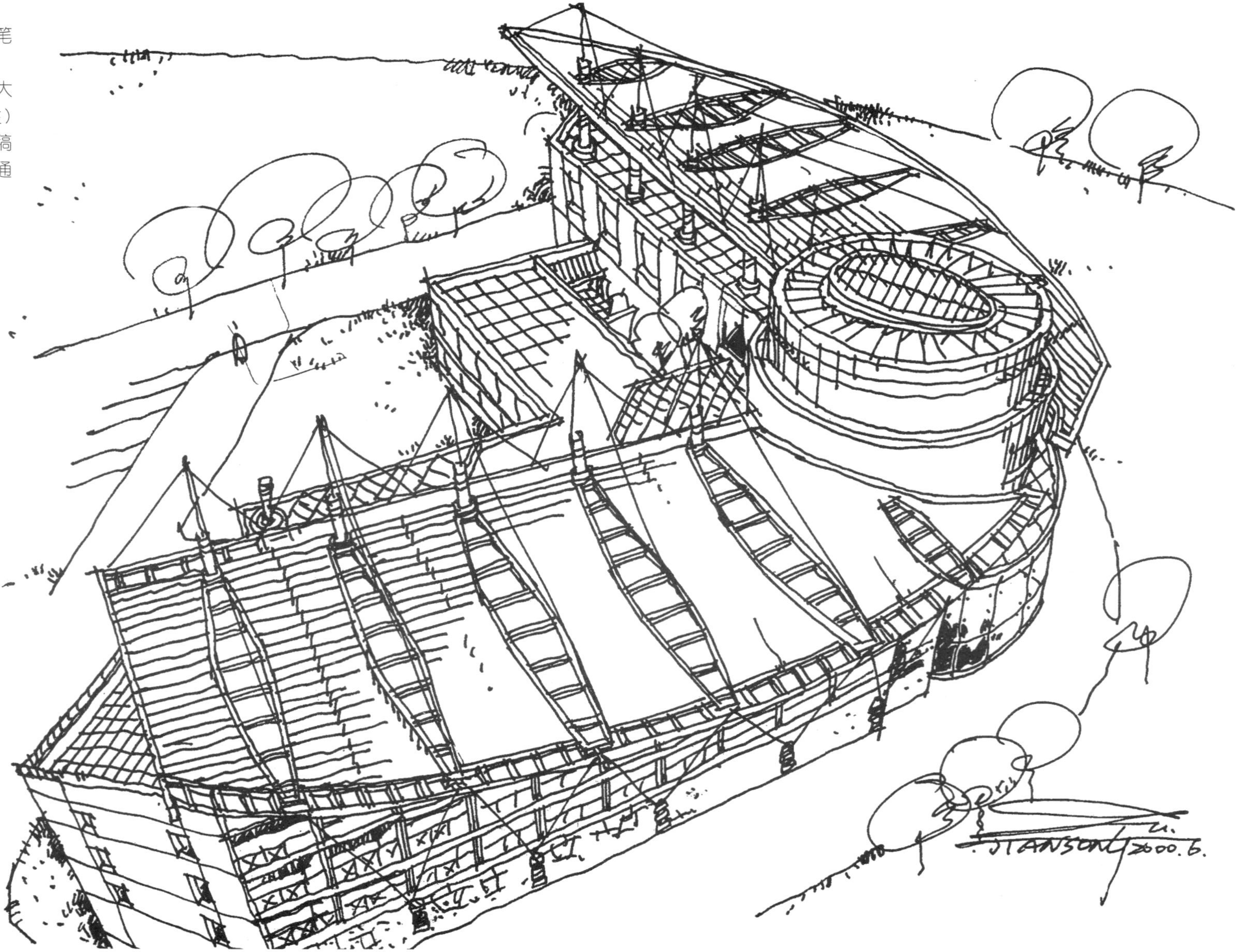

图例7-14　长沙船舶博物馆方案
俯瞰图
造型构思巧妙，运笔干脆果断。
作者：卢建松（湖南大学建筑系硕士研究生）
性质：方案草图，原稿
尺寸：A3，笔具：普通钢笔约0.5

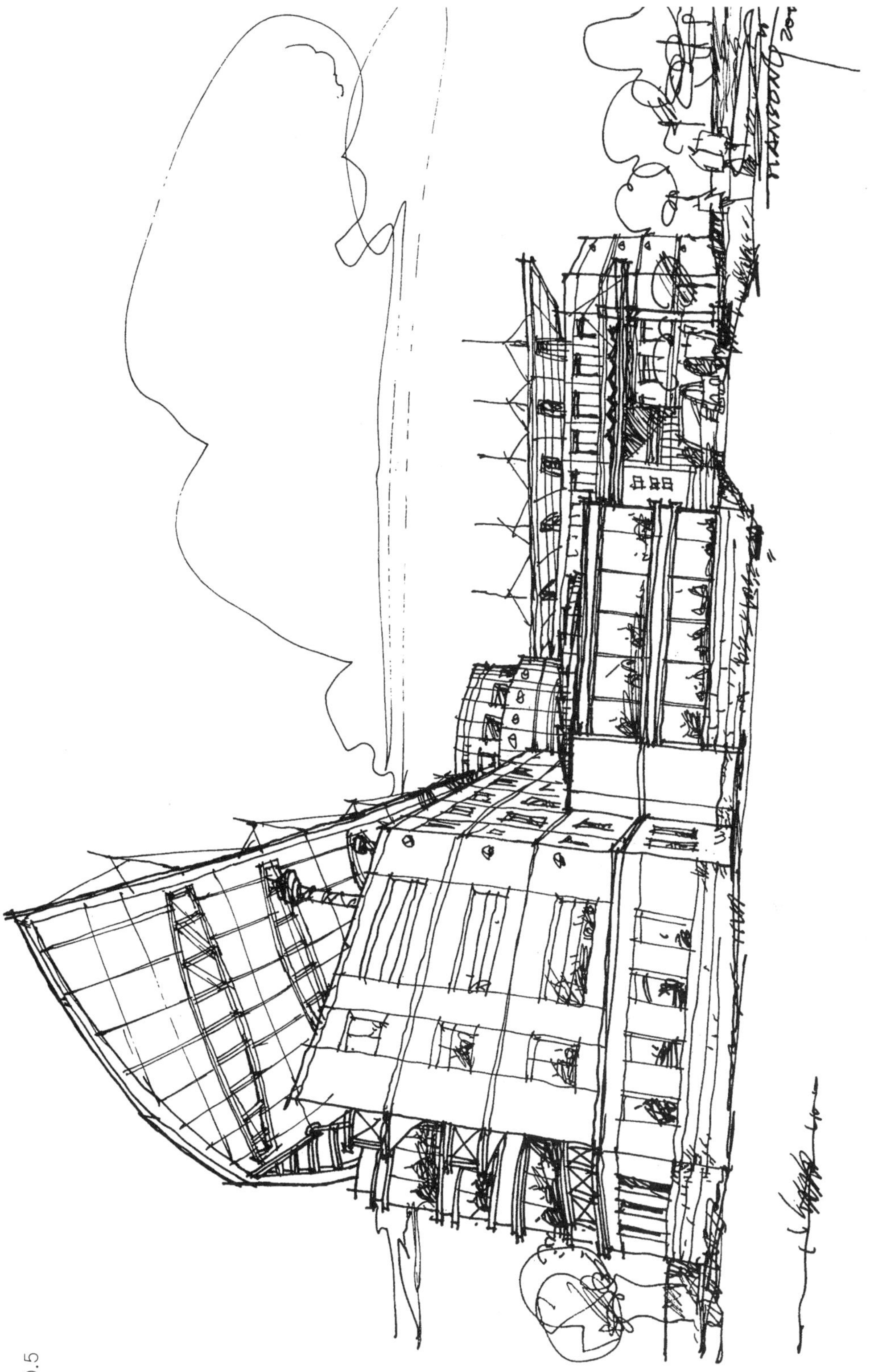

图例7-15　长沙船舶博物馆方案
主立面预想图
作者：卢建松
性质：方案草图
原稿尺寸：A3
笔具：普通钢笔约0.5
图片来源：赠送

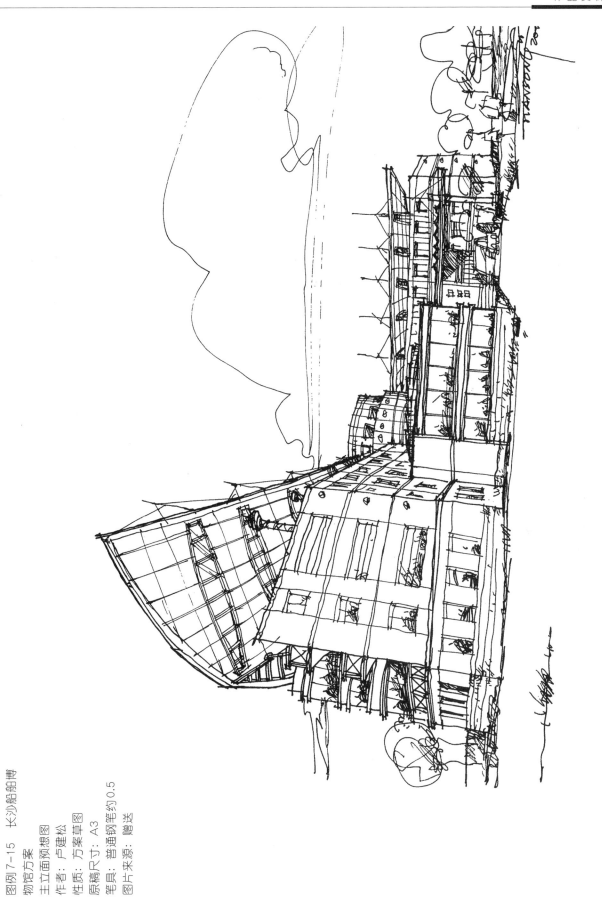

图例 7-16　室内陈设钢笔画

上图运笔娴熟秀美，画面的取舍恰到好处。上图中窗内的景色层次丰富，以衬托床垫被褥的干净舒适；右下角的椅子形体大给人以较强的透视感，这样椅子、床、窗加深了画面的进深感。下图桌布上的小花画得轻松自如，似信手拈来。

作者：张林（毕业于中央工艺美术学院室内设计系）
性质：室内钢笔画欣赏
图片来源：张林．环境艺术设计图集．北京：中国建筑工业出版社，1999
原稿尺寸：A4，笔具：0.3 + 0.2 针管笔

图例7-17　室内陈设钢笔画

此画特点是家具部分画的一丝不苟且较为严谨，而在其阴影表达上线条则放得开，运笔快速不加思考，体现了作者深厚的素描功底。画面上通过布置前后景，来产生较强的室内透视感受。原稿尺寸：A4，笔具：Pentel签字笔

作者：[美]R·麦加里，性质：室内构想草图

图片来源：[美]R·麦加里、G·马德森，白晨曦译．美国建筑画选．北京：中国建筑工业出版社，1997

图例 7-18　加州蒙特里 Hyatt 摄政旅馆大厅方案草图
运笔大胆，造型准确，在灰调的处理上采用快笔手法，即用排线甚至乱线表现灰调子，给人以一种很随意的感觉，仔细观察其顶棚家具，形象刻画得较为准确，符合透视规律。

笔具：墨水笔
作者：设计师Blair Spangler，性质：方案草图
图片来源：[美] R·麦加里、G·马德森，白晨曦译. 美国建筑画选. 北京：中国建筑工业出版社，1997

图例 7-19　某酒吧钢笔画

传统素描式钢笔画，利用排线塑造明暗块面，能较写实地反映对象，但较耗时。

作者：吴卫，原稿尺寸：A3，笔具：0.3 针管笔 +0.5 派克金笔 +0.8 针管笔

性质：临绘照片钢笔教学示范作品

耗时 12 小时

图例 7-20　某中庭钢笔画

传统素描式钢笔画：耐心 + 技巧，虽较为匠气，但对练习线条有好处。

作者：吴卫，原稿尺寸：A3，笔具：0.3 针管笔 +0.5 派克金笔 +0.8 针管笔

性质：临绘照片钢笔画教学示范作品，耗时 24 小时

图例 7-21　劳埃德大厦
树的稀疏衬托出建筑立面的图案化。
图片来源：李成君．实用透视画技法．广州：岭南美术出版社，1998

图例 7-22　某建筑预想图

注意配景树的表现，独具魅力，像珊瑚礁一般可人，以树的繁茂突显建筑的精致。

图片来源：李成君．实用透视画技法．广州：岭南美术出版社，1998

图例 7-23　国外某餐厅预想图

传统的素描式钢笔画，人物刻画超过了对建筑室内的表述。

作者：［美］洛里 · 布朗，性质：钢笔预想图

图片来源：［美］欧内斯特·伯登．建筑设计配景图库．北京：中国建筑工业出版社，1997

图例 7–24　某雪场外景钢笔画

上幅以圆拱取景，景中为实，框外为虚，人物所持滑雪器具能很好地说明此建筑场所之特征。但画面动作较单一，可以看出人只作为尺度标准，重点表现在于建筑景观。请注意左右石墙上的灯具按此幅画的透视比例来看，想必此物硕大无比？

下幅装饰味较重，属程式化表现，人物成了贴图商标。

作者：［美］罗伯特·迈克拉吉

图片来源：［美］欧内斯特·伯登．建筑设计配景图库．北京：中国建筑工业出版社，1997

图例 7-25　桂北民居

第一次看到鲁愚力先生的作品是在中国建筑工业出版社的《建筑画》杂志上，深深地被其意境所吸引，感叹其素描功底的扎实和作画的敬业精神。鲁先生喜欢用短笔触，像制作版画一样写画，在中国建筑钢笔画画风上独树一帜。此幅画画面取舍相当考究，鲁先生一定费了不少心思。

“深山云雾绕，流水看土家。”

作者：鲁愚力

图片来源：李长杰．桂北民间建筑．北京：中国建筑工业出版社，1990

图例 7-26　桂北民居

注意田梗上大胆地留白，通过前部梯田境射树影，加之部分梯田内仍留有秋收后的余梗，更突显其镜面效果，让人感叹鲁先生的匠心独运。

作者：鲁愚力

图片来源：李长杰. 桂北民间建筑. 北京：中国建筑工业出版社，1990

图例 7-27　北京管儿胡同

作者一丝不苟的绘画精神令人感动，用短笔触表现出历史建筑的沧桑感，但若是让太阳直射的门或台阶再亮一些，与阴影形成强烈的反差是否会更好些。

作者：卢健松（湖南大学建筑系硕士研究生）

图片来源：赠送

原稿尺寸：A4，笔具：针管笔 + 普通钢笔

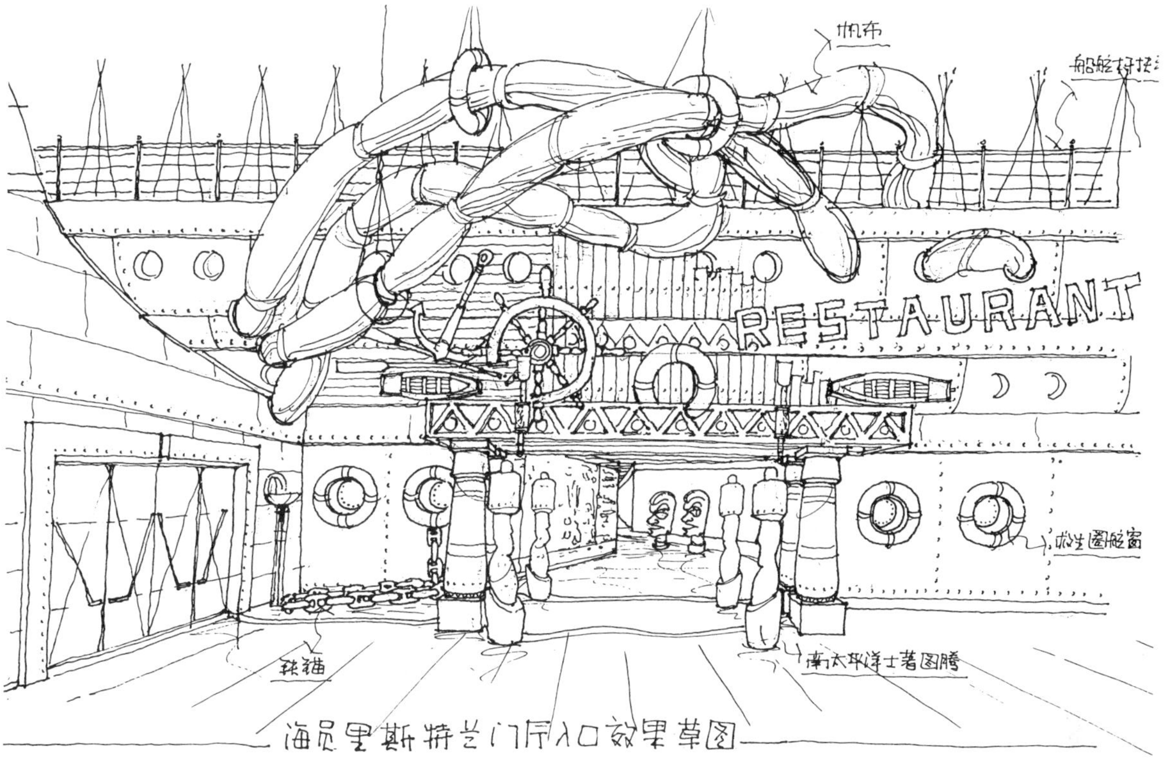

图例 7-28　大连某海员俱乐部餐厅入口方案效果草图　绘制：吴卫，笔具：硬杆 0.1 、0.3 日本油性签字笔

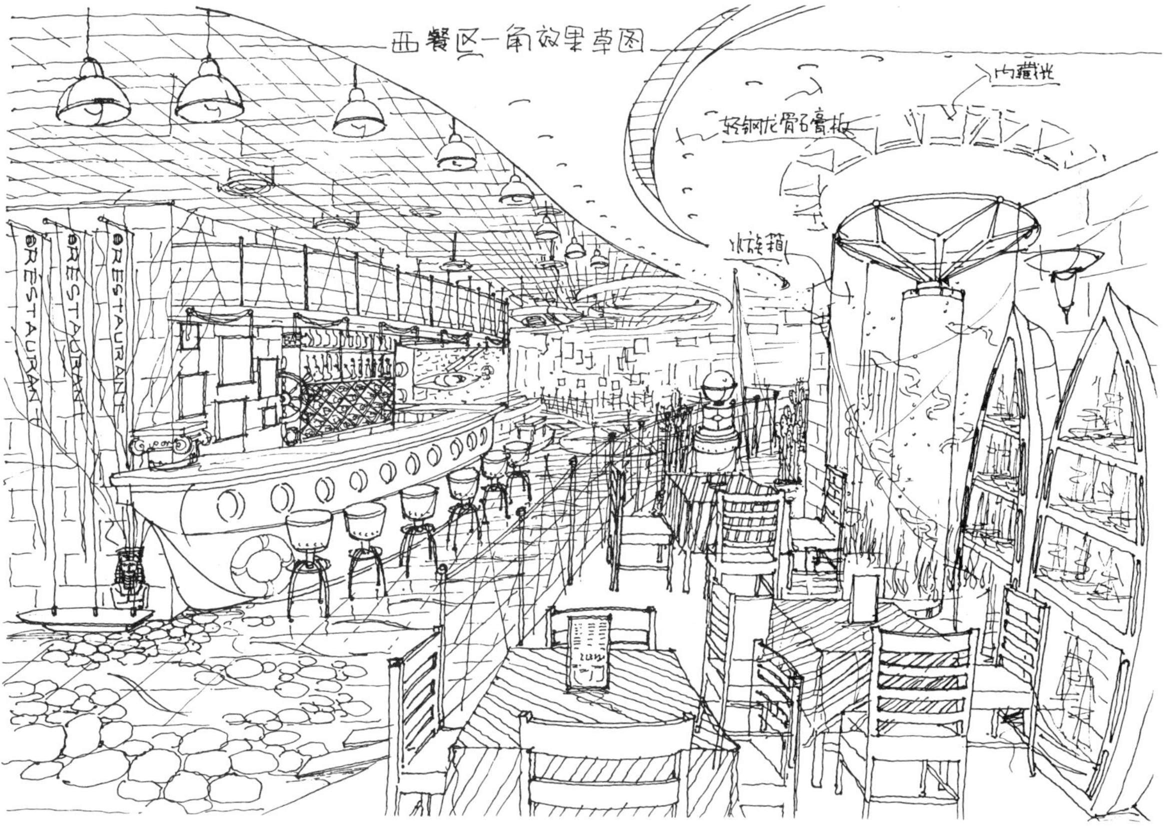

图例 7-29　大连某海员俱乐部西式餐厅方案效果草图　绘制：吴卫，笔具：硬杆 0.1 、0.3 日本油性签字笔

图例 7-30　威尼斯总督府

临绘图片有助于培养学生学习钢笔画的积极性（较容易有成就感），学会取舍及如何组织适当的线条去表现对象。国外许多钢笔画是采用拍照后拼贴等组绘的方法，因此作画时透视关系已不是主要问题，主要看个人线条的组织能力和表现能力。

图片来源：陈志华．外国建筑史．北京：中国建筑工业出版社，1982

作者：吴卫，性质：临绘照片示范作品

图例 7-31　英国肯特“红屋”

钢笔画从作品欣赏角度上出发可分为两种：一是设计原创，一般原创作品特点多为快速表现的草图形式，也有较复杂的明暗关系图；二是绘画创作，通过现场拍照和后期拼贴加工等手段，以黑白艺术的形式展现出来。对于初学者来说两种方法都要尝试一下。

图片来源：同济大学等．外国近现代建筑史．北京：中国建筑工业出版社，1982

作者：吴卫，性质：临绘照片示范作品，原稿尺寸：A4，笔具：0.3 针管笔

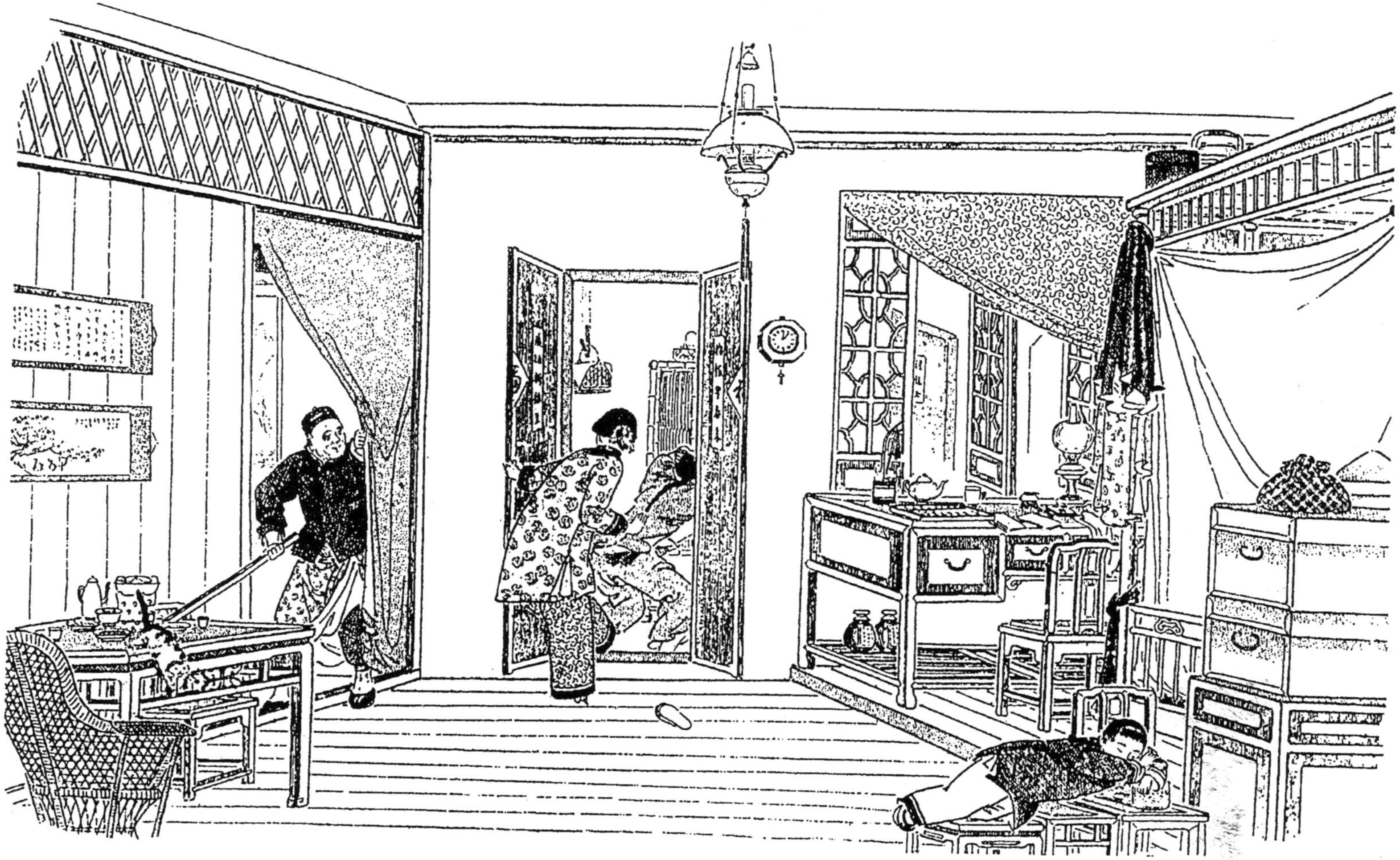

图例7-32　设局骗财（插画作品）

这是清末吴友如先生的一幅力作。为何学建筑的要拿绘画类的作品来欣赏呢？其实二者有许多意会之处。

不同点：在如何看待建筑（或室内程设）与人物之间的关系时，绘画类的画师与建筑（或室内）设计师正好相反，画师是以人物为重点，建筑及室内陈设在其眼中均为道具。而我们在建筑画作品中，人物是配景、是衡量尺度，建筑物及室内程设部分才是我们的表现重点。共同点：画师（或插图画家）要将小说家的文字符号以形象的图画形式再现出来，这个过程与建筑师、室内设计师将甲方要求及艺术素养结合起来创造一个设计画面相似。

注意看吴文如先生是如何组织画面的，左边戴了绿帽的夫拿着棍棒，掀开帘子，破门而人，小猫吓得下跳上窜，中间其妻打开后门放奸夫快跑，奸夫吓得连鞋子都忘记穿了，右下角的孩子不谙人事仍呼呼地睡着，床前书桌上摆放着珠算、茶壶、烟枪，可以想见男主人可能是人到中年的账房先生。

作者：吴友如，图片来源：吴友如，庄子湾编．民俗风情二百图．长沙：湖南美术出版社．1998

图例 7-33　《鹿鼎记》第十六回“粉麝余香衔语燕，佩环新鬼泣啼鸟”

注意插图画师画室内建筑部分运用了界尺，表现了人物当时所处的空间环境，通过人物的大小来推进景深，表达空间透视概念。注意屋外正下着倾盆大雨，其表现方法为在树影里用刀尖刮出雨痕，门扇的绘制方法也较简约。可见作者身为画师但对中国古建筑仍颇有研究。

图片来源：金庸．鹿鼎记．北京：生活、读书、新知三联书店，1994

参考书目

1. 彭一刚. 建筑绘画及表现图. 北京. 中国建筑工业出版社, 1995
2. 齐康. 线韵. 南京: 东南大学出版社, 1999
3. 梁蕴才, 高祥生编. 钢笔画技法. 南京: 东南大学出版社, 1994
4. 王弘力. 黑白画理. 沈阳: 辽宁美术出版社, 1995
5. 姜桦, 周家柱. 速写. 西安: 陕西人民美术出版社, 1994
6. 曾繁森. 中国美术史. 成都: 四川美术出版社, 1999
7. 巢勋临本. 芥子园画传. 北京: 人民美术出版社, 1995. 第1集山水. 第4集人物
8. 陈洛加. 外国美术史纲要. 重庆: 西南师范大学出版社, 1996
9. 中央美术学院美术史系中国美术史教研室. 中国美术简史. 北京: 高等教育出版社, 1990
10. 苏连弟. 中国民间艺术. 济南: 山东教育出版社, 1991
11. 吴友如. 民俗风情二百图. 长沙: 湖南美术出版社, 1998
12. 朱福熙. 何斌. 建筑制图. 北京: 高等教育出版社, 1995
13. 陈志华. 外国建筑史. 北京: 中国建筑工业出版社, 1996
14. 佟燕. 平面构成. 杭州: 浙江人民美术出版社. 1985
15. 陈菊盛. 平面设计基础. 北京: 中央工艺美术学院自编教材. 1981
16. 鲁道夫·阿恩海姆, 藤守尧等. 艺术与视知觉. 成都: 四川人民出版社. 1998
17. 尹少淳. 走近美术. 长沙: 湖南美术出版社. 1998
18. 戴伯乐. 图案与装潢. 杭州: 浙江摄影出版社. 1998
19. 王中义, 许江. 从素描走向设计. 杭州: 中国美术学院出版社. 2000
20. 甘正伦, 王庆明. 结构素描. 石家庄: 河北美术出版社, 1994
21. 伊勢崎勝人. 鉛筆で描く. 东京: アトリエ出版社, 1986
22. 符宗荣. 室内设计表现图技法. 北京: 中国建筑工业出版社, 1996
23. 朱伯雄译. 安格尔艺术. 沈阳: 辽宁美术出版社, 1980
24. 郑曙旸. 室内表现图. 北京: 中国建筑工业出版社, 1996
25. 孙文超. 漫谈素描. 沈阳: 鲁迅美术学院编《美术之路》, 1999
26. 夏春明 . 花卉写生. 杭州: 浙江人民美术出版社, 1997
27. 余秋雨. 千禧日记. 北京: 光明日报出版社, 2000
28. 刘德民. 人物素描. 美术之路. 沈阳: 鲁迅美术学院编, 1999
29. (美) 迈克·林, 司小虎译. 美国建筑画. 北京: 中国建筑工业出版社, 1990
30. 钟训正. 建筑画环境表现与技法. 北京: 中国建筑工业出版社, 1985
31. 王华祥. 将错就错. 石家庄: 河北美术出版社, 1993
32. 魏志善. 速写. 上海: 上海画报出版社, 1997
33. 曹汛. 建筑速写. 沈阳: 辽宁科学技术出版社, 1992
34. 俞雄伟. 室内效果图表现技法. 杭州: 中国美术学院出版社, 1995
35. (美) 诺曼·克罗, 保罗·拉塞奥. 建筑师与设计师视觉笔记. 北京: 中国建筑工业出版社,1999
36. 美国钢笔建筑表现图. 天津 天津科学技术出版社, 1992
37. 乐荷卿. 建筑透视与阳影. 长沙: 湖南大学出版社, 1987
38. 竹村俊彦. スケッチカラの工業イラスト. 东京: 东京电机大学出版局, 昭和63年 (1989)
39. Le Corbusier Sketchbooks. Vols. 1-4. Cambridge, MA: The Architectural History Foundation and The MIT Press,1981-1982
40. 蒋啸镝. 实用透视. 长沙: 湖南美术出版社, 1997
41. 李国生. 透视与阴影. 长沙: 湖南大学工业设计系自编教材, 1986
42. 沐小虎. 建筑创作中的艺术思维. 上海: 同济大学出版社, 1997
43. (美) 保罗·拉索. 图解思考. 北京: 中国建筑工业出版社, 1998
44. 曾正明. 十八描研究. 长沙: 湖南美术出版社, 1998
45. 张绮曼, 郑曙旸. 室内设计资料集. 北京: 中国建筑工业出版社, 1995
46. (美) R·麦加里, G·马德森. 美国建筑画选－马克笔的魅力. 北京: 中国建筑工业出版社, 1997
47. 吴家骅. 室内设计基础. 杭州: 浙江美术学院出版社, 1995
48. アーキテクチエア. 建筑における统一美. 东京: 株式会社プロセス, 出书时间不详
49. 美化家庭, (160) ~ (220)
50. 装潢世界, (80) ~ (118)
51. INTERIOR, (56) ~ (80)
52. 今日家居. (85) ~ (98)
53. SPACE, 1999. (1) ~ (12)
54. 华中建筑, 1999~2001
55. 建筑画, (3)、(6)、(9)

各章参考文献及备注

第1章　钢笔画溯源

[1] 彭一刚．建筑绘画及表现图．北京：中国建筑工业出版社，1995

[2] 齐康．线韵．南京：东南大学出版社，1999

[3] 梁蕴才，高祥生编．钢笔画技法．南京：东南大学出版社，1994

[4] [16] [20] 王弘力．黑白画理．沈阳：辽宁美术出版社，1995

[5] 姜桦，周家柱．速写．西安：陕西人民美术出版社，1994

[6] [14] [19] 曾繁森．中国美术史．成都：四川美术出版社，1999

[7] [8] [12] 巢勋临本．芥子园画传．北京：人民美术出版社，1995．1．第1集山水．28．第4集人物．27．第4集人物．28．第4集人物

[9] 陈洛加．外国美术史纲要．重庆：西南师范大学出版社，1996

[10] 中央美术学院美术史系中国美术史教研室．中国美术简史．北京：高等教育出版社，1990

[11] 苏连弟．中国民间艺术．济南：山东教育出版社，1991

[13] 吴友如．民俗风情二百图．长沙：湖南美术出版社，1998

[15] 叶荣贵．古为今用的轴测图．建筑画，1989，(6)：20

[17] 朱福熙．何斌．建筑制图．北京：高等教育出版社，1995

[18] 陈志华．外国建筑史．北京：中国建筑工业出版社，1996

第2章　钢笔素描／线条构成

[1] 佟燕．平面构成．杭州：浙江人民美术出版社，1985

[2] 陈菊盛．平面设计基础．北京：中央工艺美术学院自编教材，1981

[3] 鲁道夫·阿恩海姆，藤守尧等．艺术与视知觉．成都：四川人民出版社，1998

[4] 尹少淳．走近美术．长沙：湖南美术出版社，1998

[5] 戴伯乐．图案与装潢．杭州：浙江摄影出版社，1998

[6] 王中义、许江．从素描走向设计．杭州：中国美术学院出版社，2000

第2章　钢笔素描／结构素描

[1] 甘正伦，王庆明．结构素描．石家庄：河北美术出版社，1994

[2] 伊势崎胜人．铅笔で描く．东京：アトリエ出版社，1986

[3] 符宗荣．室内设计表现图技法．北京：中国建筑工业出版社，1996

[4] 柴海利．我对建筑学专业素描教学的思考与初探．建筑画，(9)：10

[5] 美国三维动画软件程序名

第2章　钢笔素描／静物写生

[1] 朱伯雄译．安格尔艺术．沈阳：辽宁美术出版社，1980

[2] 郑曙旸．室内表现图实用技法．北京：中国建筑工业出版社，1996

[3] 孙文超．漫谈素描．美术之路．沈阳：鲁迅美术学院

编，1999
[4] 朱伯雄译．安格尔艺术．沈阳：辽宁美术出版社，1980
[5] 孙文超．素描的概念．美术之路．沈阳：鲁迅美术学院编，1999
[6] 夏春明．花卉写生．杭州：浙江人民美术出版社，1997
[7] 彭一刚．建筑绘画及表现图．北京：中国建筑工业出版社，1995
[8] 余秋雨．千禧日记．北京：光明日报出版社，2000
[9] 刘德民．人物素描．美术之路．沈阳：鲁迅美术学院编，1999

第2章　钢笔素描／临绘照片

[注]

所谓纯美术一般是指与实用美术或商业美术相对的偏重于精神性和表现性的艺术，主要是指绘画、雕塑[6]。

[1]（美）迈克·林著，司小虎译．美国建筑画．北京：中国建筑工业出版社，1990
[2] 钟训正．建筑画环境表现与技法．北京：中国建筑工业出版社，1985
[3] 郑曙旸．室内表现图实用技法．北京：中国建筑工业出版社，1991
[4] 王华祥．将错就错．石家庄：河北美术出版社，1993
[5]（美）诺曼·克罗，保罗·拉赛奥，吴宇江等译．建筑师与设计师视觉笔记．北京：中国建筑工业出版社，1991
[6] 尹少淳．走近美术．长沙：湖南美术出版社，1998

第3章　建筑速写

[1] 姜桦，周家柱．速写．西安：陕西人民美术出版社，1994
[2] 魏志善．速写．上海：上海画报出版社，1997
[3] 甘正伦，王庆明．结构素描．石家庄：河北美术出版社，1994
[4] 曹讯．建筑速写．沈阳：辽宁科学技术出版社，1992
[5] 郑曙旸．室内表现图实用技法．北京：中国建筑工业出版社，1996
[6] 魏志善．速写．上海：上海画报出版社，1997
[7] 俞雄伟．室内效果图表现技法．杭州：中国美术学院出版社，1995
[8] 姜桦，周家柱．速写．西安：陕西人民美术出版社，1994
[9] 梁蕴才，高祥生．钢笔画技法．南京：东南大学出版社，1994
[10] 相传春秋时代有一个善弹琴的人名叫伯牙，终日弹琴，无人赏识。一日遇钟子期，子期听到伯牙的琴声后给予极高的评价，两人遂成为知音。后来子期因病而死，伯牙摔掉他珍爱的琴，从此不再鼓琴。

第4章　视觉笔记

[1]（美）诺曼·克罗，保罗·拉塞奥．建筑师与设计师视觉笔记．北京：中国建筑工业出版社，1999
[2] 吴卫．回眸符号学．华中建筑，2001，(3)：18～20
[3] 硬盘原指电脑的数据记忆存储器，作者引申为记录视觉感受的载体
[4] Le Corbusier Sketchbooks. Vols. 1-4. Cambridge, MA: The Architectural History Foundation and The MIT Press,1981-1982

第5章　透视说

[注]

宋代沈括在《论画山水》中，提出了“以大观小之法”，这是有关透视问题的一个重大发现。他认为“李成画山上亭馆及楼塔之类，皆仰画飞檐，其说以谓自下望上，如人平地望塔檐间见，其榱桷。此论非也。大都山水之法，盖以大观小，如人观假山耳。若同真山之法，以下望上，只合见一重山，岂可重重悉见？兼不应见其溪谷间事。又如屋舍，亦不应见其中庭及后巷中事。若人在东立，则山西便合是远景；人在西立，则山东却合是远景，似此如何成画；李君盖不知以大观小之法，其间折高折远自有妙理，岂在掀屋角耶。”

[1] 蒋啸镝．实用透视．长沙：湖南美术出版社，1997

[2] 许松照．透视发展史简述．建筑画，1987，(3)：38～43

[3] 叶荣贵．古为今用的轴测图．建筑画，1989，(6)：20～30

[4] 朱福熙，何斌．建筑制图．北京：高等教育出版社，1995

[5]（美）保罗·拉索．图解思考．北京：中国建筑工业出版社，1998

[6] 李国生．透视与阴影．长沙：湖南大学工业设计系自编教材，1986

[7] 沐小虎．建筑创作中的艺术思维．上海：同济大学出版社，1997

[8] 王弘力．黑白画理．沈阳：辽宁美术出版社，1995

第6章　设计草图

[1]（美）保罗·拉索．图解思考．北京：中国建筑工业出版社，1998

[2]（美）诺曼·克罗，保罗·拉塞奥．建筑师与设计师视觉笔记．北京：中国建筑工业出版社,1999

[3] 3DMax：美国一著名三维动画软件商标

[4] 天正：中国一著名建筑绘图软件商标

[5] AutoCAD：美国一著名绘图软件商标

[6] 吴卫．模糊透视——靶心说．家具与室内装饰，2001，(4)：13～14

后 记

这本书断断续续写了四年，今天握着颤动的笔写此页意味着：要与挑灯夜战写此书的日子告别了。回想自己的成长路程，要非常感谢我中学时代的绘画启蒙老师潘宝池先生，还有领我入钢笔画之门的揭湘元先生，以及让我领悟到透视法则和设计哲学的魏春雨先生，同时万分感谢在我的学业解惑上，给我几多恩惠和帮助的师长和前辈们！

在这个电脑的时代，人们生活在快节奏的网络时空内，技术的共性使得人性受到压抑，电脑技术被夸张到了极致，而设计师的手头功夫却受到冷遇，潜心研究钢笔画等徒手绘制的人越来越少。其实这主要是因为忽视了设计的真正涵义。每一种绘画形式都只是表达设计思维的手段而绝非设计的目的，因为设计草图是任何画种的最基本的意象形式，是快速捕捉设计灵感的最佳途径之一。如果认识到了这一点便容易理解设计草图作为个性化艺术的可贵，它是人为的而非机器所为。随着电脑技术的日新月异，相信不远的将来，人们可以直接利用写字板等辅助工具，在电脑屏幕上绘制设计草图，而且马上能生成相关的三维数据。我相信设计草图是不会受到时代的限制的，因为它毕竟凝聚了无数设计师的智慧。

过去的钢笔画教育过于偏重西式的教授方法，忘记了中国传统线描艺术的博大精深。应该说中西方的线描艺术没有高下之分，因为他们都仅是表现形式，本身不具备思维能力。出于对钢笔画特有的爱好，我从高考开始画着玩，到现在专门研究钢笔画已有18年的历史，但真正做到摆脱技巧的束缚还是得益于对透视规律的感悟，以及在设计创作中符号学等设计理论对我的形而上的影响。光靠形而下的技巧训练，是很难成事的。大家看看身边或想想自己，虽然素描色彩等基本功非常扎实，但如果要创作设计草图，恐怕不仅仅是画一幅画那么简单，它包含了设计构思、建筑结构、建筑理论以及透视画法几何等诸方面的协调因素。因此希望这本书，不仅仅是传授技巧，同时能部分传授设计的理念。也就是不但要学习技巧，还要在实践中不断地接触设计理论，借鉴优秀的设计个案，只有这样才能使自己真正成为一名合格的设计师，若只会使用电脑按别人的设计意图绘制效果图，或画几张没有实际意义的钢笔装饰画，那还只是一个匠人而已。

吴卫
于清华大学美术学院
2002年春

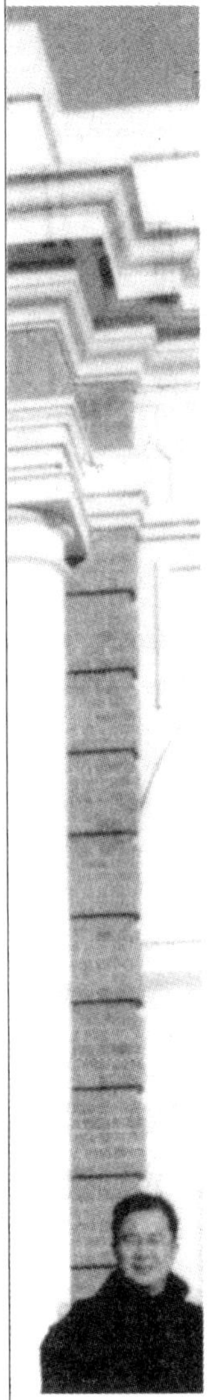

作者简历

吴卫，1967 年生人，湖南师范大学美术学院教授、博士生导师。先后毕业于湖南大学设计艺术学院（本科）、湖南大学建筑学院（硕士）及清华大学美术学院（博士），期间于 1988-1990 年留学日本千叶大学デザイン学科。现为中国包装联合会包装教育委员会副秘书长、湖南省工业设计协会副会长、中国机械工程学会工业设计分会委员、湖南省设协设计艺术理论专业委员会主任、湖南师范大学学术委员会委员。2019 年被评为湖南省文艺人才扶持“三百工程”文艺家。